# TÉCNICAS DE MANUTENÇÃO PREDITIVA
## VOLUME 2

**Blucher**

# L.X. NEPOMUCENO

Coordenador

●

# TÉCNICAS DE MANUTENÇÃO PREDITIVA

●

VOLUME 2

*Técnicas de manutenção preditiva* – vol. 2
© 1989 Lauro Xavier Nepomuceno
1ª edição – 1989
8ª reimpressão – 2019
Editora Edgard Blücher Ltda.

# Blucher

Rua Pedroso Alvarenga, 1245, 4º andar
04531-934 – São Paulo – SP – Brasil
Tel.: 55 11 3078-5366
contato@blucher.com.br
www.blucher.com.br

É proibida a reprodução total ou
parcial por quaisquer meios sem
autorização escrita da editora.

Todos os direitos reservados pela Editora
Edgard Blücher Ltda.

FICHA CATALOGRÁFICA

Nepomuceno, Lauro Xavier,
    Técnicas de manutenção preditiva /
Lauro Xavier Nepomuceno – São Paulo:
Blucher, 1989.

    Bibliografia.
    ISBN 978-85-212-0093-2

    1. Controle preditivo 2. Manutenção
industrial I. Nepomuceno, L. X.

05-4296                             CDD-620.0046

    Índice para catálogo sistemático:
    1. Manutenção preditiva: Engenharia:
    Tecnologia   620.0046

# Apresentação

A época em que vivemos, já marcada pelas conquistas espaciais, está condicionada a muitos fatores mas, entre estes, destacamos **a velocidade da inovação tecnológica, aumento da competição e o movimento trabalhista.** Neste contexto, a **Manutenção** está assumindo um papel de primeira grandeza nos serviços essenciais ao bem estar do Homem. A capacidade de investimento das Nações está limitada pela alta das taxas de juros no mercado financeiro e, nesta situação, o investimento melhor e mais econômico é a manutenção em boas condições de utilização do parque produtivo existente. Além de manter em boas condições o parque produtivo, a **Manutenção** também pode racionalizá-lo, aperfeiçoá-lo e atualizá-lo com as novas tecnologias disponíveis no campo da informática e da eletrônica, tornando-o mais competitivo. Pela adoção de métodos de serviço mais confortáveis, pela adequação dos ambientes de trabalho e pela implantação de processos indiretos de controle, a **Manutenção** também dá grandes passos na humanização do trabalho, com repercussões altamente favoráveis na vida do trabalhador.

Assim, a Manutenção entra definitivamente no processo produtivo, atendendo aos condicionamentos de nossa época. Por outro lado, a capacidade de manter adequadamente o parque produtivo constitui uma das diferenças fundamentais entre as Nações desenvolvidas e as subdesenvolvidas. Nestas últimas, a **Manutenção** tem sido tarefa das mais difíceis e merecido pouca atenção da alta administração pública e empresarial, com todas suas conseqüências na formação de pessoal, na dotação de recursos orçamentários, nas aplicações tecnológicas e no desenvolvimento gerencial. Esta diferença, entre desenvolvido e subdesenvolvido, pode ser bem notada a nível da vida diária do cidadão. Numa parte tudo funciona bem, desde a manutenção das rodovias, ferrovias, escolas, hospitais, correios, energia elétrica, telefone, água, até na observância de horários e na conservação de praças públicas, jardins, ruas, edifícios, etc... Na outra, tudo funciona mal, fora de horário, ou com deficiências crônicas.

Assim, a **Manutenção** está no limiar de dois mundos. Nosso País, o Brasil, é uma Nação em desenvolvimento. Nesta mesma posição está a nossa Manutenção, também em desenvolvimento.

Colaborando para o desenvolvimento da Manutenção no Brasil, no estratégico campo da Educação e Treinamento, aparece o livro **Técnicas de Manutenção Preditiva** do Professor L.X. Nepomuceno, este, há longo tempo, um dos baluartes na defesa da Manutenção, como atividade importante e necessária à sociedade.

É um livro atual, importante para planejadores e executores, professores e alunos, engenheiros e técnicos, enfim, a todos que militam no campo da **Manutenção.**

O livro faz uma incursão profunda no campo da gerência e tecnologia, focalizando, neste último, as técnicas e métodos adotados na Manutenção Preditiva. Por essa razão e por muitas outras é que recomendamos o livro do Professor Nepomuceno à toda a **Comunidade de Manutenção.**

Elcias José Ferreira
Presidente da ABRAMAM

# Prefácio

O presente trabalho deveria ser nada mais que uma segunda edição do livro Procedimentos Técnicos de Manutenção Preditiva em Instalações Industriais, recém esgotado. Entretanto, alguns fatos detetados no passado recente aconselharam a elaborar uma obra diferente da original, principalmente pelo acréscimo de alguns materiais básicos, inadvertidamente considerados conhecidos nas atividades desenvolvidas. O livro mencionado acima foi utilizado como texto em vários cursos ministrados tanto com finalidades acadêmicas, tais com reciclagem e extensão, quanto no treinamento de pessoal envolvido com problemas de manutenção em diversas instalações industriais

Procurando apresentar um enfoque mais abrangente, foram convidados vários especialistas em diferentes áreas a escrever capítulos específicos, permitindo, dessa forma, a apresentação de experiências vividas por um grupo heterogêneo, com interesse ligado às atividades de manutenção. Nesse particular, os autores convidados mostraram-se receptivos à idéia e entregaram sua colaboração de maneira plenamente satisfatória.

O leitor poderá observar que no presente trabalho foram acrescidos capítulos referentes a Vibrações Mecânicas e Movimento Ondulatório, Noções sobre Análise e Processamento de Sinais, que inclui noções sobre análise via Séries de Fourier e suas aplicações à manutenção. Um dos co-autores apresenta uma série de análises envolvendo casos práticos de manutenção em indústria química, o que permite ao interessado observar o como é relativamente fácil e seguro executar a predição em função dos níveis de vibração; é suficiente prestar atenção no acompanhamento da evolução dos espectros em função do tempo de funcionamento.

Alguns capítulos novos como os referentes à Vibrações Mecânicas, Análise de Sinais e inclusive alguns ensaios não-destrutivos podem parecer inadequados a um trabalho sobre manutenção. Entretanto, foram encontrados inúmeros casos de encarregados procurando elaborar diagnósticos de máquinas fundamentados em medidas e análise de vibrações sem que tivessem a mínima idéia do que fosse formalmente vibração. Inclusive os poucos que ouviram falar nas Séries de Fourier sabiam tão somente "que é um monte de senoides aptas a deixar diversos alunos em segunda época". Por tal motivo, foram introduzidos capítulos bastante elementares, com a intenção de tornar acessível aos técnicos em manutenção, um método ou processo de melhorar seu desempenho, pela melhor compreensão dos procedimentos que está executando.

Considerando que os apêndices do livro original mantém sua atualidade, foi decidido mantê-los no presente trabalho, permitindo um estudo mais elaborado de alguns problemas específicos. Observe-se que o presente trabalho foi elaborado para atender aos técnico de nível médio envolvidos com manutenção, dada a ausência quase que total de trabalhos destinados a tal finalidade.

L.X. Nepomuceno
Coordenador

# Autores

*Álvaro Alderighi* - Químico Industrial pela Universidade Mackenzie, turma de 1946. Trabalhou como especialista na Thermo Equipment Company. Cursou na Rutgers University curso de extensão em Advanced Paint Technology. Atualmente ocupa a posição de Consultor e Assessor de Marketing da Dresser Indústria e Comércio Ltda. Divisão Manômetros Willy.

*R.W. Erickson* - Pesquisador do Research Center da TEXACO CO., INC., envolvido em problemas de análise de lubrificantes.

*Pedro Feres Filho* - Engenheiro Mecânico pela Faculdade de Engenharia Industrial FEI, turma de 1979. Diretor do Centro de Tecnologia Brasitest. Desde início de sua carreira profissional, dedicou-se a problemas de Ensaios Não Destrutivos, exercendo atividades nos campos de Controle da Qualidade, especializando-se em Técnicas de Emissão Acústica. Possui vários trabalhos publicados, apresentou trabalhos em vários Congressos e Simposia. Diretor da ABENDE - Associação Brasileira de Ensaios Não Destrutivos.

*Miguel Sigura Garcia* - Engenheiro Eletricista, atualmente ocupando o cargo de Consultor da ALCAN - Alumínio do Brasil S/A.

*Wilhelm Henseler Filho* - Engenheiro Mecânico, responsável pelo setor de diagnóstico e manutenção preditiva da RHODIA TEXTIL, São José dos Campos.

*Armando Carlos Lopes* - Engenheiro Químico pela Faculdade de Engenharia Industrial, FEI, turma de 1985. Realizou vários estágios visando aperfeiçoar-se em Poluição Ambiental, Controle de Qualidade. Prestou serviços na Worthington, PETROBRÁS e, desde 1986 presta serviços na FOERS-TER-IMADEN LTDA., na qualidade de Engenheiro de Desenvolvimento e Aplicação em técnicas de Ensaios Não-Destrutivos nas modalidades de Correntes Parasitas, Partículas Magnéticas, Líquidos Penetrantes. Executa estudos, desenvolvimento, cálculos e projetos de instalações e equipamentos para controle de qualidade. Normalmente ministra cursos de ensaios não-destrutivos referentes à sua especialidade, assim como pronuncia palestras no ambiente industrial e acadêmico.

*Luiz Mamede G. Magalhães* - Engenheiro Metalúrgico, Universidade Federal do Rio de Janeiro - UFRJ, turma de 1979. Mestre em Soldagem pelo Departamento de Metalurgia da UFRJ. Acompanhou e participou em vários cursos envolvendo Deteção e Proteção Radiológica, Processos de Soldagem, Mecânica da Fratura, Corrosão, Metrologia, Ensaios com Líquidos Penetrantes, Partículas Magnéticas, Radiação Penetrante, Ultra-sons, Garantia de Qualidade, Correntes Parasitas e assuntos correlatos. Estágio na TUV Alemanha e na ATISAE promovidos pelo IBQN. Vários trabalhos publicados referentes a sua especialidade, tendo inclusive apresentado diversos trabalhos em Congressos e Seminários. Qualificado como Nível III em Ensaios Não-Destrutivos pela CNEN e pelo IBQN. Trabalhou no IBQN entre 1980 e 1986. Ocupa, desde 1986 o cargo de Gerente Técnico da Divisão de Ensaios Não-Destrutivos da SGS do Brasil S/A.

*L.X. Nepomuceno* - Físico pela Faculdade de Filosofia, Ciências e Letras, atual Departamento de Física da USP, classe de 1946. Membro fundador do Centro Brasileiro de Pesquisas Físicas, ABENDE, ABRAMAM, IDE (Institute of Diagnostis Engineers, Leicester, UK). Membro pleno na ASNT, ASME, ASTM, SBPC, SBF, ASA, INCE, ABNT, etc. Nível III by Examnination em UT e MT pela ASNT, Nível III by Examination in NDE pela CONAN Nuclear Services, Inc. Representou o Brasil nas reuniões planárias da ISO/UNO em Stockholm, 1958 e nas da IEC/UNO também em Stockholm, em 1958. Participou de cursos de Extensão e Aperfeiçoamento na Goettingen Universitaet em Acústica e Vibrações, Nuclear Heat Exchange Course - Thermal/Hydraulic Design and Analysis ASME/ANS (1982) - Flow Induced Vibrations (ASME) – Training the NDT Trainer (ASNT). Mantém programas de troca de informações com a NASA, Southwest Research Institute, Bolt, Beranek & Newman, Inc., EPA/ Environmental Protection Agency, Tohôku University, Institutto Elettrotecnico Nazionale (Torino). Possue cerca de 80 trabalhos publicados no país e no exterior. Publicou os livros seguintes: Acústica Técnica (1968); Acústica (1977); Tecnologia Ultra-sônica (1980); Barulho Industrial: Causas e Origem e Conseqüências Sociais (1984); Acoustic Emission in Nondestrutive Testing (trabalho apresentado no II Encontro da Qualidade (PETROBRÁS, 1970) traduzido e distribuido pela NASA como documento NASA-TT-F-13646 (1971); Procedimentos Técnicos de Manutenção Preditiva em Instalações Industriais (1985); Técnicas de Manutenção Preditiva (no prelo); Ministra anualmente cursos de extensão e reciclagem na FDTE/EPUSP/IPT, PROPESA/ITA/CTA/, CETTA, ABM, treinamento e cursos fechados em várias instalações industriais, como: COSIPA, ALCAN, ALCOA, CATERPILLAR, SIDERÚRGICA MENDES JÚNIOR, CVRD-Carajás, USIMINAS, ABM, CELANESE BRASILEIRA, CARBOCLORO, DRESSER DO BRASIL, ALUMAR, etc. Consultor autônomo de diversas instituições governamentais e privadas.

*Oswaldo Rossi Júnior* - Físico pela Universidade Mackenzie, turma de 1974. Ex-Presidente da Associação Brasileira de Ensaios Não Destrutivos, ABENDE; Associação Brasileira de Controle de Qualidade, ABCQ; Coordenador do Projeto Regional de Ensaios Não Destrutivos da América Latina e Caribe, da UNO e AIAA. Diretor da Magnatech Ltda.

*Alejandro Spoerer* - Engenheiro Naval pela Academia de Engenharia Naval do Chile, turma de 1973. Especializou-se em ensaios não-destrutivos na Naval Air Station em Jacksonvillé, FL-USA. Estagiou em várias indústrias, como Nortec (USA) Lock e Clandon (UK), Interflux e Institut Dr. Foerster (Alemanha). Ocupou cargos de direção na Magnatech e Panambra. Atualmente é Diretor de Vendas e Marketing da Foerster-Imaden do Brasil, equipamentos para controle de qualidade. Antigo presidente da Associação Brasileira de Ensaios Não-Destrutivos ABENDE. Expert da IAAE, organiza, coordena e participa como professor em cursos, seminários e conferências sobre ensaios não-destrutivos.

*W.V. Taylor* - Pequisador do Research Center da The TEXAS COMPANY, INC., no que diz respeito a lubrificação e análise de lubrificantes.

# Índice volume 2

## CONTEÚDO

Apresentação ........................................................... V
Prefácio ................................................................ VII
Autores ................................................................ IX
Índice ................................................................. XIII

XII.00 - **CASOS PRÁTICOS DE DIAGNÓSTICO EXECUTADO EM CAMPO** .. 503
*Wilhelm Henseler Filho*
XII.10 - Estudo 0314-E Bomba Worthington Código W-127 .............. 503
XII.20 - Estudo 0361 - Centrífuga Krauss 2 ............................ 503
XII.30 - Estudo 0614-E Captação de Água Bruta - SEF ................... 504
XII.40 - Estudo 1010 - Bomba de Circulação de Água Quente ............. 504
XII.50 - Estudo 1032-E Bidim, Linha II - Hooper ....................... 505
XII.60 - Estudo 1142-E - Bomba de Circulação de Água Quente SEF ....... 505
XII.70 - Estudo 1255-E - Continuação do Estudo 1142-E ................. 505

XIII.00 - **LIMPEZA ULTRA-SÔNICA. DESOBSTRUÇÃO DE TUBULAÇÕES** . 568
*L. X. Nepomuceno*
XIII.10 - CONSIDERAÇÕES GERAIS SOBRE A CAVITAÇÃO .............. 568
XIII.20 - LIMIAR PARA LIMPEZA ULTRA-SÔNICA. LÍQUIDOS
ADEQUADOS ..................................................... 578
XIII.20.10 - Alguns Casos Práticos de Limpeza Ultra-Sônica .............. 579
XIII.20.10.10 - Limpeza de Palheta de Turbinas Aeronáuticas ............. 580
XIII.20.10.20 - Limpeza de Rolamentos ................................. 581
XIII.20.10.30 - Limpeza de Carburadores Automotivos ................... 582
XIII.20.10.40 - Limpeza de Fieiras de Extrusão ......................... 582
XIII.20.10.50 - Limpeza de Filtros Diversos ............................. 582
XIII.20.10.60 - Limpeza de Giroscópios ................................. 583
XIII.20.10.70 - Limpeza de Instrumentos ................................ 583
XIII.20.10.80 - Limpeza de Bicos Queimadores e Injetores ............... 585
XIII.20.10.90 - - Limpeza de Placas e Circuitos Impressos ............... 585
XIII.30 - DESOBSTRUÇÃO DE TUBULAÇÕES NAS INSTALAÇÕES
INDUSTRIAIS .................................................... 586
XIII.40 - LEITURA RECOMENDADA ...................................... 590

# XIV                                                      PREFÁCIO

XIV.00 - **MANUTENÇÃO PREDITIVA DE EQUIPAMENTOS ELÉTRICOS** ... 592
  *Miguel S. Garcia e L. X. Nepomuceno*
XIV.10 - DAGNÓSTICO DA DETERIORAÇÃO DO DIELÉTRICO ........... 593
XIV.20 - MOTORES E GERADORES DE CORRENTE CONTÍNUA .......... 596
XIV.20.10 - Limpeza ..................................................... 598
XIV.30 - DIAGNÓSTICO DA DETERIORAÇÃO DO ENROLAMENTO DE
  MOTORES ...................................................... 598
XIV.40 - DIAGNÓSTICO DE ANORMALIDADES EM MOTORES
  ELÉTRICOS ..................................................... 600
XIV.50 - DEFEITOS MECÂNICOS EM MOTORES ELÉTRICOS ............ 606
XIV.60 - DETERMINAÇÃO DO ESTADO MECÂNICO DOS EIXOS DE
  ROTORES ....................................................... 608
XIV.70 - BARRAS DE CONEXÃO ....................................... 609
XIV.80 - PARAFUSOS SOLTOS ......................................... 610
XIV.90 - ATIVIDADES DA MANUTENÇÃO QUANTO AO ISOLAMENTO .... 610
XIV.100 - TRANSFORMADORES ........................................ 612
XIV.200 - LEITURA RECOMENDADA ..................................... 614

XV.00 - **O EXAME VISUAL COMO ELEMENTO DE MANUTENÇÃO** ........ 515
  *Oswaldo Rossi Junior*
XV.10 - INFORMAÇÕES FORNECIDAS PELO EXAME VISUAL ........... 616
XV.20 - LIMITAÇÕES INERENTES AO EXAME VISUAL .................. 618
XV.30 - FATORES FÍSICOS QUE AFETAM O EXAME VISUAL ............. 618
XV.40 - DISPOSITIVOS AUXILIARES DO EXAME VISUAL ............... 620

XVI.00 - **ENSAIOS COM LÍQUIDOS PENETRANTES** .................... 628
  *Oswaldo Rossi Junior*
XVI.10 - PRINCÍPIOS FÍSICOS ......................................... 628

XVII.00 - **ENSAIOS POR PARTÍCULAS MAGNÉTICAS** .................. 632
  *Alejandro Spoerer*
XVII.1 - INTRODUÇÃO ................................................ 632
XVII.2 - FUNDAMENTOS DO ENSAIO .................................. 633
XVII.3 - MAGNETISMO E ELETROMAGNETISMO ....................... 636
XVII.4 - CAMPOS MAGNÉTICOS E TÉCNICAS DE ENSAIO .............. 650
XVII.5 - PARTÍCULAS MAGNÉTICAS ................................... 660
XVII.6 - EQUIPAMENTO UTILIZADO NA ÁREA DE MANUTENÇÃO ....... 663
XVII.7 - DESMAGNETIZAÇÃO .......................................... 665

XVIII.00 - **O ENSAIO RADIOGRÁFICO APLICADO À MANUTENÇÃO
  INDUSTRIAL** ................................................. 671
  *Luiz Mamede G. Magalhães*
XVIII.10 - Introdução ................................................. 671
XVIII.20 - PRINCÍPIOS E TÉCNICAS RADIOGRÁFICAS ................. 672
XVIII.20.10 - Princípios .............................................. 672
XVIII.20.20 - Fontes de Radiação ..................................... 673
XVIII.20.30 - Origem dos Raios-X ..................................... 673
XVIII.20.40 - Equipamentos de Raios-X ................................ 674
XVIII.20.50 - Radiosótopos ........................................... 675
XVIII.20.60 - Comparação entre os Equipamentos de Raios-X e
  Gamagrafia ................................................. 676
XVIII.20.70 - Detectores de Radiação. Filmes Radiográficos ........... 677
XVIII.20.80 - O Processamento dos Filmes Radiográficos .............. 677
XVIII.20.90 - Telas Intensificadoras ou Écrans ....................... 677

# PREFÁCIO                                                                    XV

XVIII.20.100 - Sensibilidade Radiográfica ............................... 678
XVIII.20.110 - Indicadores da Qualidade da Imagem (IQI) ................. 678
XVIII.20.120 - Interpretação das Radiografias .......................... 679
XVIII.20.130 - Técnicas de Exposição Radiográfica ...................... 679
XVIII.20.130.10 - Paredes Simples Vista Simples (PS/VS) ................. 679
XVIII.20.130.20 - Parede Dupla Vista Simples (PD/VS) .................... 680
XVIII.20.130.30 - Parede Dupla Vista Dupla (PD/VD) ..................... 780
XVIII.20.130.40 - Exposição Simples .................................... 681
XVIII.20.130.50 - Exposição Panorâmica ................................. 681
XVIII.20.140 - Seleção das Técnicas .................................... 681
XVIII.30 - O ENSAIO RADIOGRÁFICO NA MANUTENÇÃO ......................... 681

XIX.00 - **ENSAIOS E CONTROLES COM ULTRA-SONS** .................. 684
     *L. X. Nepomuceno*
XIX.10 - FUNDAMENTOS DO MÉTODO DE ULTRA-SONS PULSADOS .... 686
XIX.10.10 - Aspectos Essenciais do Teste Ultra-sônico ................. 692
XIX.10.20 - Equipamentos Comerciais. Transdutores .................... 706
XIX.20 - INSPEÇÃO E CONTROLE ULTRA-SÔNICO DE SOLDAGENS ..... 707
XIX.30 - INSPEÇÃO E CONTROLE DE TARUGOS E EIXOS FORJADOS .... 711
XIX.40 - INSPEÇÃO E ENSAIO DE CHAPAS E ADERÊNCIA DE METAIS ... 714
XIX.50 - VERIFICAÇÃO DA PRESSÃO DE ENCAIXE ENTRE PEÇAS ....... 718
XIX.60 - MEDIDA DA ESPESSURA/CONTROLE DA CORROSÃO .......... 719
XIX.60.10 - Medições com Apresentação "A". Instrumentos Analógicos,
     Digitais e Combinados "A" plus Digital. Comparações ....... 724
XIX.70 - LEITURA RECOMENDADA ................................... 726

XX.00 - **EMISSÃO ACÚSTICA NA MANUTENÇÃO PREDITIVA E
    PREVENTIVA** ............................................. 732
     *Pedro Féres Filho*
XX.10 - INTRODUÇÃO ............................................. 732
XX.20 - A EMISSÃO ACÚSTICA NA AVALIAÇÃO DE EQUIPAMENTOS
    INDUSTRIAIS ............................................. 733
XX.30 - EA NA AVALIAÇÃO DE EQUIPAMENTOS FABRICADOS EM
    PLÁSTICO REFORÇADO ..................................... 738
XX.40 - A EA NA MONITORAÇÃO DE MANCAIS ....................... 742
XX.50 - EMISSÃO ACÚSTICA DA DETECÇÃO DE VAZAMENTOS ........ 743
XX.60 - COMENTÁRIO FINAL ...................................... 745
XX.70 - REFERÊNCIAS BIBLIOGRÁFICAS ........................... 746

XXI.00 - **ENSAIOS E CONTROLES COM CORRENTES PARASITAS** ...... 747
     *Armando Lopes*
XXI.10 - INTRODUÇÃO ............................................ 747
XXI.20 - PRINCÍPIO BÁSICO DO TESTE ............................ 747
XXI.30 - FUNDAMENTOS DO MÉTODO ............................... 749
XXI.40 - PRINCÍPIO DA SEPARAÇÃO DE FASE ...................... 753
XXI.50 - CURVA DA FREQÜÊNCIA .................................. 754
XXI.60 - TIPOS DE SONDAS E BOBINAS ............................ 755
XXI.70 - SISTEMA TÍPICO DE TESTE POR CORRENTES PARASITAS ...... 761
XXI.80 - EXEMPLOS PRÁTICOS DE APLICAÇÃO ...................... 765
XXI.90 - LEITURA RECOMENDADA .................................. 775

XXII.00 - **PROCEDIMENTOS E TÉCNICAS NÃO CONVENCIONAIS** ....... 775
     *L. X. Nepomuceno*
XXII.10 - ENSAIO BASEADO NA RESSONÂNCIA MAGNÉTICA NUCLEAR 775

# XVI  PREFÁCIO

XXII.20 - ENSAIO PELA ALTERAÇÃO DO CAMPO MAGNÉTICO ......... 777
XXII.30 - ENSAIO ATRAVÉS DA PERTURBAÇÃO DA CORRENTE
     ELÉTRICA ................................................ 779
XXII.40 - DETECÇÃO DAS TENSÕES RESIDUAIS NOS MATERIAIS ...... 782
XXII.50 - TÉCNICAS DE EMISSÃO ACÚSTICA .......................... 783
XXII.60 - AVALIAÇÃO DA VIDA ÚTIL RESIDUAL DE COMPONENTES
     DIVERSOS .................................................. 792
XXII.70 - DISPOSITIVOS OPERANDO EM BASE À TENDÊNCIA DA
     VARIÁVEL ................................................. 802
XXII.80 - CONCLUSÕES GERAIS - RECOMENDAÇÕES ................. 803
XXII.90 - LEITURA RECOMENDADA .................................. 807

I.00 - **ADMINISTRAÇÃO E ORGANIZAÇÃO DA MANUTENÇÃO** ......... 1
    *L. X. Nepomuceno*
I.10 - Organização de um Sistema de Manutenção ...................... 13
I.20 - Filosofia que deve Prevalecer numa Instalação Industrial .......... 21
I.30 - Técnicas e Procedimentos Técnicos Modernos ................... 37
I.40 - Técnicas Atuais ............................................... 45
I.50 - Leitura Recomendada ......................................... 53

## Índice volume 1

II.0 - **IDÉIAS E CONCEITOS BÁSICOS DA MANUTENÇÃO** .............. 55
    *L. X. Nepomuceno*
II.01 - O CONCEITO DE CONFIABILIDADE ............................. 55
II.01.01 - Definições Fundamentais Relacionadas à Confiabilidade ....... 57
II.01.01.01 - Conceito de Sistema ..................................... 57
II.01.01.02 - Conceito Fundamental de Circuito ........................ 58
II.01.01.03 - Conceito de Componente ou Peça e Conceito de Montagem .. 59
II.01.01.04 - Hierarquia de um Sistema ................................ 60
II.01.01.05 - Operação Deficiente .................................... 60
II.01.01.06 - Falhas ou Faltas ........................................ 61
II.01.01.07 - Maneiras ou Modos de Falhar ............................ 61
II.01.01.08 - Conceito de Vida Útil .................................... 63
II.01.01.09 - A Confiabilidade ........................................ 63
II.01.01.10 - A Equação da Predição da Confiabilidade .................. 64
II.02 - O CONCEITO DE MANUTENABILIDADE ......................... 65
II.02.01 - Padronização e Normalização ............................... 66
II.02.02 - Modularização e Unidades Integradas ....................... 66
II.02.03 - Permutabilidade e Acessibilidade ........................... 67
II.02.04 - Dispositivos Indicadores. Isolamento do Defeito .............. 67
II.02.05 - Identificação dos Dispositivos .............................. 68
II.03 - DISPONIBILIDADE ........................................... 68
II.04 - FUNDAMENTOS DA ANÁLISE DA CONFIABILIDADE/MANUTEN-
    ÇÃO/DISPONIBILIDADE DE UM PRODUTO - NOÇÕES GERAIS .... 70
II.04.01 - Confiabilidade de Circuitos em Série ......................... 71
II.04.02 - Confiabilidade de Circuitos em Paralelo ...................... 72
II.04.03 - Aplicações Práticas de Técnicas de Redundância ............. 76
II.05 - PLANEJAMENTO E ANÁLISE DE FALHAS ...................... 78
II.05.01 - Método da Árvore das Falhas ............................... 81
II.05.02 - Falha e Decisão de Reparo ................................. 84
II.05.03 - Avaliação da Relação Predição de Falhas/Confiabilidade ....... 92
II.05.04 - Variação do Gradiente de Risco. Considerações Práticas ....... 96
II.06 - LEITURA RECOMENDADA ..................................... 101

# PREFÁCIO

**XVII**

III.00 - **INVESTIGAÇÃO, TIPOS E OCORRÊNCIA DE FALHAS** ............ 104
  *L. X. Nepomuceno*
III.01 - FALHAS DE COMPONENTES E SISTEMAS ..................... 104
III.02 - CLASSIFICAÇÃO DAS FALHAS .............................. 106
III.03 - TIPOS DE FALHAS ....................................... 108
III.04 - INVESTIGAÇÃO DA ORIGEM DAS FALHAS ..................... 111
III.04.01 - Falhas em Caldeiras e Vasos de Pressão ............. 113
III.04.02 - Falhas em Aeronaves ................................ 114
III.04.03 - Fatores Humanos na Ocorrência de Acidentes ......... 117
III.05 - CAUSAS DAS FALHAS OU RUPTURAS ......................... 118
III.05.01 - Falhas Durante a Operação. Falhas de Serviço ....... 120
III.05.02 - Fadiga ............................................ 121
III.05.03 - Deformações Excessivas ............................. 126
III.05.04 - Tensões Devidas à Carga. Machucaduras Diversas ..... 127
III.05.05 - Desgaste .......................................... 131
III.05.06 - Corrosão .......................................... 134
III.06 - FALHAS E DEFEITOS DEVIDOS AO PROJETO, FABRICAÇÃO
    E MONTAGEM .............................................. 136
III.07 - VALORES NUMÉRICOS INDICADOS PELA PRÁTICA ............. 139
III.08 - LEITURA RECOMENDADA .................................. 148

IV.00 - **MÉTODOS E PROCESSOS DE MANUTENÇÃO, PROCESSOS
    DE MEDIÇÃO** .............................................. 150
  *L. X. Nepomuceno*
IV.10 - PROCESSOS E MÉTODOS DE MANUTENÇÃO ..................... 153
IV.20 - CONSIDERAÇÕES SOBRE A MANUTENÇÃO EM BASE AO
    DIAGNÓSTICO ............................................. 162
IV.30 - VALORES NUMÉRICOS DOS PARÂMETROS E SUA OBTENÇÃO ... 165
IV.30.01 - Células de Carga ................................... 167
IV.30.02 - Verificação do Vasamento em Tubulações e Vasos ...... 170
IV.30.02.01 - Método do Teste Hidrostático .................... 171
IV.30.02.02 - Métodos do Teste Ultra-sônico ................... 171
IV.30.30 - Medidas da Temperatura ............................. 172
IV.30.40 - Medidas da Espessura na Manutenção ................. 174
IV.30.50 - Transdutores de Vibração ........................... 174
IV.30.50.10 - Transdutores Sensíveis ao Deslocamento .......... 175
IV.30.50.20 - Transdutores Sensíveis à Velocidade ............. 175
IV.30.50.30 - Transdutores Sensíveis à Aceleração. Acelerômetros ....... 177
IV.30.50.40 - Características dos Transdutores e dos Métodos de Fixação 178
IV.30.50.50 - Estroboscopia .................................. 182
IV.30.50.60 - Gravação Magnética de Sinais ................... 182
IV.30.40.70 - Significado dos Valores Fornecidos pela Medição ......... 183
IV.40 - LEITURA RECOMENDADA .................................. 185

V.0 - **MEDIDA E CONTROLE DA TEMPERATURA E PRESSÃO NA
    MANUTENÇÃO** ............................................. 188
  *Álvaro Alderighi*
V.01 - INTRODUÇÃO ............................................ 188
V.02 - MANÔMETROS. TIPOS E APLICAÇÕES ........................ 189
V.02.01 - Manômetro com Sensor Elástico e Mostrador .......... 190
V.02.02 - Tubo de Bourdon .................................... 190
V.02.03 - Leitura à Distância ................................. 191

# XVIII PREFÁCIO

V.02.04 - Limitações pela Agressividade da Linha ..................... 191
V.02.05 - Medida da Pressão de Nível ................................ 192
V.02.06 - Manômetros Eletrônicos Digitais .......................... 192
V.02.07 - Acessórios ................................................ 193
V.03 - CONTROLE DA PRESSÃO ..................................... 193
V.04 - PRESSOSTATOS .............................................. 194
V.05 - MEDIDA DA TEMPERATURA .................................. 195
V.05.10 - Termômetro de Expansão de Mercúrio ....................... 196
V.05.20 - Termômetros Bimetálicos ................................... 196
V.06 - SISTEMAS ELÉTRICOS DE MEDIÇÃO DA TEMPERATURA ........ 197
V.06.20 - Medida da Temperatura Diferencial ......................... 201
V.07 - Princípio de Medição ........................................ 202
V.08 - TERMISTORES ................................................ 202
V.09 - PIRÔMETROS ÓPTICOS E A RADIAÇÃO ....................... 203
V.10 - TERMOGRAFIA ................................................ 204
V.11 - LÁPIS, TINTAS, PELOTAS SENSÍVEIS ÀS MUDANÇAS DE
TEMPERATURA ................................................ 204
V.12 - MÉTODOS DE MUDANÇA DE COLORAÇÃO .................... 204
V.13 - CONTROLE DA TEMPERATURA ................................ 204
V.14 - BIBLIOGRAFIA ................................................ 205


VI.0 - **VIBRAÇÕES MECÂNICAS. MOVIMENTO ONDULATÓRIO** ........ 206
*L. X. Nepomuceno*
VI.01 - Movimento Circular .......................................... 209
VI.01.01 - Equações do Movimento Circular ........................... 210
VI.01.02 - Força Centrípeta .......................................... 214
VI.01.03 - Corpos Executando Movimentos Curvos ..................... 214
VI.01.04 - Exemplos Práticos de Movimento Circular ................... 216
VI.01.04.01 - O Rotor Mágico ........................................ 216
VI.01.04.02 - O Balde Girante ........................................ 218
VI.01.04.03 - Funcionamento de Centrífugas .......................... 219
VI.02 - O CONCEITO DE MOMENTO DE INÉRCIA ..................... 220
VI.02.01 - Energia Cinética de um Corpo Girante ...................... 223
VI.02.02 - Conjugados. Trabalho Executado por um Conjugado .......... 224
VI.02.03 - Conceito de Momento Angular .............................. 227
VI.05 - VIBRAÇÕES MECÂNICAS. CONCEITOS BÁSICOS .............. 228
VI.03.01 - Equações do Movimento Oscilatório ........................ 234
VI.03.02 - Expressões para a Velocidade Angular ...................... 237
VI.03.03 - Oscilador Massa-e-Mola. Pêndulos Simples .................. 238
VI.03.04 - A Energia no Movimento Harmônico Simples ................. 242
VI.03.05 - Oscilações Amortecidas ................................... 245
VI.03.05.01 - Casos Particulares de Oscilações Amortecidas ............ 245
VI.03.05.02 - Oscilações Forçadas. Conceito Físico de Ressonância ...... 248
VI.03.06 - Conceitos Úteis no Estudo das Vibrações ................... 251
VI.03.07 - Vibrações de Chapas ...................................... 255
VI.04 - MOVIMENTOS ONDULATÓRIOS ............................... 257
VI.04.01 - Descrição Elementar das Ondas Mecânicas ................. 259
V8.04.02 - O Princípio ou Construção de Huyghens .................... 262
VI.04.03 - O Princípio da Superposição .............................. 266
VI.04.04 - Interferências entre Movimentos Ondulatórios ............... 268
VI.04.05 - O Fenômeno da Difração ................................... 270

PREFÁCIO                                                                        XIX

VI.04.06 - Ondas Estacionárias ........................................ 271
VI.04.07 - Batimentos ................................................. 275

VI.05 - BALANCEAMENTO ESTÁTICO E DINÂMICO. NOÇÕES
        FUNDAMENTAIS ............................................... 277
VI.05.01 - Balanceamento Perfeito ..................................... 277
VI.05.02 - Balanceamento Estático de Rotores Rígidos .................. 277
VI.05.03 - Balanceamento Dinâmico de Rotores Rígidos ................. 279
VI.05.04 - Balanceamento de Rotores Flexíveis ........................ 279
VI.05.05 - Balanceamento de Rotores com Eixo Flexível ................ 280
VI.05.06 - Causas de Desbalanceamento ............................... 282
VI.05.07 - Qualidade do Balanceamento Dinâmico ...................... 284
VI.05.08 - Tabelas e Curvas de Classificação das Vibrações em Máquinas.
        Especificações Válidas em Âmbito Universal ................. 285
VI.06 - LEITURA RECOMENDADA ...................................... 292


VII .00 - NOÇÕES SOBRE PROCESSAMENTO E ANÁLISE DE SINAIS
        DE INTERESSE À MANUTENÇÃO ............................. 294
        *L. X. Nepomuceno*
VII.01 - SINAIS MECÂNICOS DE ALGUNS TIPOS DE EQUIPAMENTOS .... 295
VII.02 - ANÁLISE DE FOURIER ......................................... 299
VII.02.01 - Análise Harmônica via Séries de Fourier .................... 300
VII.02.02 - Considerações Preliminares ................................ 301
VII.02.03 - Alguns Exemplos Práticos de Aplicações ................... 302
VII.02.03.01 - Análise dos Sinais Provenientes de Compressores ........ 302
VII.02.03.02 - Mecanismo com Variação Tipo Dente de Serra ........... 303
VII.02.03.03 - Superposição de Duas Vibrações Senoidais .............. 306
VII.02.03.04 - Análise de um Sinal Arbitrário .......................... 308
VII.03 - SINAIS MULTI-FREQÜÊNCIA OU MULTI-HARMÔNICO.
        ESPECTROS EM FREQÜÊNCIA ............................... 310
VII.03.01 - Correlação, Correlação Cruzada e Autocorrelação ........... 314
VII.03.02 - Espectro de Sinais. Autoespectro e Espectro Cruzado ....... 316
VII.04 - VIBRAÇÕES MECÂNICAS DE MÁQUINAS E EQUIPAMENTOS
        ATIVOS .................................................... 316
VII.05 - LEITURA RECOMENDADA ..................................... 319


VIII.00 - MEDIÇÕES PERIÓDICAS VISANDO A MANUTENÇÃO PREDITIVA
        ........................................................... 321
        *L. X. Nepomuceno*
VIII.10 - MEDIÇÕES PERIÓDICAS. PROCEDIMENTOS USUAIS .......... 321
VIII.20 - INSTRUMENTOS PARA A MEDIDA DO NÍVEL GLOBAL DE
        VIBRAÇÕES ................................................ 324
VIII.30 - VANTAGENS E LIMITAÇÕES DO MÉTODO .................... 338
VIII.40 - CONSIDERAÇÕES SOBRE O INSTRUMENTAL DE MEDIDA ...... 339
VIII.50 - ALGUNS PROCEDIMENTOS PRÁTICOS POUCO
        CONVENCIONAIS ........................................... 340
VIII.50.10 - Medições de Deslocamento. Observações com Osciloscópio . 340
VIII.50.20 - Diferenciação Simplificada entre Desalinhamento e
        Desbalanceamento e entre Folga e Turbulência .............. 343
VIII.50.30 - Considerações Gerais ..................................... 344
VIII.60 - LEITURA RECOMENDADA .................................... 346

# XX

**PREFÁCIO**

IX.00 - **ANÁLISE RÁPIDA DE ÓLEO** ................................. 348
   *R. W. Erickson e W. V. Taylor*
I.10 - COLETA E ENVIO DA AMOSTRA ................................. 349
IX.20 - DESCRIÇÃO E SIGNIFICADO DOS ENSAIOS ................... 350
IX.20.10 - Inspeções Sensoriais ...................................... 352
IX.20.20 - Ensaios Físicos e Químicos ................................ 353
IX.30 - ESPECTROGRAFIA DE EMISSÃO .............................. 360
IX.40 - ANÁLISE INFRA-VERMELHO .................................. 361
IX.50 - ÍNDICE DE NEUTRALIZAÇÃO .................................. 364
IX.60 - CONTAGEM DE PARTÍCULAS .................................. 365
IX.70 - SUMÁRIO .................................................... 367
IX.80 - REFERÊNCIAS BIBLIOGRÁFICAS .............................. 367

X.0 - **ESPECTRO DOS SINAIS. FILTROS E ANALISADORES** ............. 369
   *L. X. Nepomuceno*
X.10 - CONCEITOS FUNDAMENTAIS DA ANÁLISE DOS SINAIS .......... 371
X.20 - ANALISADORES USUAIS. ANÁLISE SEQÜENCIAL ............... 385
X.30 - ANÁLISE EM PARALELO. ANALISADORES USUAIS ............... 398
X.30.10 - Analisadores em Tempo Real ............................... 398
X.30.20 - Analisadores em Base à Transformada de Fourier ............. 404
X.40 - LEITURA RECOMENDADA ...................................... 409

XI.00 - **IDENTIFICAÇÃO DA ORIGEM DAS VIBRAÇÕES. MONITORAÇÃO** 411
   *L. X. Nepomuceno*
X.10 - ESTREITAMENTO DOS PICOS DO ESPECTRO DEVIDO A
   ANOMALIAS ................................................... 413
XI.20 - BARULHO PRODUZIDO POR MOTORES DIESEL ................. 415
XI.30 - VIBRAÇÕES NATURAIS DE BARRAS ............................ 417
XI.30.10 - Vibrações Transversais de Barras ........................... 418
XI.40 - VIBRAÇÕES ORIGINADAS NAS CORREIAS ..................... 420
XI.50 - VIBRAÇÕES DE ORIGEM ELÉTRICA ............................ 423
XI.60 - VIBRAÇÕES ORIGINADAS POR TURBULÊNCIA/INSTABILIDADE . 425
XI.70 - VIBRAÇÕES DEVIDAS AO DESBALANCEAMENTO .............. 427
XI.80 - DESALINHAMENTOS .......................................... 429
XI.90 - FOLGAS MECÂNICAS .......................................... 431
XI.100 - VIBRAÇÕES EM SISTEMAS DE ENGRENAGENS ............... 431
XI.100.10 - Noções de Cálculos da Vibração de Engrenagens ............ 450
XI.200 - VIBRAÇÕES EM MANCAIS E ROLAMENTOS ................... 454
XI.200.10 - Rolamentos de Esferas e de Rolos ......................... 454
XI.200.10.10 - Vibrações Originadas por Rolamentos ................... 465
XI.200.10.20 - Deteção de Anomalias em Rolamentos ................... 473
XI.200.20 - Predição da Vida Útil Residual de Rolamentos ............... 476
XI.300 - VIBRAÇÕES DE ORIGEM AERODINÂMICA ..................... 482
XI.400 - VIBRAÇÕES ORIGINADAS PELO ATRITO ...................... 484
XI.500 - VIBRAÇÕES ORIGINADAS PELO PROCESSO .................. 485
XI.600 - VIBRAÇÕES ORIGINADAS POR RESSONÂNCIA ............... 486
XI.700 - VIBRAÇÕES ORIGINADAS POR CAUSAS DIVERSAS ........... 486
XI.800 - MONITORAÇÃO PERMANENTE ............................... 487
XI.800.100 - Transdutores Utilizados na Monitoração .................. 487
XI.800.200 - Painéis Indicadores .................................... 490
XI.800.300 - Monitoração pela Análise dos Sinais ..................... 492
XI.900 - LEITURA RECOMENDADA .................................... 498

# XII.0 Casos Práticos de Diagnóstico Executado em Campo

**Wilhelm Henseler Filho**

No presente trabalho são apresentados alguns casos de diagnóstico do estado de máquinas e equipamentos, através da medição e análise de vibrações mecânicas. Os casos apresentados referem-se ao trabalho rotineiro executado pelas equipes de manutenção do Departamento de Engenharia Central da RHODIA S/A - Divisão Têxtil na Usina Têxtil de São José dos Campos, SP.

## XII.10 - ESTUDO 0314-E - BOMBA WORTHINGTON CÓDIGO W.127

O estudo foi iniciado em 10 de agosto de 1983 e as medições e análise das vibrações de uma bomba Worthington na secção de preparação de Viscose apresentou-se como situação de alarme no rolamento 6207. As vibrações foram monitoradas e acompanhadas, tendo sido trocado o rolamento em 08 de novembro de 1988. Após a revisão da bomba, foram feitas medições e análise espectral das vibrações, apresentando-se a bomba como satisfatória, em ambos os rolamentos que foram substituídos. Os gráficos e fotos anexas ilustram o trabalho desenvolvido.

## XII.20 - ESTUDO 0361 - CENTRÍFUGA KRAUSS 2

O estudo foi iniciado pela medição, registro e análise dos níveis vibratórios do equipamento, visando avaliar o estado mecânico dos componentes. O equipamento mostrou-se em condições aceitáveis de uso, embora tenha sido observado um nível vibratório elevado no rolamento do motor, lado da polia, conforme ilustra o desenho esquemático do conjunto. Os valores de nível global mostram que o estado é aceitável, conforme DIN-4150. O balanceamento apresentou-se com v=1,3 mm/s sendo valor aceitável, já que a DIN-4150 indica que o equipamento pertence ao grupo K. Em 24 de novembro de 1983 os níveis de vibração do rolamento mostraram que o

# 504 TÉCNICAS DE MANUTENÇÃO PREDITIVA

valor **alarme** foi ultrapassado. O motor foi aberto para revisão, sendo o rolamento substituído. Este caso apresenta interesse pelos motivos seguintes: O motor apresentou-se como amplamente satisfatório e foi estocado. Depois de cerca de seis meses estocado, o mesmo foi colocado numa centrífuga Krauss, observando-se um nível elevado de vibrações, recomendando-se a substituição dos rolamentos. As fotos anexas mostram o como os elementos girantes e as pistas estão danificadas, principalmente pela presença de estrias paralelas ao eixo do motor. Tais machucaduras foram devidas as vibrações originadas por outras máquinas e equipamentos operando nas proximidades, induzindo vibrações mecânicas que percorreram o solo e foram atingir o motor pela sua base. Com isso demonstra-se a importância de manter o equipamento rotativo com seu rotor girado esporadicamente, para impedir as machucaduras pelas vibrações transmitidas via solo.

## XII.30 - ESTUDO 0614-E CAPTAÇÃO DE ÁGUA BRUTA - SEF

Foram executadas medições em níveis globais e análise das vibrações do motor e da bomba Worthington nº 05 destinada a captação de água bruta. O estudo visou verificar qual o estado mecânico do equipamento, assim como iniciar a monitoração visando as curvas de tendência. A bomba apresentou-se como isenta de anormalidades, operando sem anomalias. O motor apresentou um nível vibratório no estado de atenção, com 0,3 mm/s na freqüência de 500 Hz (PM 2H). Dada a baixa rotação do motor, foi recomendada a verificação dos rolamentos. O rolamento 6316 foi substituído, após o que o motor apresentou-se com funcionamento satisfatório, isento de anomalias. As figuras anexas ilustram os gráficos e o aspecto do rolamento substituído.

## XII.40 - ESTUDO 1010 - BOMBAS DE CIRCULAÇÃO DE ÁGUA QUENTE

O estudo engloba a medição e análise das vibrações na bomba Worthington 12 LN26 nº 1, visando conhecer o estado mecânico do equipamento após uma revisão que implicou na troca de rolamentos. O motor apresentou valores elevados da vibração em 120 Hz, possivelmente problema de natureza elétrica. A bomba não apresentou anomalia alguma. Os rolamentos substituídos, 6319 do PM4 e o do PM3 apresentaram tanto os rolamentos quanto as pistas com machucaduras que levaram a sua substituição. Os gráficos e as fotos anexas ilustram o estado das peças substituídas e o diagnóstico via vibrações.

CASOS PRÁTICOS DE DIAGNÓSTICO EXECUTADO EM CAMPO                505

## XII.50 - ESTUDO 1032-E - BIDIM - LINHA II - HOOPER

O estudo envolve a medida e análise das vibrações num ventilador Bernauer, visando conhecer o estado mecânico do equipamento antes e depois de uma revisão que seria executada, como realmente foi. As medições executadas antes da revisão solicitada pela área revelou a presença de barulhos estranhos. Um estudo, o de número 0085S estabeleceu os níveis de vibrações de rolamentos exatamente para verificar o comportamento vibratório em diversas rpm's. Os gráficos dos espectros, assim como as fotos anexas mostram detalhes dos rolamentos substituídos durante a revisão.

## XII.60 - ESTUDO 1142-E - BOMBA DE CIRCULAÇÃO DE ÁGUA QUENTE SEF

O estudo envolveu a medida e análise das vibrações de uma bomba Worthington 12LN26 nº 2, para verificar o estado dos rolamentos PM's 3 e 4 que, numa análise anterior, executada em 16 de janeiro de 1987 apresentaram níveis elevados de vibração. O motor não apresentou anormalidades detetáveis pelas vibrações. A bomba mostrou a situação no mancal PM 3H sem evolução, permanecendo no nível de **alarme**. O Mancal PM 4H apresentou um pequeno aumento, atingindo o nível de alarme. O equipamento pode continuar a operar por mais algum tempo mas, de qualquer maneira, é recomendada a medição e observação semanal, para controle da evolução do nível vibratório. Os espectros e dados descritos nas folhas anexas ilustram e justificam as recomendações feitas.

## XII.70 - ESTUDO 1255-E - CONTINUAÇÃO DO ESTUDO 1142-E

As folhas anexas ilustram o prosseguimento da monitoração das vibrações na bomba Worthington 12-LN-26 nº 2, desde 09 de julho de 1984 até 20 de abril de 1988. As figuras ilustram o aspecto dos rolamentos e seus componentes, substituídos quando os níveis vibratórios recomendaram a sua substituição.

OBSERVAÇÕES: Mancal 3A - Nota 2: Em 15/03/85 o motor foi trocado; Nota 3: A Bomba foi revisada em 14/04/87, tendo sido usinada a carcaça, trocadas as buchas de desgaste, retificado o eixo e substituído os rolamentos - No Mancal 2A a bomba foi revisada em 02/02/84, tendo sido trocadas tão somente as buchas de desgaste, conforme Nota 1; Nota 2

**506** TÉCNICAS DE MANUTENÇÃO PREDITIVA

em 15/03/85 o motor foi substituído - Mancal 3H: Nota 1 a Bomba foi revisada em 02/02/84, tendo sido trocadas tão somente as buchas de desgaste; Nota 2 em 15/03/85 o motor foi substituído; Nota 4 a bomba foi revisada em 14/04/87, tendo sido usinada a carcaça, trocada a bucha de desgaste e usinados o eixo e substituído o rolemã - Mancal 4H:- Nota 1 A Bomba foi revisada, havendo somente troca da bucha de desgaste em 02/02/84; Nota 2 em 15/03/85, o motor foi substituído; Nota 3 a Bomba foi revisada em 14/04/87, tendo sido usinada a carcaça, trocada a bucha de desgaste, usinado o eixo e substituído o rolamento.

# CASOS PRÁTICOS DE DIAGNÓSTICO EXECUTADO EM CAMPO

| RHODIA S.A. | | Tipo de Documento | ORDEM CRONOLÓGICA - TIPO |
|---|---|---|---|
| UTSJC | DEC | ESTUDO | 0314 E * |
| Emitente SMET | | Seção e Equipamento VISCOSE PREPARAÇÃO BOMBA WORTHINGTON | DATA EMISSÃO 10/08/83 |

**TÍTULO**

ANÁLISE DE VIBRAÇÕES NA BOMBA WORTHINGTON COD. W.127 DE CIRCULAÇÃO DE SODA

**Descrição Sucinta**

ANÁLISE DE VIBRAÇÕES COM LEVANTAMENTO DE ESPECTROS

**Objetivos**

AVALIAR O ESTADO DOS ROLAMENTOS APÓS CONSTATADO PELA ÁREA, RUIDO TÍPICO DE ROLAMENTO NA BOMBA

**Difusão Resultados**

| EMISSÃO | ABANDONO | NEGATIVO | BOM | SATISFATÓRIO | GENERALIZAR | | |
|---|---|---|---|---|---|---|---|
| | | | RESULTADOS | | | | |

**Comentários**

ESTADO DO ROLAMENTO ⇒ ALARME

\* FEITO NOVA MEDIÇÃO APÓS REVISÃO DA BOMBA  08/11/83
RESULTADO → BOMBA E ROLAMENTO EM ESTADO NORMAL

| APROVAÇÃO | TÉCNICO | MÉTODOS | ÁREA | SMAR | SMAN | DEC | DESTINATÁRIOS : |
|---|---|---|---|---|---|---|---|
| INÍCIO | | | | | | | MANA  UV |
| DATA | | | | | | | |
| TÉRMINO | | | | | | | |
| DATA | 10/8/83 | 11/8/83 | | | | | |

MOD. MET. 109

JAC - TEL. 21-1048

**RHODIA SA**
USINA TÊXTIL SÃO JOSÉ DOS CAMPOS

| TÍTULO: VISCOSE PREPARAÇÃO BOMBA WORTHING. ANALISE VIBRAÇÕES | DATA DA EMISSÃO 10/08/83 | N.º C314 E | PÁGINA 1/2 |
|---|---|---|---|

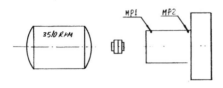

MEDIÇÕES GLOBAIS SEM FILTRO

                ANTES REVISÃO     APÓS REVISÃO

PONTO     V RMS mm/s

MP1H      6,0 mm/s      1,2 mm/s

MP2H      10,0 mm/s     0,65 mm/s

· ANALISE DOS ESPECTROS

    ROLAMENTOS - ALARME

MOD. MET. 008

## CASOS PRÁTICOS DE DIAGNÓSTICO EXECUTADO EM CAMPO 509

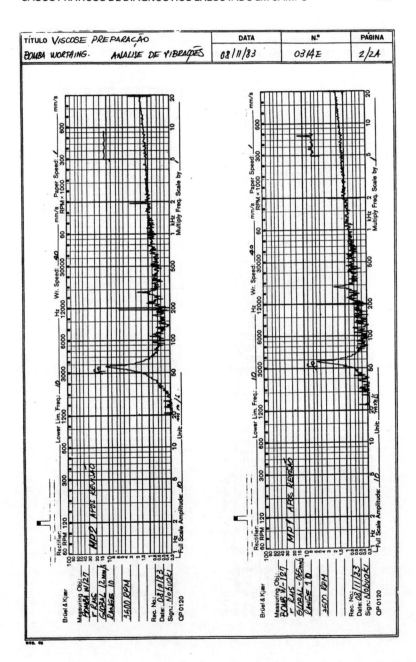

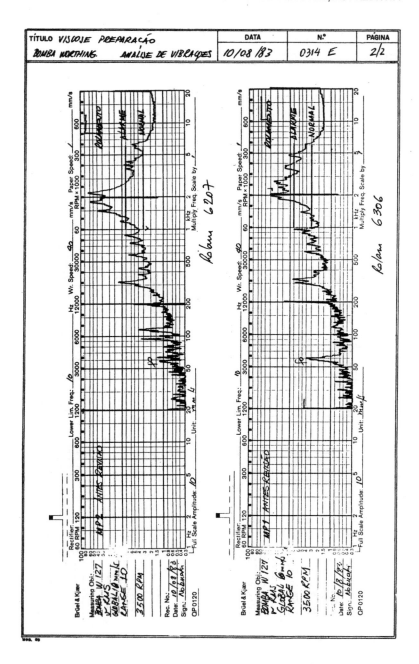

# CASOS PRÁTICOS DE DIAGNÓSTICO EXECUTADO EM CAMPO 511

# 512 TÉCNICAS DE MANUTENÇÃO PREDITIVA

| RHODIA S.A. | Tipo de Documento | ORDEM CRONOLÓGICA - TIPO |
|---|---|---|
| UTSJC DEC | ESTUDO | 361 E |
| Emitente | Seção e Equipamento | DATA EMISSÃO |
| SMET | CRISTALIZAÇÃO - CENTRIFUGA KRAUSS 2 | 19 10 83 |

**TÍTULO**

ANALISE DE VIBRAÇÕES

**Descrição Sucinta**

MEDIÇÃO E REGISTRO DO NIVEL VIBRATÓRIO DO EQUIPAMENTO

**Objetivos**

AVALIAR O ESTADO MECANICO

**Difusão Resultados:**

| EMISSÃO | ABANDONO | NEGATIVO | BOM | SATISFATÓRIO | GENERALIZAR | | |
|---|---|---|---|---|---|---|---|
| | | | RESULTADOS | | | | |

**Comentários**

- EQUIPAMENTO EM CONDIÇÕES ACEITÁVEIS DE USO
- OBSERVADO INIVEL VIBRATÓRIO ELEVADO NO ROLAMENTO DO MOTOR, LADO POLIA, VER FOTOS ANEXAS.
- SUBSTITUIDO MOTOR EM 24/11/83 VER ESTUDO 374 E

| APROVAÇÃO | TÉCNICO | MÉTODOS | ÁREA | SOF | SMAN | DEC | DESTINATARIOS : |
|---|---|---|---|---|---|---|---|
| INÍCIO | | | | | | | |
| DATA | | | | | | | |
| TÉRMINO | | | | | | | |
| DATA | 19 10 83 | 26·10·83 | 27 10 83 | 24/12/83 | | 21/12/83 | |

MOD. MET. 109

JAC - TEL. 21-1048

# CASOS PRÁTICOS DE DIAGNÓSTICO EXECUTADO EM CAMPO 513

USINA TÊXTIL SÃO JOSÉ DOS CAMPOS

| TÍTULO: CRISTALIZAÇÃO - CENTRIFUGA KRAUSS 2 ANALISE DE VIBRAÇÕES | DATA DA EMISSÃO 19 10 83 | N.º 361 E | PÁGINA 1/3 |
|---|---|---|---|

1_ PONTO DE MEDIDA

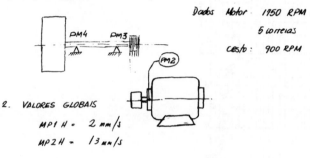

Dados Motor: 1950 RPM
5 correias
Cesto: 900 RPM

2. VALORES GLOBAIS

MP1 H = 2 mm/s
MP2 H = 1,3 mm/s

3. ANÁLISE GLOBAL, CONFORME DIN 4150  Máquinas grupo K
Estado mecânico - ACEITÁVEL

4. ANALISE DO BALANCEAMENTO
v = 1,3 mm/s - ACEITÁVEL

NOTA  CONDIÇÕES DA MEDIÇÃO
- Máquinas 1-3 paradas
- Cesto lavado, com tecido

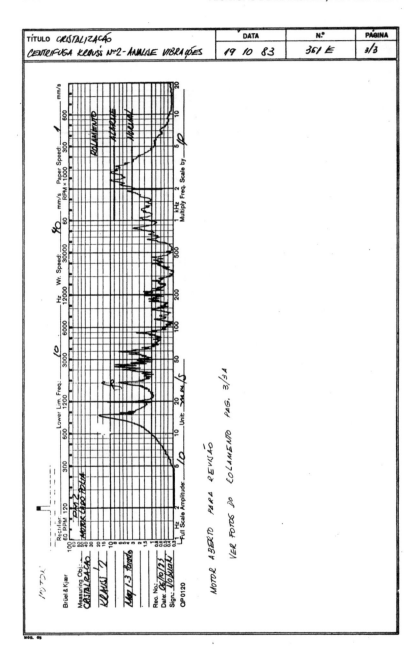

# CASOS PRÁTICOS DE DIAGNÓSTICO EXECUTADO EM CAMPO    515

| TÍTULO ANALISE DE VIBRAÇÕES CENTRIFUGA KRAUSS 2 | DATA 21 12 83 | N.º 361 E | PÁGINA 3/3 A |

FOTO 1-4-12A DANIFICAÇÃO DA PISTA EXTERNA PROVOCADA PELA VIBRAÇÃO TRANSMITIDA DAS OUTRAS MÁQUINAS. COMO ESTE EQUIPAMENTO FICOU A MAIOR PARTE DO TEMPO PARADA A VIBRAÇÃO FEZ COM QUE OS ROLETES ATUASSEM BATENDO COMO MARTELETE NAS VISTAS EXTERNA E INTERNA DO ROLAMENTO

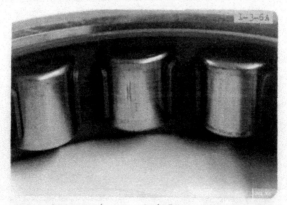

FOTO 1-3-6A DANIFICAÇÃO DO ROLETE

| TÍTULO ANÁLISE DE VIBRAÇÕES CENTRÍFUGA KRAUSS 2 | DATA 21/12/83 | N.º 361 E | PÁGINA 3/3 B |

FOTO 1-4.11A VISTA DOS ROLETES DESMONTADOS

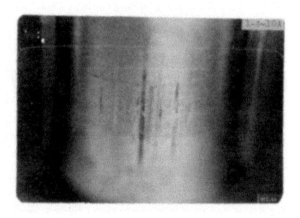

FOTO 1.4.10A DANIFICAÇÃO DE UM ROLETE DESMONTADO

# CASOS PRÁTICOS DE DIAGNÓSTICO EXECUTADO EM CAMPO 517

| TÍTULO ANALISE DE VIBRAÇÕES CENTRIFUGA KRAUSS 2 | DATA 19 3 64 | N.º 361 E | PÁGINA 3/3c |
|---|---|---|---|

FOTO 6-7-6  VISTA GERAL DO ROTOR
COM A PISTA INTERNA DO ROLAM, MONTADA

FOTO 7-1-12A  VISTA DA PISTA INTERNA
DANIFICADA

| TÍTULO ANALISE DE VIBRAÇÕES CENTRIFUGA KRAUSS 2 | DATA 19.3.84 | N° 361 E | PÁGINA 3/3 D |

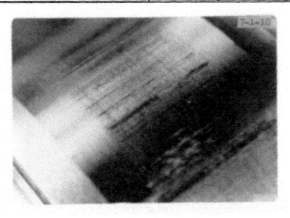

FIG 7-1-10  VISTA DA PISTA INTERNA DANIFICADA

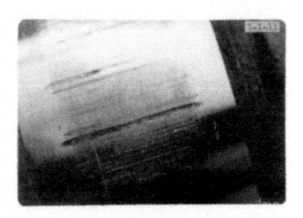

FIG 7-1-11  VISTA DA PISTA INTERNA DANIFICADA

# CASOS PRÁTICOS DE DIAGNÓSTICO EXECUTADO EM CAMPO

| | Emitente | Tipo de Documento | | ORDEM CRONOLÓGICA - TIPO |
|---|---|---|---|---|
| RHODIA S.A. | SMet | Estudo | | 0614 E |
| | Seção e Equipamento | | | DATA EMISSÃO |
| UTSJC    DEC | SEF - Água Bruta - Captação Água Bruta | | | 02/04/85 |

**Título**

- Análise de vibrações na bomba Whorthington nº 5

**Descrição Sucinta**

- Fazer as medições e a análise

**Objetivos**

- Conhecer o estado mecânico do equipamento

- Continuar a monitorização através das curvas de tendência

**Comentários**

- Bomba : sem anormalidades

- Motor : nível vibratório em estado de atenção com 0,3 mm/s
  na frequência de 500 Hz (PM 2H). Levando-se em con
  sideração a baixa rotação do motor, recomendamos '
  verificar os rolamentos.

| APROVAÇÃO | TÉCNICO | MÉTODOS | AREA | SOF | SMAN | DEC | | DESTINATÁRIOS |
|---|---|---|---|---|---|---|---|---|
| INÍCIO | | | | | | | | SMan |
| DATA | | | | | | | | Mana SEF |
| TÉRMINO | | | | | | | | |
| DATA | 03/04/85 | 02.04.85 | 1904.85 | | 29/04/85 | | | |

MOD. MET. 109

**USINA TÊXTIL SÃO JOSÉ DOS CAMPOS**

| TÍTULO: SEF - Água bruta - Captação Bombas Worthington 12 LH 26 Análise de Vibrações. | DATA DA EMISSÃO 02/04/85 | N.º 0614 E | PÁGINA 1/11 |
|---|---|---|---|

1- Bomba nº  5

2- Tempo de funcionamento (horas): 2920

3- Carga: 170 A

4- Pontos de medição:

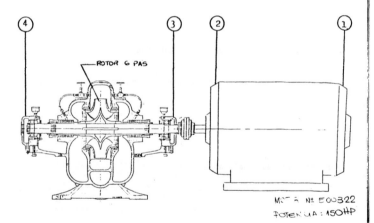

Motor: Potência: 150 CV
       Rotação: 715 rpm (11,9 Hz)

A- Sentido axial
H- Sentido horizontal

Mod. Met. 219

# CASOS PRÁTICOS DE DIAGNÓSTICO EXECUTADO EM CAMPO

| TÍTULO | SEF - Água Bruta - Captação Bomba Whorthington 12 LN 26 Análise de vibrações | DATA | N.° | PÁGINA |
|---|---|---|---|---|
| | | 02/04/85 | 0614 E | 2/11 |

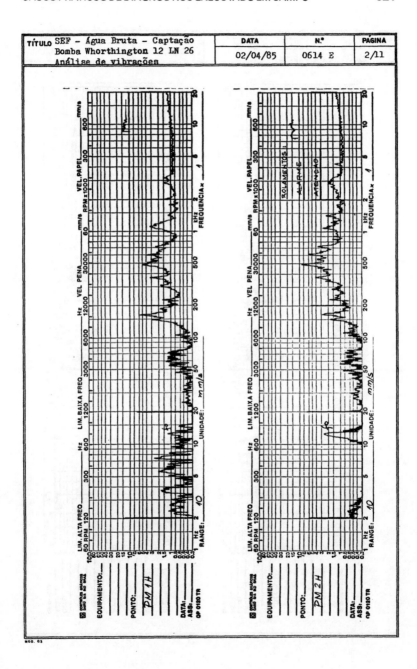

522　TÉCNICAS DE MANUTENÇÃO PREDITIVA

| TÍTULO | SEF - Água Bruta - Captação Bomba Worthington 12 LN 26 Análise de vibrações | DATA | N.º | PÁGINA |
|---|---|---|---|---|
| | | 02/04/85 | 0614 E | 3/11 |

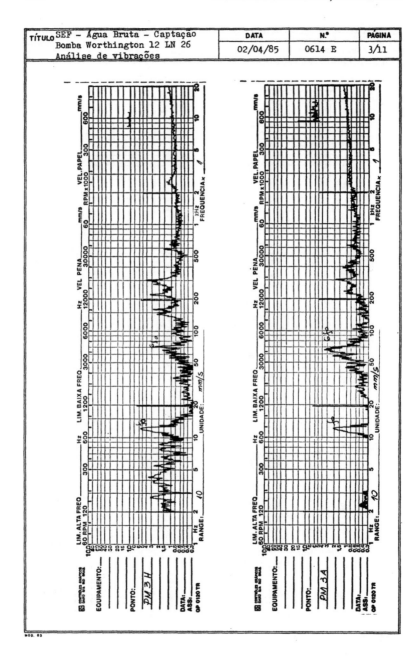

# CASOS PRÁTICOS DE DIAGNÓSTICO EXECUTADO EM CAMPO

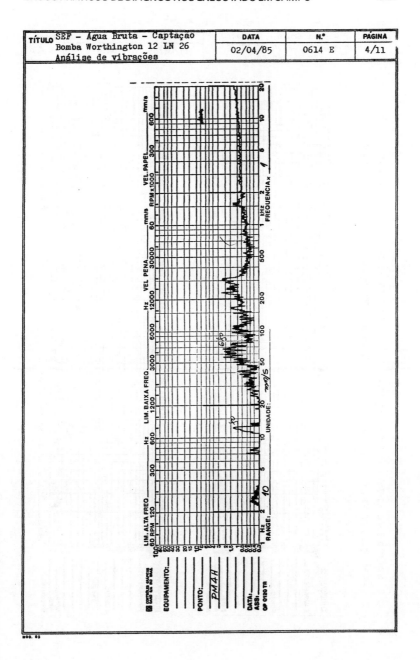

| TÍTULO | SEF - Água Bruta - Captação<br>Bomba Worthington 12 LN 26<br>Análise de vibrações | DATA | N.º | PÁGINA |
|---|---|---|---|---|
| | | 17/04/85 | 0614 E | 5/11 |

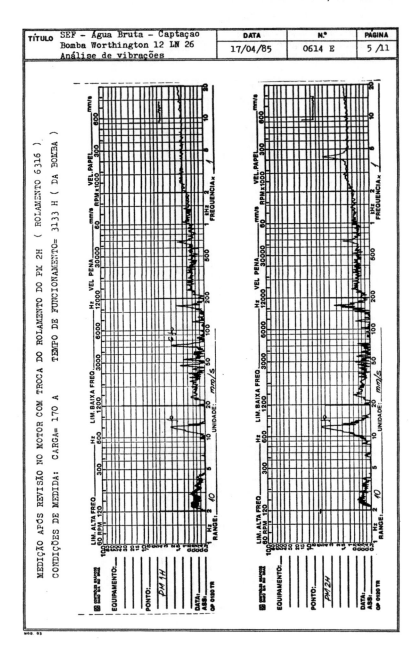

## CASOS PRÁTICOS DE DIAGNÓSTICO EXECUTADO EM CAMPO 525

| TÍTULO | SEF - Água Bruta - Captação<br>Bomba Worthington 12 LN 26<br>Análise de vibrações | DATA | N.° | PÁGINA |
|---|---|---|---|---|
| | | 17/04/85 | 0614 E | 6/11 |

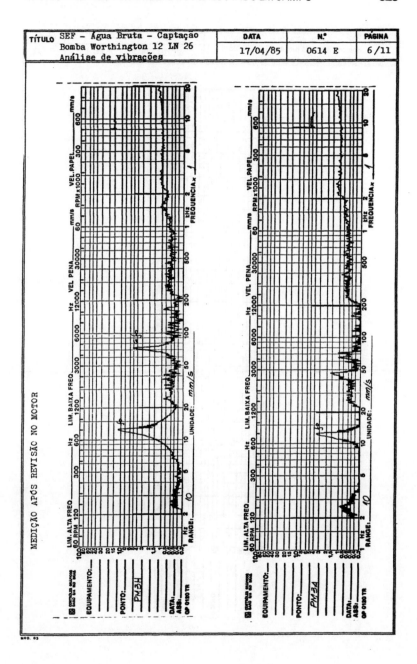

# 526

**TÍTULO** SEF - Água Bruta - Captação Bomba Worthington 12 LN 26 Análise de vibrações | **DATA** 17/04/85 | **N.°** 0614 E | **PÁGINA** 7/11

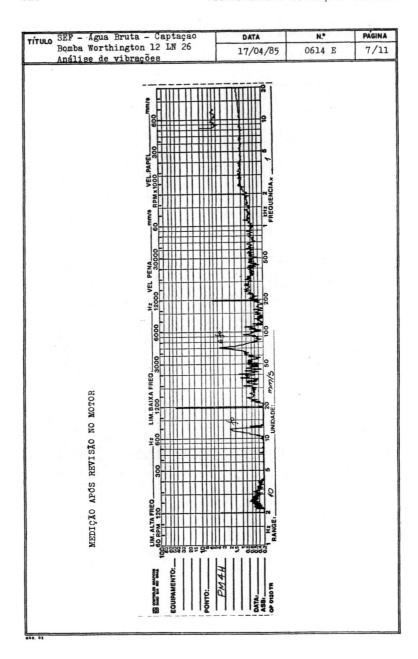

## CASOS PRÁTICOS DE DIAGNÓSTICO EXECUTADO EM CAMPO

| TÍTULO SRF - Água Bruta - Captação Bomba Worthington 12 LN 26 Análise de vibrações | DATA 02/04/85 | N.º 0614 3 | PÁGINA 8/11 |
|---|---|---|---|

— Rolamento 6316 substituído

— Detalhe dos anéis interno e externo

| TÍTULO | SEF - Água Bruta - Captação Bomba Worthington 12 LN 26 Análise de vibrações | DATA | N.º | PÁGINA |
|---|---|---|---|---|
| | | 02/04/85 | 0614 E | 9/11 |

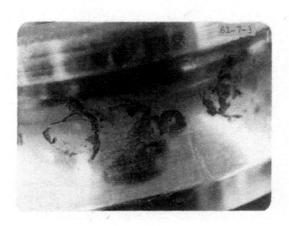

- Pista interna - Detalhes

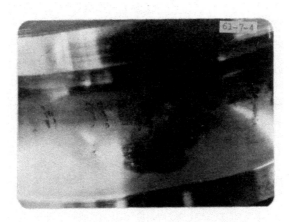

# CASOS PRÁTICOS DE DIAGNÓSTICO EXECUTADO EM CAMPO

| TÍTULO | SEF - Água Bruta - Captação Bomba Worthington 12 LN 26 Análise de vibrações | DATA | N.° | PÁGINA |
|---|---|---|---|---|
| | | 02/04/85 | 0614 E | 10/11 |

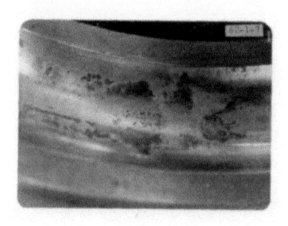

– Pista externa – Detalhes

| TÍTULO | SEF - Água Bruta - Captação Bomba Worthington 12 LN 26 Análise de vibrações | DATA | N.º | PÁGINA |
|---|---|---|---|---|
| | | 02/04/85 | 0614 E | 11/11 |

– Detalhe das esferas deterioradas

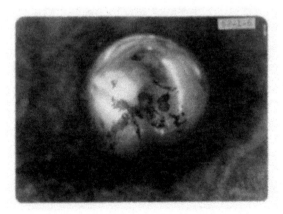

# CASOS PRÁTICOS DE DIAGNÓSTICO EXECUTADO EM CAMPO

531

| | | Emitente | Tipo de Documento | | ORDEM CRONOLÓGICA - TIPO |
|---|---|---|---|---|---|
| (logo) | | SMet. | Estudo | | 1010 |
| | | Seção e Equipamento | | | DATA EMISSÃO |
| UTSJC | DEC | SEF- Água Quente - Circulação | | | 19-06-86 |

**Título**

- Análise de vibrações na Bomba Worthington 12LN26 nº1

**Descrição Sucinta**

- Fazer as medições e a análise dos espectros

**Objetivos:**

- Conhecer o estado mecânico do equipamento, após sua revisão, com troca de rolamentos.

**Comentários**

MOTOR: Valores elevados em 120 Hz. Causa provável: Problemas elétricos.

BOMBA: Sem anormalidades vibratórias

| APROVAÇÃO | TÉCNICO | MÉTODOS | ÁREA | SOF | SMAN | DEC | | DESTINATÁRIOS |
|---|---|---|---|---|---|---|---|---|
| INÍCIO | | | | | | | | |
| DATA | | | | | | | | |
| TÉRMINO | Perra | MMG | R | | Vison | | | |
| DATA | 19/06/86 | 20.08.86 | 29.08.86 | | 08/09/86 | | | |

MOD. MET. 199

**532**                      TÉCNICAS DE MANUTENÇÃO PREDITIVA

USINA TÊXTIL SÃO JOSÉ DOS CAMPOS

| TÍTULO: SEF - Água quente - Circ. Bombas Worthington 12 LN 26 Análise de Vibrações | DATA DA EMISSÃO 19-06-86 | N.° 1010 E | PÁGINA 1/6 |
|---|---|---|---|

Pontos de medição:
PM H - Horizontal     PM A - Axial

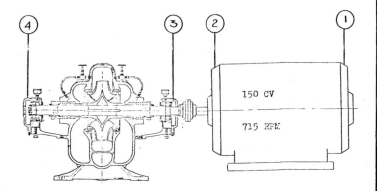

Dados gerais:

1 - Bomba nº  01
2 - Carga  240 A
3 - Horimetro 1973 Hs
4 - Tempo de funcionamento(hs)  15

Frequências conhecidas:

| COMPONENTE | PONTO | FREQUÊNCIA | CAUSA |
|---|---|---|---|
| MOTOR | Radial | fo (11,9Hz) | Desbalanceamento |
|  | Axial | 2fo (23,8Hz) | Desalinhamento |
|  | Radial | 0,5 a 1 KHz | Rolamentos |
| CORRENTE ELÉTRICA | Radial | fo ( 60 Hz) | Problemas elétricos |
|  | Axial | 2fo (120 Hz) | Problemas elétricos |
| BOMBA | Radial | fo (11,9Hz) | Desbalanceamento |
|  | Axial | 2fo (23,8Hz) | Desalinhamento |
|  | Radial | 6fo (71,4Hz) | Infl. Hidrodinâmica ( 6 rás ) |
|  | Radial | 0,5 a 1 KHz | Rolamentos |

MOD.-MET 211

# CASOS PRÁTICOS DE DIAGNÓSTICO EXECUTADO EM CAMPO 533

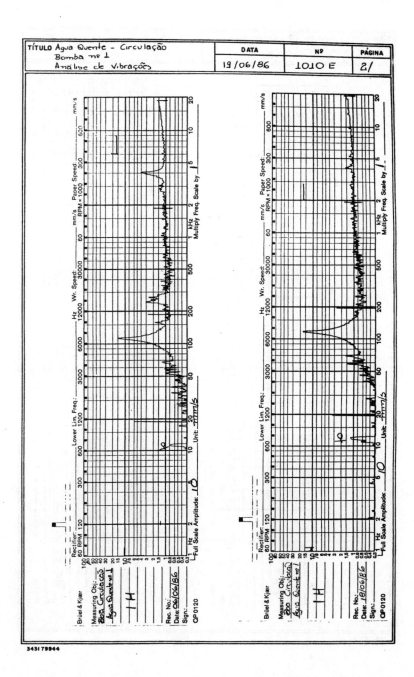

534

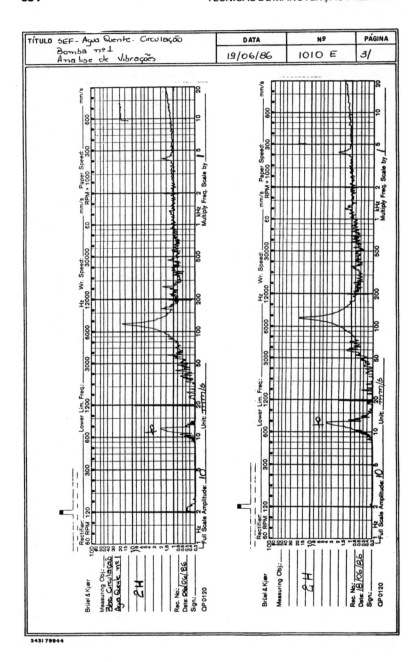

## CASOS PRÁTICOS DE DIAGNÓSTICO EXECUTADO EM CAMPO 535

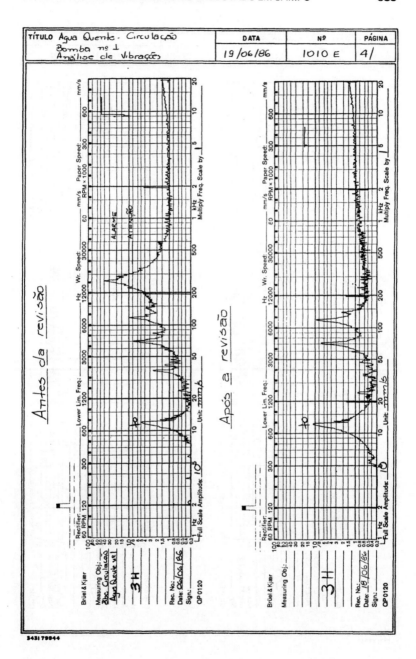

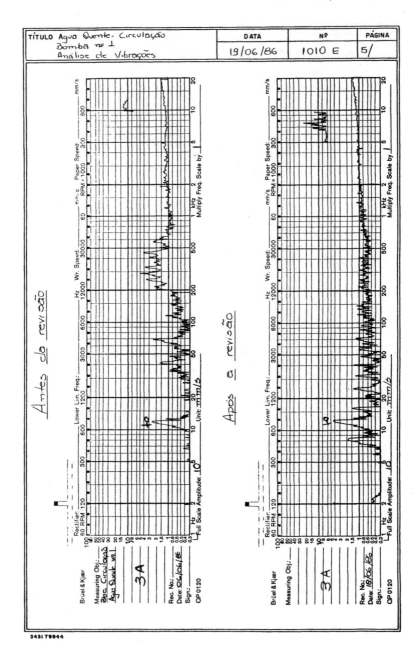

## CASOS PRÁTICOS DE DIAGNÓSTICO EXECUTADO EM CAMPO 537

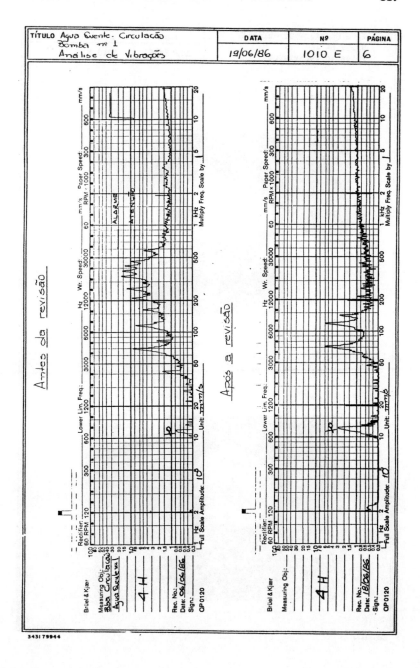

| TÍTULO Água Quente - Circulação Bomba nº 1 Fotos do rolamentom | DATA 10/08/86 | Nº 1010 E | PÁGINA 7 |
|---|---|---|---|

Rolamento 6319 ( PM 3 )

Rolamento 6319 ( PM 4 )

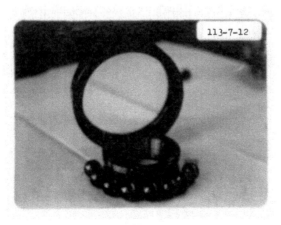

# CASOS PRÁTICOS DE DIAGNÓSTICO EXECUTADO EM CAMPO

**539**

| TÍTULO Água Quente - Circulação Bomba nº 1 Fotos do rolamento | DATA | Nº | PÁGINA |
|---|---|---|---|
| | 10/08/86 | 1010 E | 9. |

Geral da pista externa (PM 3)

Detalhe da corrosão na pista externa (PM 3)

| TÍTULO Água Quente- Circulação Bomba nº 1 Fotos do rolamento | DATA 10/08/86 | Nº 1010 E | PÁGINA |
|---|---|---|---|

Geral da pista interna (PM 3)

Detalhe da pista interna ( PM 3)

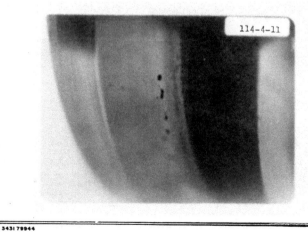

# CASOS PRÁTICOS DE DIAGNÓSTICO EXECUTADO EM CAMPO

| TÍTULO | Água Quente – Circulação Bomba nº 1 Fotos do rolamento | DATA | Nº | PÁGINA |
|---|---|---|---|---|
| | | 10/08/86 | 1010 E | 10 |

Geral da esfera ( PM ? )

114-4-10

Detalhe da corrosão com defeito localizado e trincas (PM 3)

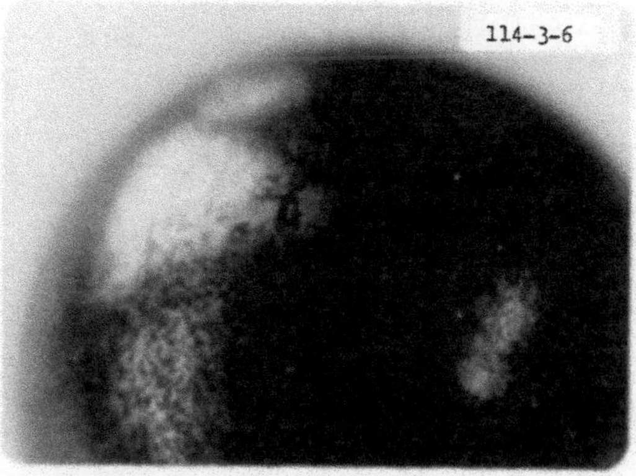

114-3-6

| TÍTULO Água Quente - Circulação Bomba nº 1 Fotos do rolamento | DATA 10/08/86 | Nº 1010 E | PÁGINA \\ |
|---|---|---|---|

Geral da pista externa (PM 4)

Detalhe da corrosão na pista externa (PM4)

114-3-9

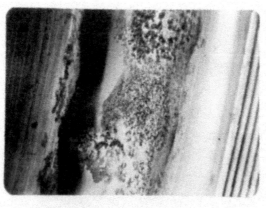

## CASOS PRÁTICOS DE DIAGNÓSTICO EXECUTADO EM CAMPO 543

| TÍTULO SEF Bomba Circulação Agua Quente nº 2 Fotografias | DATA 14/04/87 | Nº 1265 E | PÁGINA 4 |
|---|---|---|---|

Esfera do rolamento 6319 - FN 4H
Defeitos localizados e pontos de oxidação ( Ampliação ~3x)
(Ver estudo 1142 E)

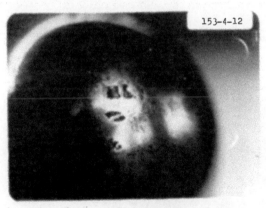

Esfera do rolamento 6319 - PM 4H
Defeitos localizados ( Ampliação ~ 4x)
(Ver estudo 1142 E)

| TÍTULO | Água Quente - Circulação Bomba nº 1 Fotos do rolamento | DATA | Nº | PÁGINA |
|---|---|---|---|---|
| | | 10/08/86 | 1010 E | |

Geral da pista interna (PM4)

Detalhe da corrosão na pista interna ( PM 4 )

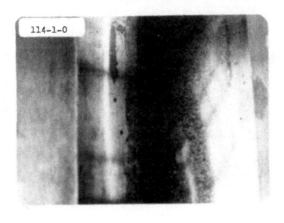

## CASOS PRÁTICOS DE DIAGNÓSTICO EXECUTADO EM CAMPO 545

| TÍTULO Água Quente - Circulação Bomba nº 1 Fotos do rolamento | DATA 10/08/86 | Nº 1010 E | PÁGINA 13 |
|---|---|---|---|

Geral da esfera (PM 4)

114-2-4

Detalhe da corrosão na esfera ( PM 4 )

114-2-5

# TÉCNICAS DE MANUTENÇÃO PREDITIVA

| | | **Emitente** | **Tipo de Documento** | **ORDEM CRONOLÓGICA/TIPO** |
|---|---|---|---|---|
| **RHODIA S.A.** | | SMET | ESTUDO | 1032 E |
| | | **Seção e Equipamento** | | **DATA EMISSÃO** |
| UTSJC | DEC | BIDIM LINHA II HOOPER | | 09/08/86 |

**Título**

ANÁLISE DE VIBRAÇÕES NO VENTILADOR BERNAUER

**Descrição Sucinta**

FAZER AS MEDIÇÕES E ANÁLISE

**Objetivos:**

CONHECER O ESTADO MECÂNICO DO EQUIPAMENTO ANTES E APÓS REVISÃO.

Obs. Medições antes da revisão solicitado pela área que constatou ruídos estranhos.

**Comentários**

- Ver página 2

AGO/87 — livro de acompanhamentos p/ ensaio
i) acoplamento vibratorio em diversas
RPM's. (ver 0085-s)

| APROVAÇÃO | TÉCNICO | MÉTODOS | ÁREA | SOF | SMAN | DEC | | DESTINATÁRIOS |
|---|---|---|---|---|---|---|---|---|
| INÍCIO | | | | | | | | |
| DATA | | | | | | | | |
| TÉRMINO | | MSH | | | | | | |
| DATA | 09/08/86 | 19-08-86 | | | 25/08/86 | | | |

MOD. MÉT. 109

# CASOS PRÁTICOS DE DIAGNÓSTICO EXECUTADO EM CAMPO 547

**USINA TÊXTIL SÃO JOSÉ DOS CAMPOS**

| TÍTULO: BIDIM - LINHA II HOOPER Ventilador Bernauer - Análise de vibrações | DATA DA EMISSÃO 07 08 86 | N.º 1032 E | PÁGINA 1 |
|---|---|---|---|

| COMPONENTE | PONTO | FREQUÊNCIA | CAUSA |
|---|---|---|---|
| MOTOR | Radial | fo (56.7 Hz) | Desbalanceamento |
|  | Axial | 2fo (113.3 Hz) | Desalinhamento |
|  | Radial | 500 - 4000 Hz | Rolamento |
| CORRENTE ELÉTRICA | Radial | fo (60 Hz) | Problemas elétricos |
|  | Axial | 2fo (120 Hz) | . . |
| VENTILADOR | Radial | fo (56.7 Hz) | Desbalanceamento |
|  | Axial | 2fo (113.3 Hz) | Desalinhamento |
|  | Radial |  | Influência aerodinâmica rotor pás |
|  | Radial | 500 - 4000 Hz | Rolamentos |

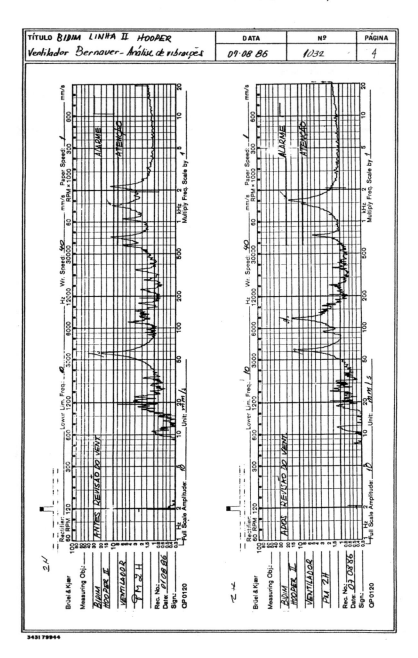

# CASOS PRÁTICOS DE DIAGNÓSTICO EXECUTADO EM CAMPO 549

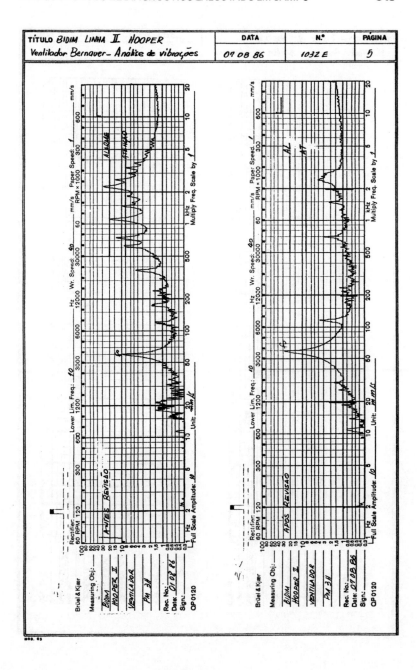

550 TÉCNICAS DE MANUTENÇÃO PREDITIVA

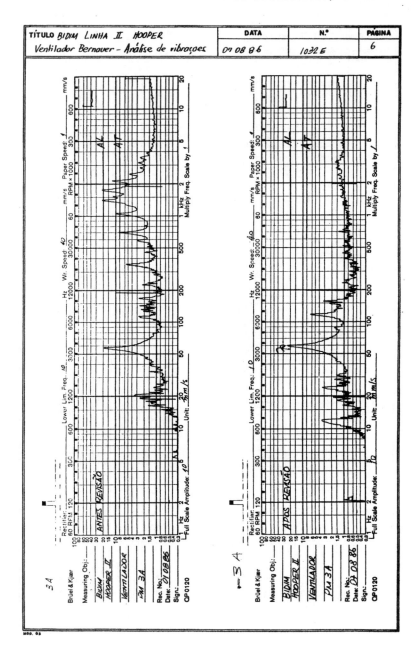

## CASOS PRÁTICOS DE DIAGNÓSTICO EXECUTADO EM CAMPO 551

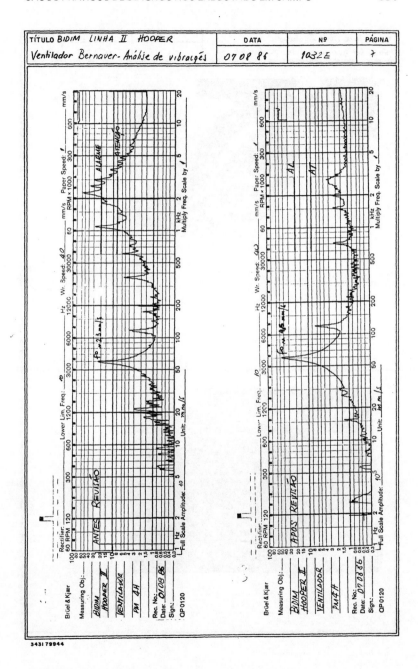

| TÍTULO Bidin Linha II Hoopek | DATA | N.º | PÁGINA |
|---|---|---|---|
| Ventilador Bernaver · Análise de vibrações | | 1C 32 E | 8 |

Rolamento PM 3H

Vista geral

Rolamento PM 3H

início do desgaste

## CASOS PRÁTICOS DE DIAGNÓSTICO EXECUTADO EM CAMPO 553

# 554 TÉCNICAS DE MANUTENÇÃO PREDITIVA

| RHODIA S.A. | | Emitente Smet | Tipo de Documento Estudo | ORDEM CRONOLÓGICA TIPO 1142 E |
|---|---|---|---|---|
| UTSJC | DEC | Seção e Equipamento SEF- Agua Quente - Circulação | | DATA EMISSÃO 27-01-87 |

**Título**

- Analise de Vibrações no Bomba Worthington 12 LN 26 nº 2

**Descrição Sucinta**

- Fazer as medições e a analise dos espectros

**Objetivos:**

- Verificar o estado dos rolamentos dos PMs 3 e 4 que na analise anterior (16-01-87), se encontravam em niveis elevados de vibrações.

**Comentários**

Motor: Sem anormalidades vibratorias

Bomba: PM 3H - Sem evolução, permanece em ALARME
PM 4H - Pequena evolução, atingindo ALARME

O equipamento pode continuar em funcionamento, porem recomendamos que sejam feitas medidas semanais com o 2513, para controle das evoluções.

Valores obtidos com 2513:
Global V(mm/s) - 1H · 0.9 /2H- 0.7 /2A- 0.9 / 3H · 3.0 / 3A · 1.6 /4A- 3.0
Rolamentos: (dB) - 1 · Pico · 148 / 2 · Pico · 161 / 3 · Pico · 150 / 4 · Pico · 149
                      RMS · 136      RMS · 137       RMS · 133       RMS · 135

| APROVAÇÃO | TÉCNICO | MÉTODOS | ÁREA | SOF | SMAN | DEC | DESTINATÁRIOS |
|---|---|---|---|---|---|---|---|
| INÍCIO | | | | | | | |
| DATA | | | | | | | |
| TÉRMINO | | | | | | | |
| DATA | 27/01/87 | 27·01·87 | 27 01 87 | | 02/04/ | | |

MOD. MET. 109

## CASOS PRÁTICOS DE DIAGNÓSTICO EXECUTADO EM CAMPO  555

USINA TÊXTIL SÃO JOSÉ DOS CAMPOS

| TÍTULO: SEF - Água quente - Circ. Bombas Worthington 12 LN 26 Análise de Vibrações | DATA DA EMISSÃO 27-01-87 | N.° 1142 E | PAGINA 1/4 |
|---|---|---|---|

Pontos de medição:
PM H - Horizontal    PM A - Axial

```
  ④        ③  ②                        ①
                            ┌──────────────┐
                            │   150 CV     │
  [bomba]                   │              │
                            │   715 RPM    │
                            └──────────────┘
```

Dados gerais:

1 - Bomba nº  02
2 - Carga  240 A
3 - Horimetro 3733 hs
4 - Tempo de funcionamento(hs) _____

Frequências conhecidas:

| COMPONENTE | PONTO | FREQUÊNCIA | CAUSA |
|---|---|---|---|
| MOTOR | Radial | fo (11,9Hz) | Desbalanceamento |
|  | Axial | 2fo (23,8Hz) | Desalinhamento |
|  | Radial | 0,5 a 1 KHz | Rolamentos |
| CORRENTE ELÉTRICA | Radial | fo ( 60 Hz) | Problemas elétricos |
|  | Axial | 2fo (120 Hz) | Problemas elétricos |
| BOMBA | Radial | fo (11,9Hz) | Desbalanceamento |
|  | Axial | 2fo (23,8Hz) | Desalinhamento |
|  | Radial | 6fo (71,4Hz) | Infl. Hidrodinâmica ( 6 pás ) |
|  | Radial | 0,5 a 1 KHz | Rolamentos |

MOD.-MEF 211

# 556 TÉCNICAS DE MANUTENÇÃO PREDITIVA

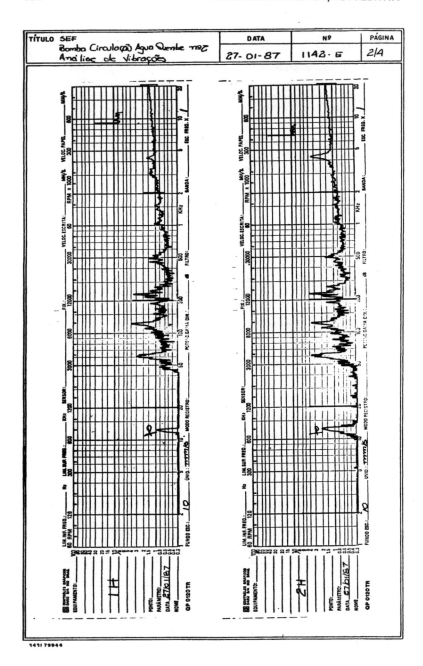

# CASOS PRÁTICOS DE DIAGNÓSTICO EXECUTADO EM CAMPO 557

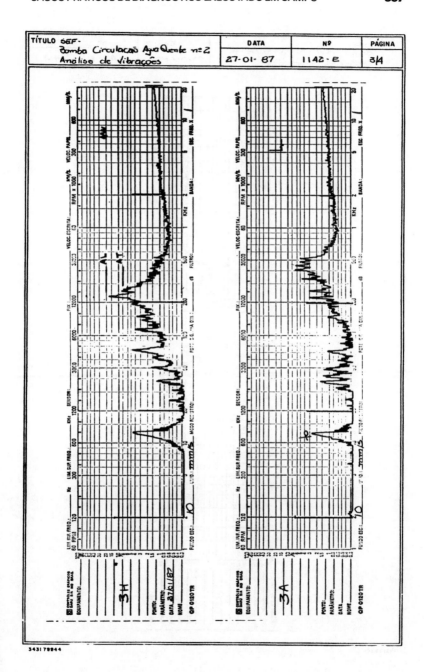

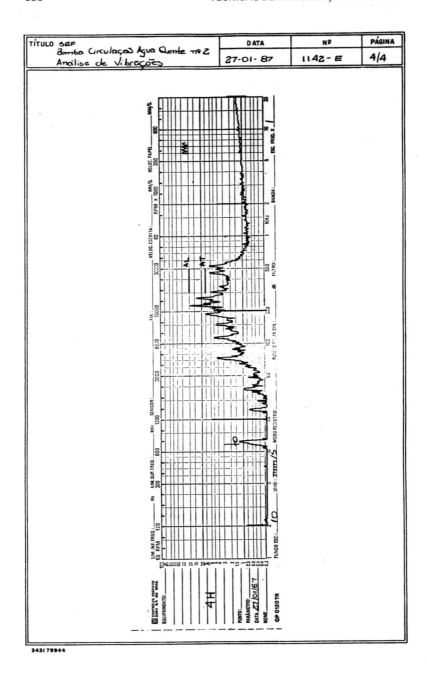

## CASOS PRÁTICOS DE DIAGNÓSTICO EXECUTADO EM CAMPO 559

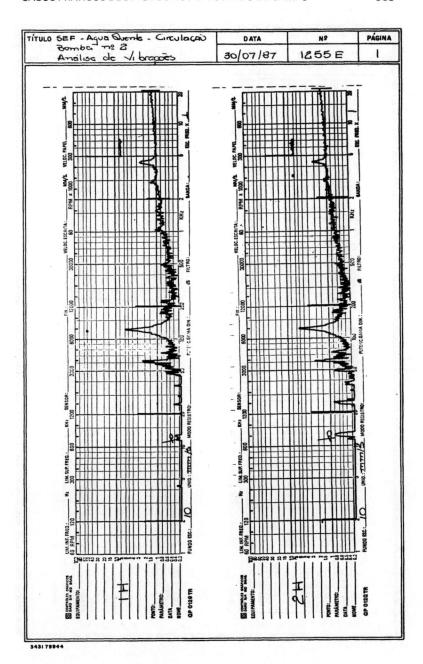

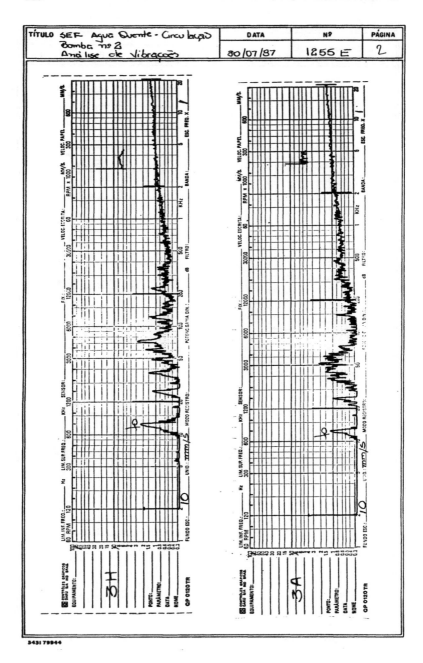

# CASOS PRÁTICOS DE DIAGNÓSTICO EXECUTADO EM CAMPO 561

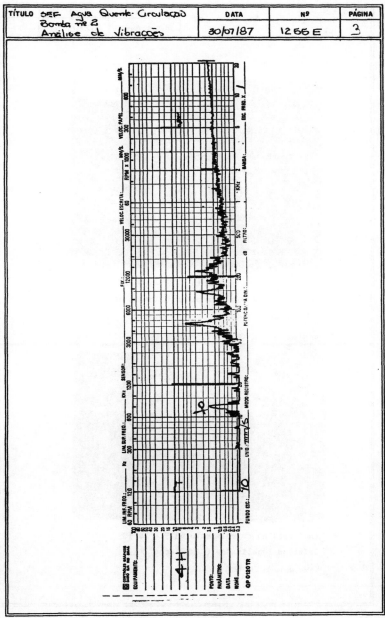

| TÍTULO SEF Bomba Circulação Agua Quente nºC Fotografias | DATA 14/04/87 | Nº 1255 E | PÁGINA 5 |

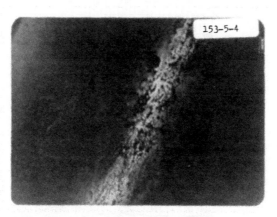

Anel externo do rolamento 6319 - PM 4H
Detalhe da corrosão da pista ( Ampliação ~ 4x)
(ver estudo 1142 E)

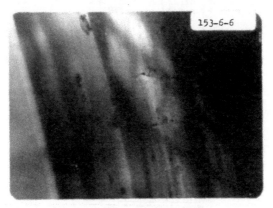

Anel interno do rolamento 6319 - PM 4H
Defeitos localizados ( Ampliação ~ 4x)
(ver estudo 1142)

# CASOS PRÁTICOS DE DIAGNÓSTICO EXECUTADO EM CAMPO 563

| TÍTULO OEF Bomba Circulação Agua Quente nº2 Fotografias | DATA 14/04/87 | Nº 1255 E | PÁGINA 6 |
|---|---|---|---|

Anel externo do rolamento 6319 - PM 3H
Vista geral com mostra de faixa de desgaste ocasionada pelo início da oxidação
(Ver estudo 1142 E)

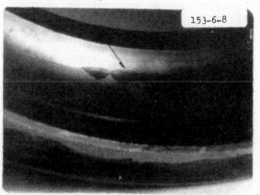

Anel externo do rolamento 6319 - PM 3H
Detalhe do início do desgaste ( Ampliação~2x )
(Ver estudo 1142)

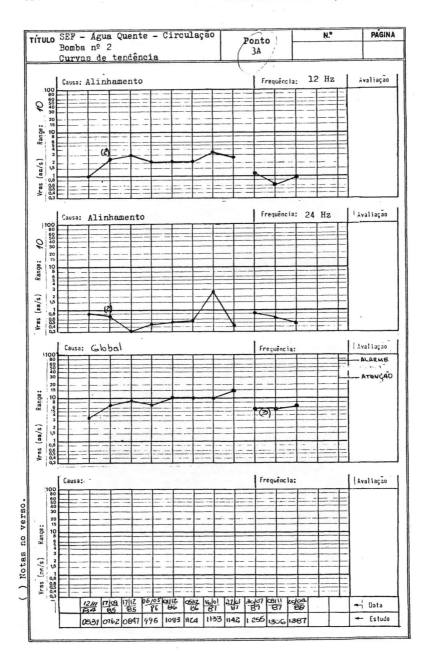

# CASOS PRÁTICOS DE DIAGNÓSTICO EXECUTADO EM CAMPO 565

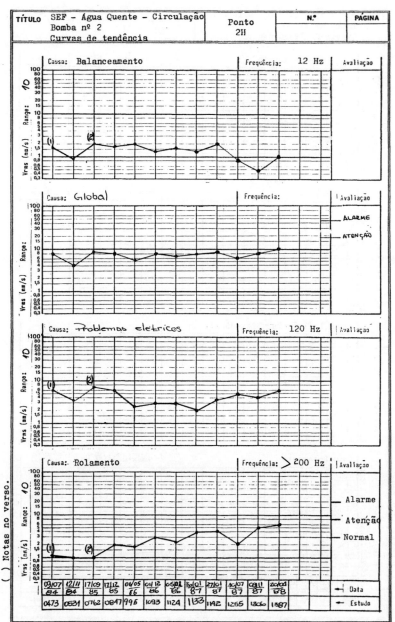

# 566 TÉCNICAS DE MANUTENÇÃO PREDITIVA

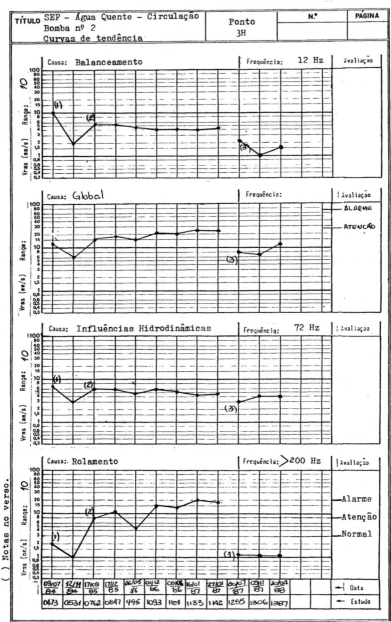

# CASOS PRÁTICOS DE DIAGNÓSTICO EXECUTADO EM CAMPO 567

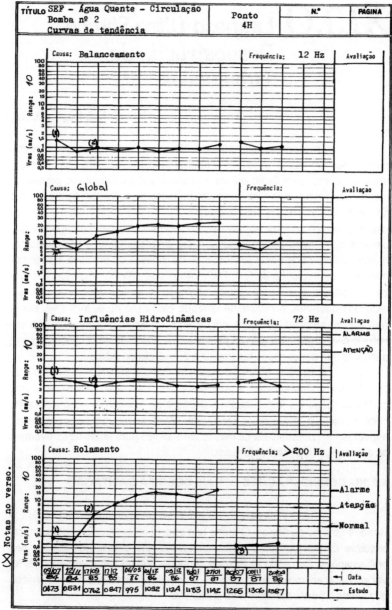

# XIII.O Limpeza Ultra-Sônica. Desobstrução de Tubulações

**L.X. Nepomuceno**

As técnicas ultra-sônicas são, de maneira geral, bem pouco conhecidas em nosso meio. No ambiente industrial os ultra-sons são conhecidos como um método de ensaio não-destrutivo. Quanto ao processamento ultra-sônico, são conhecidos os métodos de soldagem de plásticos e de metais em ambientes restritos sendo ainda mais restrito o meio que conhece a técnica e utiliza os ultra-sons como meio de obter homogenização, emulsificação, micropulverização, etc. De um modo geral, a população conhece os ultra-sons como processo de diagnóstico da gravides e acompanhamento da evolução do feto. Por motivos que são inexplicáveis, a limpeza ultra-sônica, que é uma técnica originada no final da década dos trinta/início dos quarenta, é raramente utilizada em nosso meio. Inclusive, não é raro encontrar indivíduos com longos anos de experiência industrial e envolvido com problemas graves de limpeza e acabamento de peças e componentes que desconheça totalmente a existência do método.

A limpeza ultra-sônica, assim como a grande maioria dos processamentos ultra-sônicos, é executada pela cavitação ultra-sônica, cuja atividade obriga as impurezas e sujeiras e se emulsificar no meio líquido onde o objeto a limpar deve ser imerso. Verificaremos inicialmente alguns aspectos fundamentais da cavitação ultra-sônica para então descrevermos as aplicações que nos interessam.

## XIII.10 - CONSIDERAÇÕES GERAIS SOBRE A CAVITAÇÃO

O termo "cavitação" significa simplesmente a formação de cavidades no seio do líquido. O termo tem origem na cavitação hidrodinâmica, bastante conhecido pelos efeitos deletérios que origina nas hélices das embarcações, formando cavidades de monta que podem eventualmente levar a hélice ao rompimento, depois de introduzirem efeitos hidrodinâmicos que levam a perda apreciável da eficiência.

# LIMPEZA ULTRA-SÔNICA. DESOBSTRUÇÃO DE TUBULAÇÕES

É possível realizar uma comparação grosseira entre a cavitação e o processo de ferver a água, que é o processo mais corriqueiro da formação de cavidades. No caso da água, a "cavitação" aparece incialmente devido a separação dos gases dissolvidos no seio do líquido; tais bolhas aparecem inicialmente aderidas às paredes do vasilhame, passando a aparecer no seio do líquido no momento que a temperatura de ebulição é atingida. Tais bolhas, contendo vapor em seu interior, são bastante instáveis, havendo o colapso das mesmas imediatamente após a sua formação.

Para que a cavitação ultra-sônica tenha lugar, há necessidade de existir um "núcleo" para que a bolha seja formada, sendo inviável a sua formação na ausência de um núcleo. O núcleo pode ter forma e dimensões diversas, podendo ser uma bolha com diâmetro da ordem de fração de micron, um conjunto de moléculas gasosas numa fenda do vasilhame ou mesmo uma irregularidade na estrutura semi-cristalina do líquido, partículas micrométricas em suspensão, etc. Tais núcleos permanecem estacionários até que alguma causa destrua o equilíbrio, tais como alterações térmicas, químicas ou agitação mecânica.

A cavitação ultra-sônica é um processo tipicamente mecânico, já que o ultra-som ou onda age como um distúrbio eminentemente mecânico. Isto por apresentar variações positivas e negativas da pressão no seio do líquido em relação a pressão estática. Note-se que o ciclo de pressão negativa é que faz a bolha ou núcleo tender a crescer. É interessante observar que, na cavitação ultra-sônica, o crescimento da bolha ou núcleo se dá num intervalo igual a um quarto do período da oscilação mecânica, enquanto que o colapso se dá numa fração de segundo, geralmente da ordem de microsegundos. Por tais motivos, no centro da bolha aparecerão pressões e temperaturas excepcionalmente elevadas, da ordem de $10^5$ Atm e $16^6$ °K, segundo cálculos teóricos. Tais valores são, segundo alguns autores, confirmados pelos fenômenos de sonoluminescência. Embora as ondas de choque produzidas pelo colapso das bolhas apresentem efeitos limitados a distâncias relativamente pequenas, existem milhões de colapsos em cada fração de segundo, o que dá origem a um efeito cumulativo apreciável.

Este efeito cumulativo é que faz a limpeza ultra-sônica excepcionalmente eficiente, tornado-a um processo industrial indispensável em grande número de casos. A eficiência da limpeza ultra-sônica é comumente atribuída aos fenômenos associados à cavitação, tais como:

a) Aparecimento de tensões entre o fluído de limpeza e a superfície contaminada que se pretende limpar.

**570** TÉCNICAS DE MANUTENÇÃO PREDITIVA

b) Agitação e dispersão das impurezas e contaminantes pelo líquido utilizado.

c) Ativação da reação química entre as superfícies contaminadas e que devem ser limpas.

d) Aumento das forças de coesão (atrativas) entre o contaminante e o fluído de limpeza.

e) Penetração excelente do líquido nos póros e fendas ou fissuras existentes nas superfícies. Incluindo eventuais fissuras da ordem de grandeza da rede cristalina (deslocamentos)

As partículas das impurezas são removidas da superfície, ficando então sujeitas a atividade violenta das bolhas de cavitação, sendo dispersas no seio do líquido pela alta aceleração a que ficam expostas. Na realidade, as impurezas e contaminantes são emulsificados no fluido utilizado.

Embora existam estudos profundos e extensos a respeito da cavitação sônica, os resultados teóricos não avançaram de maneira marcante depois do que foi estabelecido por Neppiras. Sabe-se que o raio crítico de uma bolha ou núcleo apto a produzir a cavitação é de, no máximo

$$ R_C = \frac{1}{\omega} \sqrt{3\gamma P_0/\rho} \cong \frac{326}{f} P_0^{1/2} \qquad P_0 << \frac{2\sigma}{R_C} $$

$$ R_C = \frac{1}{\omega} \sqrt{6\gamma\sigma/\rho R} \cong \frac{3,9}{f} P_0^{2/3} \qquad P_0 >> \frac{2\sigma}{R_C} $$

onde é $R_C$ o raio crítico, $\gamma$ a relação dos calores específicos do gás do interior da bolha, $\sigma$ a tensão superficial do líquido, $P_0$ a pressão hidrostática e $\rho$ a densidade do líquido.

A experiência mostra e a teoria confirma que a intensidade da cavitação depende de vários fatores, muitos dos quais inter-relacionados e, assim sendo, a grande maioria dos valores utilizados normalmente são obtidos através de resultados puramente experimentais.

Entre tais fatores podemos citar os seguintes, que não constituem uma lista exaustiva:

# LIMPEZA ULTRA-SÔNICA. DESOBSTRUÇÃO DE TUBULAÇÕES — 571

01) Temperatura do líquido
02) Pressão estática no líquido
03) Dimensões dos núcleos (bolhas iniciais)
04) Número de núcleos no seio do líquido
05) Freqüência da agitação sônica
06) Intensidade do campo sônico
07) Características de atenuação das bolhas no seio do líquido
08) Tensão superficial do líquido
09) Tensão de vapor do líquido
10) Concentração e velocidade de difusão dos gases dissolvidos
11) Força coesiva do líquido
12) Viscosidade do líquido
13) Densidade do líquido
14) Velocidade de transferência de calor no seio do líquido
15) Distribuição da intensidade e pressão sônicas nas vizinhanças das bolhas em colapso.

indicados:

Vejamos individualmente o significado de cada um dos fatores

1 - **Temperatura** - Como várias características importantes do líquido e que influem na cavitação dependem da temperatura, a mesma é importante nos processos industriais. Entre tais características tem-se a pressão de vapor, tensão superficial, velocidade de difusão dos gases dissolvidos no líquido, solubilidade do ar e outros gases no seio do líquido, etc. As três primeiras quantidades aumentam com a temperatura e a quarta diminue. Há, então, necessidade de verificar os efeitos relativos dessas quantidades para saber qual o efeito da temperatura no processo.

2 - **Pressão Estática** - A aplicação de uma pressão estática elevada elimina totalmente a cavitação ultra-sônica. Tal fato pode ser explicado se considerarmos que uma pressão estática suficientemente elevada impede que o ciclo negativo de pressão sônica não permite que seja atingido o valor crítico da pressão necessária à fase catastrófica, ou seja, o limiar da cavitação. Um raciocínio simples mostra que a cavitação não se torna mais violenta pelo aumento da pressão estática, acompanhada simultaneamente do

**572** TÉCNICAS DE MANUTENÇÃO PREDITIVA

aumento da pressão sonora. O fenômeno da cavitação apresenta sua intensidade determinada pela relação dos raios máximos da bolha antes e depois do colapso.

3 - **Dimensões dos Núcleos** - Somente os núcleos ou bolhas menores que o tamanho crítico crescem e atingem o colapso devido a perturbação sônica. As bolhas grandes crescem lentamente e não atingem as dimensões necessárias à instabilidade, como demonstra a experiência e a teoria o confirma. Quando pequenas, o crescimento é rápido e atingem o tamanho catastrófico e o conseqüente colapso num tempo igual a um quarto do período de oscilação. Tal tamanho crítico é ligado à ressonância pelas expressões indicadas anteriormente.

4 - **Número de Núcleos** - O número de núcleos aptos a agir como fontes de bolhas de cavitação afeta a intensidade do fenômeno de maneira direta. Assim sendo, a quantidade de poeira, impurezas, sujeiras aderidas às superfícies, sejam de dimensões microscópicas ou sub-microscópicas e mesmo perturbações na estrutura semi-cristalina dos fluídos, dão origem a uma cavitação tanto maior quanto maior for tal número.

5 - **Freqüência da Agitação Sônica** - A freqüência utilizada apresenta como efeito principal a determinação do diâmetro máximo das bolhas ou núcleos de cavitação. Portanto, a eficiência da cavitação e consequentemente da limpeza ultra-sônica, será tanto maior quanto menor for a freqüência utilizada. À medida que a freqüência aumenta, há necessidade de aumentar a intensidade da energia aplicada ao campo sônico. Por tal motivo, a limpeza é executada nas freqüências mais baixas possível. O limite habitual se situa em 20 kHz, visando a conservação auditiva e diminuir ao máximo o desconforto produzido pelas sub-harmônicas. Em vários processos industriais de orboressonância, tais como perfuração de poços profundos, bombas sônicas, etc., utilizam-se freqüências da ordem de 2500 Hz, podendo atingir até cerca de 350/300 Hz. As curvas da Figura XIV.01 e XIV.02 ilustram os efeitos da freqüência na limpeza ultra-sônica.

6 - **Intensidade do Campo Sônico** - Como é natural, existe um limite, ou limiar para que a cavitação se processe.

# LIMPEZA ULTRA-SÔNICA. DESOBSTRUÇÃO DE TUBULAÇÕES 573

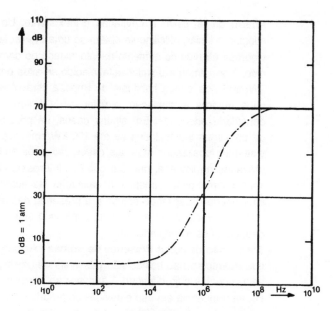

**Figura XIII.01**

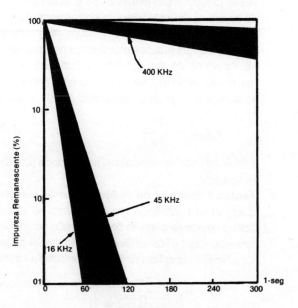

**Figura XIII.02**

Abaixo de tal limiar a cavitação é inexistente. Uma vez atingido o limiar, dificilmente obtém-se uma cavitação mais vigorosa através do aumento da intensidade do campo sônico. Normalmente o limiar estabelecido se situa entre 3 e $9W/cm^2$ nos casos habituais de limpeza ultra-sônica. Alguns autores estabelecem o valor de 50W/litro como a densidade adequada. Em alguns casos, há possibilidade de conseguir intensidades de até 100 $kW/cm^2$ através de sistemas focalizados mas tais casos são raros e não são utilizados na limpeza, que é o que nos interessa. O maior impedimento para aumentar a cavitação via aumento da intensidade da agitação sônica é a presença das próprias bolhas que espalham a radiação, impedindo sua propagação, como será visto adiante.

7 - **Atenuação devida a Presença de Bolhas** - As oscilações que aparecem nas bolhas não passíveis de cavitação, ou seja, aquelas cujo diâmetro é superior ao correspondente $R_c$ na freqüência em uso e devidas ao próprio campo sônico, dão origem a uma perda de energia vibratória. Embora possa parecer muito estranho que uma bolha com diâmetro da ordem de um centésimo do comprimento de onda da vibração sônica possa originar tanta perda de energia, o fato é que a mesma provoca movimentos no fluido que a envolve. Assim sendo, sua ação atinge distâncias muito superiores a seu diâmetro. Se tomarmos uma bolha de raio r, a ação da bolha a partir de seu centro é dada pela expressão

$$r_{ativo} = \frac{\lambda^2}{8\pi} \qquad XIII.01$$

e tal valor pode ser apreciável, introduzindo uma atenuação inesperada.

8 - **Tensão Superficial do Fluido** - A tensão superficial do líquido exerce influência marcante tanto no diâmetro das bolhas quanto na pressão do gás contido em seu interior. O tamanho das bolhas estáveis é tanto menor quanto maior for a tensão superficial do líquido, conforme a expressão

$$p_i = P_0 + \frac{2\sigma}{R} \qquad XIII.02$$

# LIMPEZA ULTRA-SÔNICA. DESOBSTRUÇÃO DE TUBULAÇÕES

$$P_i = P_o + \frac{2\sigma}{R} \qquad \text{XIII.03}$$

onde é $P_o$ a pressão hidrostática, $\sigma$ a tensão superficial e R o raio da bolha.

A manipulação algébrica desta expressão com a expressão XIII.02 permite escrever

$$R(P_i - P_o) = 2\sigma \qquad \text{XIII.04}$$

Aparentemente, uma tensão superficial elevada dá origem a uma diferença maior do raio para um valor fixo do diferencial de pressão $(P_i - P_o)$, entre o interior da bolha e o líquido que a envolve. Entretanto, $R_o$ e o valor de $(P_i - P_o)$ são inter-relacionados, já que quanto maior a diferença de pressão entre o interior da bolha e o líquido tanto maior será $R_o$. Entretanto, um valor elevado da tensão superficial pode aumentar esta diferença de pressão e concomitantemente descrescer R. Observe-se que um aumento da tensão superficial faz com que o trabalho executado pelo colapso das bolhas seja maior e a diferença entre as energias superficiais da bolha nas situações de maior e menor diâmetro seja transformada em geração de impulsos de pressão, aumentando a eficiência.

9 - **Tensão de Vapor do Líquido** - A tensão de vapor do líquido utilizado na limpeza exerce influência elevada no limiar de cavitação. Devem ser evitados líquidos com tensão de vapor elevada quando se desejam intensidades de cavitação elevadas.

10 - **Concentração e Velocidade de Difusão dos Gases** - A concentração de gases e sua velocidade de difusão no fluído apresentam efeitos pronunciados na cavitação. Quando existem muitos gases dissolvidos no líquido, como ar por exemplo, a cavitação pode ser inexistente quando se utilizam intensidades sônicas satisfatórias nos casos digamos, normais. Isto porque a intensidade que normalmente seria utilizada para produzir a cavitação é gasta na produção de bolhas que são grandes demais para atingir a situação catastrófica. A difusão dos gases dissolvidos na forma de bolhas minúsculas é executada por um processo conhecido como difusão retificada; à medida que tais bolhas aparecem, as mesmas são forçadas a oscilar devido

ao campo sônico, originando um processo que não é a cavitação mas sim tão somente um outro processo denominado genericamente de "degasificação". A degasificação é, então, nada mais que a retirada dos gases dissolvidos no seio do líquido através dos ultra-sons e as pressões que se observam são totalmente insuficientes para o processamento desejado, uma vez que seus valores são excessivamente baixos.

Segundo vários autores, o processo de degasificação, embora aparentemente pareça a cavitação, não o é, sendo por muitos deles chamada de falsa cavitação. Inclusive, diversos autores, principalmente europeus admitem que, para a obtenção da cavitação "real", o líquido deve ser previamente desgasificado totalmente, para que as rupturas sejam devidas aos desarranjos na rede cristalina e núcleos reais que não sejam bolhas de gases dissolvidos. Tais problemas não nos interessam motivo pelo qual não entraremos em detalhes.

Quando a intensidade aplicada é tal que a pressão passa a atingir picos negativos da ordem de 0,25 Atm, os gases dissolvidos começam a formar bolhas que permanecem no líquido e dirigem-se à superfície quando o campo sônico é retirado. Observe-se que, quando existe a cavitação, as bolhas são implodidas em milhares de bolhas microscópicas que, por sua vez passam a funcionar como núcleos de cavitação, aumentando a intensidade do fenômeno.

Fazendo uma comparação grosseira com a água, suponhamos que colocamos um vasilhame contendo água sobre o fogo. Inicialmente começam a aparecer pequenas bolhas que ficam aderidas às paredes e que se soltam mediante pequena pancada no vasilhame. À medida que a temperatura aumenta, tais bolhas crescem e passam a se soltar por sí, dirigindo-se à superfície. No momento que a temperatura atinge o valor de ebulição, tem-se um movimento enérgico e aleatório, que pode ser comparado aquilo que se observa quando o líquido está cavitando com grande intensidade. Como no caso de água fervendo, o líquido executa um movimento do centro do vasilhame para cima, descendo nas proximidades das paredes.

# LIMPEZA ULTRA-SÔNICA. DESOBSTRUÇÃO DE TUBULAÇÕES

**11 - Força Coesiva do Líquido** - Sabe-se da Física que a força coesiva de um líquido qualquer está relacionada com a presença de bolhas sub-microscópicas, impurezas, sujeira etc. A força coesiva real de um líquido é inviável de ser obtida e, assim sendo, o efeito da força coesiva do líquido na intensidade da cavitação ultra-sônica, é aquela associada à presença de núcleos de cavitação, tanto em número quanto em tamanho.

**12 - Viscosidade de Líquido** - A influência da viscosidade na cavitação é percebida de duas maneiras. Em primeiro lugar, os líquidos de alta viscosidade diminuem a velocidade de crescimento das bolhas, que entram em colapso com tamanhos menores, originando uma cavitação menos intensa. Em segundo lugar, uma viscosidade elevada dificulta a movimentação das bolhas no seio do líquido. Quanto mais gás a bolha retirar tanto maior será seu tamanho, desde que o diâmetro inicial não exceda o correspondente a ressonância. Como as bolhas maiores tendem ao colapso, implodindo, as mesmas apresentam a formação de grande número de núcleos, aumentando o fenômeno da cavitação.

**13 - Densidade do Líquido** - A densidade do líquido apresenta um efeito na intensidade da cavitação devido aos fenômenos inerciais durante o crescimento das bolhas. Quanto maior a densidade do líquido tanto maior a inércia e a velocidade de crescimento das bolhas será menor. A recomendação consiste em utilizar líquidos menos densos, visando a obtenção de uma intensidade de cavitação maior.

**14 - Velocidade de Transferência de Calor** - O calor é transferido por condução, convecção ou radiação, como ensina a Física. No nosso caso, a transferência mais importante é a convecção, embora a radiação e a condução possam ser eventualmente importantes nas proximidades da bolha em colapso. Sabe-se muito pouco a respeito dos efeitos da transferência de calor em distâncias muito pequenas e tempos muito curtos na intensidade e temperatura da cavitação. A prática recomenda a manutenção de uma temperatura média constante no líquido que está sendo utilizado na limpeza ultra-sônica.

# 578 TÉCNICAS DE MANUTENÇÃO PREDITIVA

15 - **Distribuição da Intensidade e Pressão no Campo Sônico** - Sabe-se que a pressão radiada por uma fonte descresce na proporção inversa à distância da fonte e a intensidade cae com o inverso do quadrado da distância, fenômeno estudado pela Acústica. Nessas condições, a intensidade e a pressão a ser medida ou especificada deve estabelecer a que distância da fonte deve estar o ponto em questão. Como existem várias fontes agindo simultaneamente, a pressão total é obtida pela soma das contribuições individuais. Como existem vários núcleos nas superfícies, os pulsos sônicos são gerados nos locais onde os mesmo são necessários, havendo pouca perda de pressão efetiva pela divergência da energia sônica.

## XIII.20 - LIMIAR PARA LIMPEZA ULTRA-SÔNICA. LÍQUIDOS ADEQUADOS

No caso da limpeza ultra-sônica, interessa é o limiar da intensidade necessário à produção da cavitação. A fórmula empírica seguinte, de validade limitada, indica qual o valor da pressão referente ao limiar $P_c$

$$P_c = 0,7 (T_p - T) + 1 \quad \text{Atm} \qquad \text{XIII.05}$$

onde é $T_p$ a temperatura de ebulição do líquido e T a temperatura ambiente. Vários experimentadores determinaram os valores seguintes para o limiar de cavitação para diversos líquidos comuns:

| Líquido | Viscosidade (poises) | Densidade ($Kg/m^3$) | Limiar ($W/cm^2$) |
|---|---|---|---|
| Água de Torneira | 1,00 | 1000 | 0,1/0,2 |
| Querozene | 0,04 | 810 | 1,9 |
| Óleo de Oliva | 0,84 | 912 | 5,0 |
| Óleo de Milho | 0,63 | 914 | 3,5 |
| Óleo de Linhaça | 0,38 | 921 | 2,1 |
| Óleo de Mamona | 6,30 | 969 | 5,3 |

# LIMPEZA ULTRA-SÔNICA. DESOBSTRUÇÃO DE TUBULAÇÕES

Observe-se que existem vários fluídos desenvolvidos especificamente para serem utilizados na limpeza ultra-sônica. Entre tais líquidos especiais estão o tetracloreto de carbono, cloretano, e os diversos líquidos e misturas azeótropas comercializados com o nome de Freon. Neste particular, existem vários tipos de Freon, cada um deles destinado a uma aplicação, ou aplicações específicas. Os interessados devem solicitar maiores informações aos fabricantes.

No caso geral, as peças a limpar são imersas no seio de um líquido adequado, contido numa cuba que tem na sua parte inferior ou nos laterais, transdutores que radiam ondas sônicas no líquido, originando a cavitação e conseqüente limpeza. A eficiência da limpeza pode ser verificada determinando-se a eficiência da cavitação. Existem métodos que determinam a eficiência da cavitação através da liberação de iodo a partir de uma solução de iodato de potássio. A solução é da ordem de N/100 saturada com tetracloreto de carbono com amido adicionado e a coloração é que indica a eficiência da cavitação. O processo é bastante complexo, embora apresente grande precisão. Existem ainda métodos que utilizam soluções de tetracloreto de carbono dissolvido em água e a liberação de cloro é o elemento indicativo e mais vários outros processos. O método mais prático e de resultados amplamente satisfatórios para as finalidades da limpeza ultra-sônica consiste na perfuração de folhas de alumínio. Imerge-se uma lâmina de alumínio (papel de alumínio) com espessura da ordem de 0,025 mm durante 10 segundos no seio do líquido cavitando. Caso a cavitação seja satisfatória, deve aparecer na lâmina o mínimo de 4 furos/cm$^2$ na superfície da lâmina que foi imersa. Outro método prático consiste em executar um risco com lápis nº 2 na superfície de um vidro fosco, com um comprimento da ordem de 10 mm e imergí-lo no líquido cavitando. O risco do lápis deve desaparecer totalmente em 3 segundos, se a cavitação for satisfatória. Nos casos práticos, a nosso ver, o papel de alumínio é o mais satisfatório.

É importante observar que os pulsos sônicos originados pela cavitação são aptos a atravessar sólidos com alguma espessura, permitindo que a cavitação seja produzida do outro lado, e com isso toda a impureza contida no interior de um orifício "cégo" (bolsa) seja emulsificada. Inclusive é possível soltar os êmbolos das antigas seringas de injeção, feitas de vidro, presas por esquecimento de limpá-las no momento adequado. Verificaremos a seguir algumas aplicações práticas da limpeza ultra-sônica que apresentam interesse à manutenção.

**XIII.20.10 - Alguns Casos Práticos de Limpeza Ultra-sônica** - Verificaremos alguns casos comuns de limpeza tanto em instalações industriais co-

580 TÉCNICAS DE MANUTENÇÃO PREDITIVA

mo em ocasiões diversas. Normalmente a limpeza é executada mediante desmonte, limpeza e montagem do dispositivo, com os inconvenientes inerentes a tais procedimentos. Os casos descritos a seguir mostram, sem margem de dúvidas, as enormes vantagens que são obtidas com a limpeza ultra-sônica, não somente com relação a eficiência e qualidade da limpeza como também pelos custos que são apreciavelmente diminuídos.

Como a limpeza ultra-sônica é uma tecnologia extremamente ampla, com aplicações em praticamente todas as atividades desenvolvidas na atualidade, desde relojoarias, joalherias até a limpeza de peças volumosas de aço, máquinas montadas, motores aeronáuticos sendo o procedimento recomendado para a limpeza de placas de circuitos impressos utilizados em comunicações, computação e atividades assemelhadas.

Existem equipamentos de limpeza ultra-sônica produzidos comercialmente, existindo em nosso meio fábrica apta a fornecer qualquer tipo de dispositivo de limpeza. Tais equipamentos padronizados são aptos a executar a limpeza na grande maioria dos casos. A produção industrial inclue equipamentos com potências desde 50 W para relojoarias até equipamentos de 5 kW com tanque apresentando volumes de 200 $cm^2$ até 200 litros. Nos equipamentos que utilizam líquidos especiais como meio de limpeza (Freon, Tricloroetileno, Cloreteno, etc.) existe normalmente um sistema de recirculação do solvente com filtragem do mesmo, aproveitando-se ao máximo as propriedades do líquido. A limpeza é executada mergulhando as peças no tanque e retirando-as após a limpeza ou mergulhando-as em cestos adequados. É importante observar que em praticamente todos os países do assim chamado primeiro mundo, o equipamento hospitalar e cirúrgico (agulhas, bisturís e outros materiais cirúrgicos, seringas, espátulas, etc.) são obrigatoriamente limpos com ultra-sons. Isto porque a limpeza é não somente muito mais efetiva como torna possível uma limpeza confiável, inviável por outros métodos. Suponhamos, por exemplo, o como limpar o interior de um retoscópio e dispositivos assemelhados, de maneira plenamente confiável. Em alguns casos o equipamento de limpeza ultra-sônica é associado a um esterilizador a vapor, formando um sistema automático e contínuo e utilizado para todo material cirúrgico do hospital.

A Figura XIII.03 ilustra uma máquina de pequeno porte, utilizada na limpeza de pequenas peças industriais.

**XIII.20.10.10 - Limpeza de Palhetas de Turbinas Aeronáuticas -** Os contaminantes encontrados normalmente são constituídos por impurezas em suspensão na atmosfera, associadas a compostos de carbono.

**Figura XIII.03**

O líquido de limpeza é o metasilicato de sódio seguida de uma solução de 25% de ácido fosfórico. Utilizada uma energia com intensidade de 8 W/cm$^2$ durante 10 segundos. Resultados obtidos classificados como excelentes.

**XIII.20.10.20 - Limpeza de Rolamentos -** Os rolamentos podem ser limpos **montados.** As impurezas encontradas geralmente são constituídas por graxa deteriorada e limalhas metálicas.

O líquido adequado de limpeza é o tricloroetileno ou o Freon. A limpeza é normalmente executada entre 100 e 120 segundos, utilizando uma intensidade de 4 W/cm$^2$. Em alguns casos, observa-se que as partículas grandes são totalmente removidas mas permanece alguns traços de contaminante quando o rolamento está muito machucado.

582  TÉCNICAS DE MANUTENÇÃO PREDITIVA

**XIII.20.10.30 - Limpeza de Carburadores Automotivos** - Uma das vantagens muito grandes da limpeza ultra-sônica é a possibilidade de limpar um carburador completamente montado, desobstruindo todos os injetores e retirando toda a sujeira. Normalmente a sujeira é constituída por limalhas e compostos do próprio combustível associados a algumas reações com a atmosfera.

O líquido de limpeza adequado é o tricloroetileno, embora exista composto comercializado com o nome de Agitene, destinado especificamente para a limpeza de carburadores. A intensidade utilizada situa-se no entorno de 4 W/cm$^2$ e o tempo de limpeza é da ordem de 30 segundos. Os resultados obtidos são classificados como excelentes. Basta verificar que é suficiente retirar o carburador, imergí-lo no banho ultra-sônico durante 30 segundos, retirá-lo e recolocá-lo no veículo, onde a regulagem pode ser feita.

**XIII.20.10.40 - Limpeza de Fieiras de Extrusão** - Normalmente as fieiras destinadas a produção de fios elétricos apresentam como contaminantes a graxa e vários tipos de sabão, solúvel ou não em água.

O líquido de limpeza adequado é uma solução alcalina, cuja proporção é estabelecida de conformidade com o caso. A intensidade se situa no entorno de 6 W/cm$^2$ e o tempo de limpeza é da ordem de 90 segundos. Os resultados obtidos são excelentes.

**XIII.20.10.50 - Limpeza de Filtros Diversos** - A limpeza dos filtros industriais é feita normalmente utilizando ultra-sons, com líquidos, intensidades e tempos que dependem do tipo de filtro.

a) Filtros de ar (tipo dedal) - Impurezas constituídas por poluição atmosférica. Líquido adequado é uma solução alcalina. O tempo de limpeza é da ordem de 60 segundos, com uma intensidade de 8 W/cm$^2$. Resultados excelentes.

b) Filtros de Cerâmica - A maioria das impurezas é constituída por sujeiras provenientes do processo de fabricação. O líquido de limpeza adequado é água quente. Intensidade recomendada de 6 W/cm$^2$ e tempo de limpeza da ordem e 60 segundos.

c) Filtros Tubulares (com fio enrolado) - A sujeira é constituída por ferrugem e partículas de carbono. O líquido de limpeza adequado é a parafina líquida com detergente. Intensidade de 6 W/cm$^2$ e tempo da ordem de 120 segundos.

LIMPEZA ULTRA-SÔNICA. DESOBSTRUÇÃO DE TUBULAÇÕES **583**

d) Filtros de Tela Metálica - Normalmente as impurezas são constituídas por contaminantes existentes no combustível. O líquido adequado de limpeza é o querosene. Intensidade de 5 W/cm$^2$ e tempo de exposição da ordem de 120 segundos.

**XIII.20.10.60 - Limpeza de Giroscópios** - O giroscópio é um dispositivo essencial à navegação aérea e a sua limpeza constitue problema caso não sejam utilizadas as técnicas ultra-sônicas. A limpeza é executada com o dispositivo montado, utilizando como líquido o tricloroetileno com uma pequena quantidade de produto alcalino leve.

Intensidade utilizada comumente de 4 W/cm$^2$ e tempo de limpeza da ordem de 15 segundos. Os resultados obtidos são classificados como excelentes.

**XIII.20.10.70 - Limpeza de Instrumentos** - Quando há necessidade de limpar um instrumento qualquer, seja ele um voltômetro, registrador gráfico, watímetro utilizado na medida da energia elétrica consumida, giroscópios, instrumentos de painel utilizados na aeronáutica e na indústria em geral, o procedimento "clássico" consiste em desmontar o instrumento, inclusive relógios, limpar peça por peça e proceder a montagem. Durante as fases de desmontagem e montagem é comum que alguns componentes seja estragados, exigindo a substituição de peças em perfeitas condições. Isto devido ao manuseio que normalmente é inviável manter adequado durante longos períodos, principalmente quando se trata de número elevado de instrumentos, tornando o trabalho maçante e excessivamente enfadonho.

Com as técnicas ultra-sônicas, é perfeitamente possível executar uma limpeza completa e amplamente satisfatória, sem necessidade de desmonte na grande maioria dos casos. O líquido ou meio de limpeza dependerá do tipo de impurezas que o instrumento apresenta. Quando se trata de relógios, os mesmos são limpos completamente montados utilizando benzina. O mecanismo é retirado da caixa e imerso numa cesta onde são colocadas várias unidades. A cesta é imersa na cuba contendo benzina e permanece durante cerca de 5 minutos. Os mecanismos são então retirados, colocados de volta nas caixas respectivas e ajustados, se for o caso. A limpeza é completa e não existem riscos de prejuízo ao mecanismo devido a incidentes na desmontagem e montagem.

Na Aeronáutica, os operadores das linhas aéreas devem limpar os instrumentos de painel, filtros, giroscópios e demais dispositivos classificados como "instrumentos" utilizando equipamentos de limpeza ultra-sônica e com solventes indicados e determinados pelos fabricantes das aeronaves. Note-se que existem várias outras peças que não são instrumentos e que são também limpas com ultra-sons.

Note-se que vários dispositivos como pistões acionados a ar comprimido ou a óleo apresentam comumente problemas de limpeza. Tais peças podem ser limpas utilizando ultra-sons com intensidade entre 4 e 6 W/cm$^2$ e com tempo de limpeza oscilando entre 50 e 80 segundos, dependendo da contaminação existente. Normalmente tais dispositivos são limpos utilizando como líquido soluções alcalinas em baixa concentração.

Um dos problemas comuns consiste na limpeza de instrumentos de medição para controle de consumo de energia elétrica, gás canalizado, água, etc. Os contaminantes dependem do produto. No caso de watmetros, os contaminantes são constituídos por poluição atmosférica, apesar da blindagem de vidro, óleo deteriorado pelo uso, etc. No caso dos medidores de gás, os contaminantes são originados pelo próprio produto que é fornecido. No caso dos hidrômetros, o problema dependerá da água. Quando a água contém carbonatos em solução, os principais contaminantes serão os próprios carbonatos. Dependendo da origem, os contaminantes podem ser óxido de ferro, argila, silicatos, caolim, partículas de óleo etc. A Figura XIII.04 ilustra dois hidrômetros; o da esquerda no estado em que foi retirado da caixa e o da direita após a limpeza ultra-sônica. A limpeza foi executada em 2 minutos utilizando uma intensidade de 8 W/cm$^2$, freqüência de 22,5 kHz e como líquido de limpeza uma solução leve de ácido clorídrico.

Figura XIII.04

XIII.20.10.80 - **Limpeza de Bicos Queimadores e Injetores** - Normalmente, os bicos injetores de motores Diesel, queimadores de fornos e reatores industriais apresentam como contaminantes os resíduos da queima do combustível, formando uma película de carvão fortemente aderida às paredes do queimador, incluindo os orifícios que, comumente, são obstruídos de maneira total, impedindo o seu uso. Quando se trata de peças de ferro e/ou aço, a limpeza ultra-sônica é feita utilizando uma solução de soda cáustica, entre 5% e 30% dependendo da peça a limpar, numa intensidade da ordem de 8 W/cm$^2$. O tempo de limpeza vai depender, como é natural, da contaminação existente. A Figura XIII.05 ilustra um grupo de bicos injetores de motor Diesel. Os nove bicos da esquerda estão como retirados dos motores, estando todos eles com a maioria dos micro-orifícios obstruídos com carvão (coke ou coqueados). A limpeza foi executada com uma intensidade de 8 W/cm$^2$ freqüência de 22,5 kHz e solução de soda cáustica a 15% durante 90 segundos. Os bicos à direita na Figura XIII.05 apresentam-se após a limpeza ultra-sônica. Aqueles que não tinham as superfícies corroídas ou machucadas mostram com clareza a eficiência da limpeza obtida.

**Figura XIII.05**

XIII.20.10.90 - **Limpeza de Placas e Circuitos Impressos** - Durante a fabricação das placas contendo componentes eletrônicos, assim como circuitos impressos, é normalmente executada a limpeza ultra-sônica utilizando como solvente vários tipos de Freon constituído por misturas azeotrópicas. No caso da manutenção tais misturas raramente são utilizadas. Na limpeza rotineira de placas e circuitos impressos utiliza-se o Freon 113 ou o Freon TF. Trata-se de um líquido cujo vapor é mais pesado que o ar e com penetração ímpar em orifícios, microfissuras etc. Com tais produtos é possível obter uma limpeza amplamente satisfatória, com retirada total de poeira, gorduras e outros contaminantes comuns na atmosfera. Existe no mer-

# 586 TÉCNICAS DE MANUTENÇÃO PREDITIVA

cado nacional máquinas destinadas especificamente a limpeza dessas placas, com re-circulação do solvente, filtragem do mesmo, condensação dos vapores quando o processo é executado em temperatura superior à ambiente etc. Os interessados devem recorrer à literatura fornecida pelos fabricantes.

## XIII.30 - DESOBSTRUÇÃO DE TUBULAÇÕES NAS INSTALAÇÕES INDUSTRIAIS

O problema da desobstrução de tubulações utilizando técnicas ultra-sônicas apareceu por ocasião da solicitação da limpeza de um conjunto de tubos em condições especiais. Numa instalação de controle dos gases oriundos da combustão de motores de combustão interna, havia uma série de 9 tubos de $\varnothing$ 8 mm e comprimentos da ordem de 17 m que foram soldados com solda oxi-acetileno, e em cujo interior deveriam ser removidas todas as impurezas que apresentassem diâmetros iguais ou superiores a um décimo de micron. As tubulações apresentavam algumas peculiaridades, tais como sair de um torpedo de gás e subir até o teto percorrer certa distância até uma sala contígua, descer até o solo, percorrer um assoalho falso, subir até uma série de registros e então ser ligada a um instrumento destinado a análise comparativa dos gases. Imergir tal tubulação num tanque, visando adotar o processo clássico de limpeza ultra-sônica seria totalmente inviável. A solução consistiu um encher cada tubo individualmente com solvente e aplicar o transdutor às paredes do tubo, originando a cavitação no interior do mesmo, da mesma maneira que se aplica energia vibratória no fundo dos tanques de limpeza. Os resultados foram plenamente satisfatórios, sendo o método e o procedimento, assim como os resultados, apresentados no Simpósio de Manutenção da ABM em 1984 e posteriormente na Dyagnostika 85 em Poznán, Poland.

Posteriormente foi solicitada a execução da limpeza no interior de tubulações com diâmetros da ordem de $\varnothing$ 2" até $\varnothing$ 4", utilizando a mesma técnica. Como as impurezas que aderem às superfícies internas são oriundas do próprio fluido que circula no interior da tubulação, tudo leva a crer que o líquido circulante é um solvente excelente para as mesmas.

Aparentemente, o processo mais adequado seria introduzir um transdutor no interior da tubulação e excitá-lo. Com isso, a cavitação seria muito mais intensa e aproveitar-se-ia melhor a energia sônica. Há, no entanto alguns problemas. Visando uma eficiência satisfatória, a freqüência deve se situar no entorno de 20 kHz. Com isso, o transdutor deverá ter um comprimento da ordem de 100 mm e o seu diâmetro é que vai determinar

# LIMPEZA ULTRA-SÔNICA. DESOBSTRUÇÃO DE TUBULAÇÕES

qual a potência que pode ser dissipada. Tal diâmetro deverá ser de no mínimo 50 mm. Com a proteção e isolamento do transdutor, chega-se a um diâmetro de ⌀ 75 mm. É óbvio que deve haver uma certa folga entre o transdutor e as paredes do tubo para que o mesmo possa ser movimentado. A aplicação é então possível somente em tubulações com diâmetro interno de 125 mm ou seja, ⌀ 5". Além do mais, o fio que energiza o transdutor apresenta determinada atenuação, o que limita seu comprimento, tornando muitas aplicações inviáveis. Por tais motivos é que foi desenvolvido o processo de aplicação da energia vibratória nas paredes externa da tubulação.

A Figura XIII.06 ilustra esquematicamente o procedimento utilizado em tubulações industriais, onde o acoplamento transdutor-tubulação é feito através de um transformador ou acoplador de impedâncias, apresentando ganho compatível com as amplitudes pretendidas. O maior problema consiste na atenuação das paredes do tubo à transmissão das vibrações.

Normalmente as tubulações são constituídas por aço carbono e em alguns casos de aço inoxidável e, em ambos os casos é suficiente aplicar uma energia maior para compensar as eventuais perdas na transmissão. Como já foi dito, o fluido que circula no interior da tubulação constitue o melhor solvente para as impurezas aderidas, já que tais impurezas são originadas pelo próprio fluido. Em vários casos, observa-se que além da emulsificação das impurezas, aparece a fragmentação das mesmas, detetando-se nos filtros partículas de tamanhos que atingem alguns mm de diâmetro. A Figura XIII.07 ilustra as impurezas que foram retiradas do interior de tubulações de aço carbono.

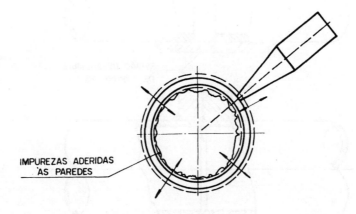

**Figura XIII.06**

**Figura XIII.07**

As impurezas ilustradas na Figura XIII.07 nada mais são que óxidos de ferro que foram retirados das paredes pela vibração ultra-sônica. No caso, circulava pelo interior da tubulação óleo de sistema hidráulico e a ferrugem estava posicionada no interior das emendas dos tubos, executada através de luvas soldadas, como ilustra esquematicamente a Figura XIII.08.

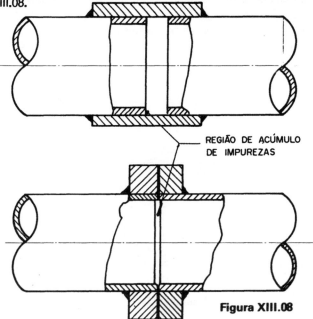

**Figura XIII.08**

# LIMPEZA ULTRA-SÔNICA. DESOBSTRUÇÃO DE TUBULAÇÕES

Na limpeza de uma tubulação totalmente obstruída com café petrificado, apareceu a emulsificação e, junto com o material emulsificado que era retirado pela água circulando sob pressão, soltaram-se vários pedaços da incrustação, ilustradas na Figura XIII.09.

**Figura XIII.09**

Quando se trata de áreas grandes, como trocadores de calor utilizados nas indústrias que produzem plásticos sob a forma de gás que é liquefeito quando a temperatura cai para as proximidades da temperatura ambiente, aparece o problema da plastificação do material, que fica aderido às paredes. No caso, as vibrações ultra-sônicas aplicadas soltam o plástico aderido às paredes mas, quando o material se solta, aparece uma camada de ar (gás) entre a face interna da parede e o material plastificado. Como os ultra-sons praticamente não se transmitem nos gases, torna-se impraticável desobstruir o trocador, uma vez que o material plastificado nas paredes externas dos tubos não é atingido pela vibração ulta-sônica.

No caso descrito acima, existe a possibilidade de aplicar uma vibração mecânica de freqüência variável, alterando a freqüência até fazê-la coincidir com a freqüência de ressonância do conjunto, a exemplo do que é feito no alívio de tensões de juntas soldadas, tanques, etc. Entretanto, aparece o perigo de ressonâncias estruturais aptas a por em perigo a própria estrutura, exigindo estudos detalhados da estrutura que vai ser sujeita às vibrações visando evitar rupturas indesejáveis. Tal técnica encon-

590 TÉCNICAS DE MANUTENÇÃO PREDITIVA

tra-se em fase puramente especulativa e não existe publicado até o presente estudo conclusivo a respeito.

No caso das indústrias químicas e petroquímicas, as possibilidades da desobstrução das tubulações aplicando a energia ultra-sônica no interior da própria tubulação é bastante ampla, uma vez que os tubos apresentam diâmetros grandes, o que permite a aplicação de transdutores no interior das mesmas. Com isso, a desobstrução é muito mais rápida e a eficiência é muito maior que aquela que se obtem com a aplicação do trandutor na face externa.

## XIII.31 - LEITURA RECOMENDADA

Blake, F.G. - The Onset of Cavitation in Liquids - Tech. Memo nº 12 - Acoustics Research Laboratory of Harvard University - 1949

Berger, J.E. - Thresholds of Acoustic Cavitation - Technical Memo nº 57 - Acoustics Research Laboratory of Harvard University - 1964

Crawford, A.E. - Ultrasonic Engineering - Academic Press, New York, 1954

Esche, R. - Untersuchung der Schwingungskavitation in Fluessigkeiten - Akustiche Beiheft 4, 208/213 - 1952

Flynn, H.G. - Physics of Acoustic Cavitation in Liquids - Physical Acoustics, vol. I-B - Academic Press, New York, 1967

Kurtzer, G. - Ueber die Bedingungen fuer das auftreten von Kavitation in Fluessigkeiten - Nach. Akad. Wissens. Goettingen-Math und Physik k-L nº 1, 1958

Lauterborn, W. - Resonanzkurven von Gasblasen in Fluessigkeiten - Acustica 23, 73/81 - 1970

Meyer, E. und H. Kutruff - Zur Phasenbesiehung zwischen sonoluminezens bei periodischer Anregung - Zeits. Physik 11, 325/330 - 1959

Nepomuceno, L.X. - Desobstrução de Tubulações em Instalações Industriais - Simpósio de Manutenção da ABM - Vitoria, 18/22 de Novembro - 1985

Nepomuceno, L.X. - Ultrasonic Micrometric Cleaning of Pipes and Tubes in Industrial Installations - Diagnostyka '85 - Politechnika Poznánska - Rydzyna 16/20, 09 - 1985

Nepomuceno, L.X. - Limpeza Ultra-sônica de Instrumentos - Simpósio de Manutenção da ABRAMAN - Rio de Janeiro, novembro 1986

Noltingk, B.E. and A.E. Neppiras - Cavitation Produced by Ultrasonics - Proc. Phys. Soc. (London) 63-b, 674/692 1950 and 64-B 1032/1038, 1951

## LIMPEZA ULTRA-SÔNICA DESOBSTRUÇÃO DE TUBULAÇÕES

Roi, N.A. - The Initiation and Development of Acoustic Cavitation - Soviet Physics - Acoustics 3, 3/b - 1957

Wessler, A. - Ultrasonic Cavitation Measurements - Proc. 4th International Congress on Acoustics - Paper J-32 - Copenhagem, 1962

Willard, G. - Ultrasonically Induced Cavitation in Water: a Step-by-Step Process - JASA 25, 667/670 - 1953

# XIV.0 Manutenção Preditiva de Equipamentos Elétricos

### Miguel S. Garcia e L.X. Nepomuceno

Estudamos até a presente os vários componentes das máquinas e equipamentos existentes nas instalações industriais, fazendo ênfase nos componentes (rolamentos, engrenagens, máquinas rotativas, etc.) assim como estudamos os vários parâmetros que são utilizados para a obtenção de um diagnóstico confiável, visando determinar o estado real atual de cada peça do equipamento ou de cada máquina. Passaremos a estudar agora as máquinas e dispositivos elétricos. Note-se que as máquinas elétricas apresentam problemas similares aos dispositivos estudados até o presente sendo, inclusive, a análise das vibrações mecânicas um dado fundamental para determinar o estado de tais dispositivos. Entretanto, os equipamentos elétricos apresentam alguns dados e algumas particularidades que lhes são intrínsecas; por exemplo, as bobinas soltas, isolamento deteriorado, campo magnético irregular, etc. são encontradas somente nos dispositivos elétricos, inexistindo nas máquinas e dispositivos mecânicos. Um elemento importante dentro da faixa das máquinas elétricas são os motores seja de corrente contínua seja alternada. Isto porque a grande maioria dos equipamentos industriais são acionados por motores trifásicos, existindo um número menor de motores de corrente contínua, nos casos em que a velocidade de rotação deve ser variada ou invertida. Tal número enorme de motores não diminue a importância da cabeação, principalmente a de alta tensão, transformadores em cabines primárias, sub-estações, etc., assim como os disjuntores, protetores magnéticos e térmicos, dispositivo de controle etc. Em vários tipos de instalação industrial os equipamentos e dispositivos elétricos operam dentro de um ambiente poluído, como nas indústrias petroquímicas e siderúrgicas, estando sujeitos a umidade excessiva, poeira, variações apreciáveis de temperatura, gases corrosivos, etc. Nesses casos, as máquinas rotativas em particular operam baixo condições severas e adversas, tanto do ponto de vista elétrico quanto mecânico. A manutenção do equipamento elétrico é bastante amplo, não sendo possível abranger os inúmeros casos comuns na prática diária. Embora há vários anos sejam aplicadas diversas técnicas de diagnóstico de

MANUTENÇÃO PREDITIVA DE EQUIPAMENTOS ELÉTRICOS **593**

máquinas e equipamentos elétricos, tais diagnósticos não são plenamente confiáveis devido a várias restrições e limitações de diversos tipos. Dadas as limitações impostas pelo presente trabalho, limitarnos-emos a uns poucos casos, baseados na inspeção e elaboração de diagnósticos visando:
  a) Diagnósticos preventivos, através do levantamento executado com o equipamento funcionando ou durante as paradas normais da instalação. Tal diagnóstico visa predizer a deterioração e detetar quaisquer indicações de falha.
  b) Análise das anormalidades em caso de irregularidades procurando localizar e identificar a causa da irregularidade.
  c) Investigação do desempenho das máquinas e equipamentos, condições das tensões mecânicas e demais estudos e ensaios.

Existem alguns fenômenos que são bastante importantes nos dispositivos elétricos e, assim sendo, devem ser investigados com o devido cuidado. Tem-se os problemas seguintes, comuns em tais dispositivos:
  1) Deterioração do dielétrico.
  2) Deterioração do enrolamento de motores e transformadores.
  3) Deterioração do óleo dos transformadores/disjuntores.
  4) Deterioração de coletores de motores C.A. e C.C.
  5) Deterioração dos disjuntores (contactos, barras, etc.)
  6) Deterioração de dispositivos moldados.

Evidentemente os problemas descritos podem apresentar algum entrelaçamento; um dos processos de deterioração pode correr simulneamente com outro, levando a um processo de panes extremamente rápidas, com resultados desastrosos à produção. Verificaremos os tópicos mais importantes, assim como procuraremos detalhar alguns procedimentos de diagnóstico e reparo.

## XIV.10 - DIAGNÓSTICO DA DETERIORAÇÃO DO DIELÉTRICO

Sabemos que o uso dos equipamentos elétricos em ambientes adversos, principalmente em atmosfera altamente poluída (temperatura, umidade, gases e vapores químicos, etc.) dá origem a uma série de causas que levam o dielétrico a apresentar rapidamente deterioração, ocorrendo a perda da capacidade de resistir a diferenças de tensão elevadas e, nos casos mais graves, ao rompimento do dielétrico por faiscamento ou corona durante os picos comuns na produção. Não há, até o presente, método al-

**594**  TÉCNICAS DE MANUTENÇÃO PREDITIVA

guma que permita predizer a vida residual de um dielétrico qualquer. Dada a importância do problema, é essencial que seja detetada a evolução do estado do dielétrico para evitar uma pane devida ao rompimento do mesmo devido a faiscamento entre pólos. Na ausência de um método, a deterioração é avaliada de maneira estimativa, baseando-se no julgamento global dos resultados obtidos com diversos testes e diagnósticos de isolamento, parâmetros referentes a equipamentos determinados, condições ambientais, inspeção e observações visuais, etc., que permitem a tomada de algumas providências que tendem a evitar situações irreversíveis.

O estudo das propriedades dos dielétricos é assunto bastante complexo e raramente uma instalação industrial apresenta possibilidades de manter pessoal especializado e instrumentos destinados para tais estudos. Não somente o capital investido é desproposital à maioria das instalações como, por outro lado, a indústria tem por finalidade produzir e não executar pesquisas sobre materiais e dispositivos que nem sequer fabrica. Nessas condições, tal tipo de problema é estudado e desenvolvido em institutos e laboratórios de pesquisas, normalmente governamentais que, dessa maneira, devolvem à sociedade os benefícios referentes aos impostos que a mesma paga. É claro que deve existir um entrosamento adequado entre o órgão de pesquisa e o usuário, para evitar resultados cientificamente corretos que nenhum valor apresentam ao próprio usuário (instalação industrial no caso). A tabela 1 ilustra esquematicamente os elementos mais importantes na deterioração dos dielétricos.

Interessa, evidentemente, saber o como executar um diagnóstico aceitável, já que não existe um diagnóstico preciso de confiança total no caso de equipamentos elétricos. Tal diagnóstico é importante para que a manutenção possa tomar as providências necessárias visando evitar uma pane eminente. A tabela II descreve esquematicamente as linhas gerais para estabelecer um diagnóstico das máquinas elétricas mais importantes.

A tabela mostra que o teste mais importante nos transformadores consiste na análise do óleo e, principalmente, no conteúdo de gás dissolvido no óleo. Caso existam gases orgânicos, coisa bastante comum, o óleo deve ser imediatamente substituído por óleo isento de impurezas e gases dissolvidos. Note-se que o óleo não deve conter uma quantidade de gases inflamáveis superior a 0,1600 ml/100 ml.

Quando este limite é atingido o óleo deve ser substituído com urgência, dado o perigo que tais gases representam. Inclusive o mesmo método ou processo é utilizado para diagnosticar anormalidades em cabos de alta e baixa tensão que possuem isolamento a óleo em seu interior.

# MANUTENÇÃO PREDITIVA DE EQUIPAMENTOS ELÉTRICOS

Quando se trata de máquina rotativa e quer se saber a deterioração do dielétrico, usam-se comumente métodos eminentemente elétricos. Não entraremos em detalhes, por se tratar de uma técnica bastante especializada, de pleno conhecimento dos engenheiros eletricistas e mecânico-eletricistas. Existem publicadas normas e especificações para tais testes e

| EQUIPAMENTO / PARÂMETROS | Transformadores a ó- | Capacitores | Equipamentos moldados | Bobinas de Máquinas Rotativas | Cabos e cabeação |
|---|---|---|---|---|---|
| Voltagem | Erosão do isolador por descarga em vasio | o mesmo | o mesmo | o mesmo | o mesmo |
| Picos de voltagem elevada (peak surge) | Erosão rápida do isolante pela formação de árvores | o mesmo | o mesmo | o mesmo | o mesmo |
| Água e umidade | Queda de resistência do dielétrico | o mesmo | ---------- | ---------- | Há geração de árvores devido a água em isolação de cabos (borracha/plástico) existindo um campo elétrico na presença de água. |
| Forças Mecânicas | Esfoliação das camadas isolantes devido a vibrações | ------ | Rachaduras de isolante por vibrações e tensões térmicas | Formação de vasios no isolador por fadiga, tensões térmicas e vibrações. | Rompimento da cobertura isolante com machucaduras por atrito do cabo nú |
| Luz | ---------- | ---- | Produção de fissuras de vido as características deficientes em relação ao meio ambiente | ---------- | Fissuramento da cobertura isolante dos cabos pela radiação infra-vermelho |
| Calor | Queda da resistência do dielétrico e impregnação pela temperatura elevada | o mesmo | ---------- | A resistência dos impregnadores e isolantes antigos pode cair com a temperatura | Há queda na resistência dielétrica no isolador e impregnador com o aumento da temperatura. |
| Agentes Químicos | -------- | ------- | ---------- | Eventual erosão dos impregnadores velhos de bobinas por óleo lubificante | Erosão por ácidos, alcalis solventes orgânicos e geração de árvores químicas. |
| Agentes Biológicos | -------- | ------- | ---------- | ---------- | Cupim, ratos Mofo, etc. |

**Tabela I**

**596** TÉCNICAS DE MANUTENÇÃO PREDITIVA

| DIAGNÓSTICO DA DETERIORAÇÃO DE ISOLANTE E ISOLADORES | | | |
|---|---|---|---|
| EQUIPAMENTO | Cabos (alta e bai xa voltagem) | Transformadores 1000 kVA e mais | Máquinas Rotativas |
| Classifica-ção. A B C | Cabos de linha tronco<br>Cabo de carga principal<br>Outros cabos | Transformador do motor principal<br>Transformador de equipamento auxiliar<br>Outros transformadores. | Máquina rotativa para o motor principal<br>Máquinas rotativas para equipamentos auxiliares<br>Outras máquinas |
| Processo de diagnóstico da deterioração | a-Métodos do teste de alta voltagem<br>b-Método do teste de alta voltagem contínua(DC) | a-Análise do óleo e do gás contido no mesmo | a-Teste de alta voltagem<br>b-Alta voltagem DC<br>c-Alta voltagem AC<br>1-Correntes de fuga<br>2-Método de tang<br>3-Descarga parcial (corona)<br>4-Método das componentes DC |
| Período para novo diagnóstico | 1 a 3 anos | 1 a 2 anos | 1 a 4 anos |
| Procedimento para tratar das anormalidades | Precauções<br>Anormalidade | Encurtar o período entre medições<br>Substituir | Precauções<br>Anormalidade | Encurtar o período entre medições<br>Inspeção completa | Eliminação das peças defeituosas.<br>Limitar a carga<br>Instalação de monitor permanente<br>Reparo de peças defeituosas<br>Substituição |

**Tabela II**

ensaios, devendo os interessados recorrer as publicações da ANSI, ASTM, DIN, VDE, ISO, JIS, BSI etc., onde os métodos, procedimento e especificações estão descritos com amplos detalhes.

## XIV.20 - MOTORES E GERADORES DE CORRENTE CONTÍNUA

As máquinas de corrente contínua, pelo fato de possuírem maior número de componentes e sendo alguns deles condutores de corrente a descoberto, sem dielétrico sólido, tais como comutador, escovas e suas ligações, apresentam problemas ou dificuldades adicionais ao seu correto e contínuo funcionamento.

A correta qualidade da escova coletora, com a adequada densidade de corrente, pressão e velocidade periférica do comutador são essenciais a uma vida econômica seja das escovas seja, muito mais impor-

# MANUTENÇÃO PREDITIVA DE EQUIPAMENTOS ELÉTRICOS 597

tante a do comutador. A formação do filme sobre a superfície do comutador - PÁTINA - deve ser cuidadosamente acompanhada e se persistir a não formação da mesma, sua causa deve ser investigada e corrigida. Neste caso, a consulta ao fabricante do equipamento e aos fornecedores de escovas para a análise do problema ainda é o melhor ponto de partida, desde que as demais condições de operação estejam dentro das características da máquina.

O coletor deve ser concêntrico ao eixo de rotação de modo a não comprometer a qualidade da comutação. Em máquinas de alta velocidade acima de 2500 m/min. de velocidade periférica a exentricidade não deve ser maior que 0,015 mm.

Em máquinas entre 2500 e 1500 m/min. a exentricidade deve ser, no máximo, 0,025 mm e para velocidades abaixo de 1500 m/min. poderemos ter até 0,075 mm. de excentricidade.

Todo o cuidado deverá ser tomado com finalidade de se evitar que qualquer barra do comutador não esteja mais alta ou mais baixa que as suas vizinhas. Variações de 0,015 mm. já são suficientes para prejudicar a comutação.

O isolante entre as barras do comutador deve estar convenientemente rebaixado e os cantos das barras ligeiramente encurvadas para evitar o desgaste das escovas por abrasão.

A pressão da escova sobre o comutador deve ser verificada periodicamente e os valores encontrados devem ser confrontados com os dados fornecidos pelos fabricantes do equipamento. É de importância que o porta-escovas esteja sempre limpo permitindo o leve movimento da escova e a correta aplicação da força de mola.

O ponto neutro de comutação bem como a simetria no espaçamento dos porta-escovas nos anéis suporte dos mesmos deve ser observada e mantida.

Pontos que podem causar distúrbios na comutação:

Comutador excêntrico, sujo ou demasiadamente áspero
Escovas agarrando no porta-escova
Pressão incorreta da escova
Escova folgada no porta-escova
Escovas não paralelas ao comutador
Espaçamento desigual dos porta-escovas
Escovas fora do ponto neutro
Espaçamento desigual dos pólos de comutação
Pólos de comutação invertidos ou em curto circuito

598 TÉCNICAS DE MANUTENÇÃO PREDITIVA

Enrolamentos de compensação invertidos ou em curto-circuito
Enrolamentos da armadura aberto ou em curto-circuito
Entreferro desigual
Curto-circuito contra terra.

**XIV.20.10 - Limpeza -** A limpeza, importante em todo o equipamento elétrico, é de particular importância em máquinas de corrente contínua dada a existência nestas, de elementos condutores de corrente a descoberto, tais como escovas, porta-escovas comutadores etc.

Óleos, graxas, pós e particulados e em alguns casos atmosferas agressivas devem ser impedidos de depositarem-se sobre os componentes internos, sob risco de: Aumentar a temperatura de operação por mudança nas condições de troca de calor nas superfícies e diminuição das seções dos canais de ventilação. Deterioração dos materiais isolantes por ataque químico. Desgaste do comutador e escovas por partículas abrasivas e possibilidade de curto-circuito entre partes vivas do equipamento.

Os motores de porte ou de grande responsabilidade no sistema deverão ser providos de ventilação separada, com filtros para o ar insuflado, sendo estes filtros objeto de inspeção periódica para não comprometer a eficiência da ventilação por grandes perdas de carga devido ao acúmulo de sujeira nos mesmos.

Quando de paradas prolongadas do equipamento produtivo, e desde que o histórico do motor ou gerador, no que respeita a isolação dos enrolamentos e demais componentes ativos, assim o recomende, deverão ser aqueles desmontados, lavados, secos e envernizados, segundo a técnica recomendada pelo fabricante, normas oficiais ou a prática padrão da empresa.

A secagem deverá ser lenta e acompanhada da medida da resistência de fuga do isolante que indicará, quando deixar de subir, o momento de se envernizar os enrolamentos.

Desnecessário dizer que deverá ser verificado, nessa ocasião os demais componentes sujeitos a desgaste tais como rolamentos, mancais anti-fricção, e escovas bem como porta-escovas e molas.

## XIV.30 - DIAGNÓSTICO DA DETERIORAÇÃO DO ENROLAMENTO DE MOTORES

Existem vários fatores que levam a deterioração dos enrolamentos motores elétricos, principalmente aqueles de grande porte e ope-

MANUTENÇÃO PREDITIVA DE EQUIPAMENTOS ELÉTRICOS 599

rando em ambiente poluído de maneira marcante, como siderúrgicas, indústrias químicas e petroquímicas, fábrica de papel, etc.

Existem basicamente dois processos para diagnosticar o estado dos enrolamentos dos motores elétricos, ambos essencialmente mecânicos. São eles:

a) Medida e análise das vibrações mecânicas e do barulho produzido pelo motor.

b) Verificação do grau de fixação das bobinas pelo processo de martelamento (elétrico ou mecânico).

A técnica ou processo de investigar a situação através do barulho e vibrações é o adequado para detetar a presença do barulho provocado pelo choque entre as lâminas devido ao campo magnético produzido pelo enrolamento no interior da ranhura (fretting noise). Tal fenômeno ocorre quando a corrente é bastante elevada, principalmente na aceleração existente na ocasião da partida. Existe, ainda um barulho peculiar que é produzido pelo choque entre isoladores quando os mesmos estão gastos, originando um vasio na fenda. Este barulho possue componentes de alta amplitude principalmente às altas freqüências. Com isso, observa-se que a investigação da deterioração do isolante e do isolamento constitue providência básica em todo programa de manutenção de máquinas e equipamentos elétricos.

A Fig. XIV.01 ilustra a variação temporal do barulho de desgaste (fretting noise), a envoltória do processo e o espectro devido aos pulsos oriundos da rotação do motor. Os gráficos referem-se a um motor elétrico DC de 4.500 KW e a deteção foi feita do lado oposto ao coletor.

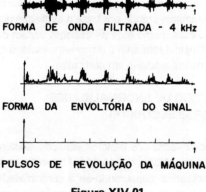

FORMA DE ONDA FILTRADA - 4 kHz

FORMA DA ENVOLTÓRIA DO SINAL

PULSOS DE REVOLUÇÃO DA MÁQUINA

Figura XIV.01

**600** TÉCNICAS DE MANUTENÇÃO PREDITIVA

Quando existe o roçamento, é comum as chapas de ferro que constituem a parte magnética entrarem em curto circuito, que permanece mesmo após a usinagem e separação das chapas. O problema é resolvido pela aplicação de algodão embebido em ácido na região e fazendo passar uma corrente elétrica que provoca a oxidação das superfícies da chapa, eliminando o curto. Caso não seja feita esta operação de isolamento, o motor continuará apresentando aquecimento excessivo na região, com a conseqüente queima da bobina.

Nos casos práticos usuais, é bastante raro encontrar-se um barulho de desgaste como o ilustrado e, assim sendo, o diagnóstico é feito habitualmente pelo martelamento (elétrico ou mecânico) que é executado nos períodos ou ocasiões em que o motor está inoperante. O conceito do método está ilustrado na Fig. XIV.02 onde estão ilustrados os gráficos observados nos casos comuns. O processo de martelamento mecânico é o mais simples, bastando um martelo ou marreta de nylon ou neoprene. Quando se utiliza a excitação elétrica, aplica-se às bobinas superior e inferior um pulso de corrente fornecido por uma bateria de condensadores, pulso esse que excita as bobinas produzindo uma força mecânica que as obrigará a oscilar. A forma de onda da vibração da resposta e captada nos extremos da bobina e levada a um osciloscópio que mostrará o como tal vibração se comporta. Durante este ensaio, são analisados os parâmetros de vibração.

1 - Valor de pico
2 - Potência envolvida
3 - Freqüência do sinal
4 - Constante de tempo

A análise permite que as partes soltas dos enrolamentos sejam determinadas por estimativa, tendo por base a avaliação global dos valores observados. Tais valores, como é de se esperar, variam de motor a motor e tão somente um conjunto referente a um mesmo motor é que permite avaliar o que se passa nessa máquina em particular.

## XIV.30 - DIAGNÓSTICO DE ANORMALIDADES EM MOTORES ELÉTRICOS

A grande maioria dos motores elétricos existentes nas instalações industriais são os motores de indução. Tais motores apresentam uma série grande de vantagens, destacando-se a confiabilidade e o desempenho praticamente isento de panes. O problema mais importante em tais

# MANUTENÇÃO PREDITIVA DE EQUIPAMENTOS ELÉTRICOS 601

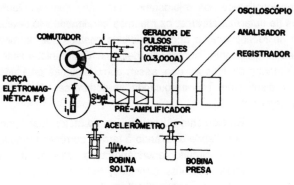

Figura XIV.02

**Fendas**

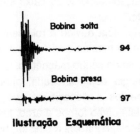

Ilustração Esquemática

Fenda contada como vista do lado do coletor

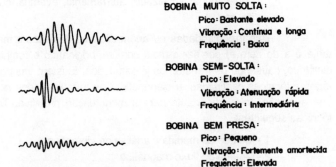

Ilustração de Caso Prático

Figura XIV.03

# 602 TÉCNICAS DE MANUTENÇÃO PREDITIVA

motores localiza-se nos rolamentos, como nos demais. Quanto aos problemas de natureza **elétrica**, os mesmos geralmente são detetados na inspeção de recebimento e aceite, existindo ensaios que permitem entregar motores praticamente isentos de defeitos. Entretanto, existem algumas anormalidades devidas ao uso, assim como algumas originadas numa fabricação displicente. Tais irregularidades podem ser classificadas na lista parcial seguinte:

a) Enrolamento do secundário do motor desbalanceado, curto circuitando e levando à terra a corrente, irregularidades ainda no circuito secundário como contactos frouxos e irregulares, escovas rompidas, reostato de partida defeituoso, anéis com anormalidades, etc.

b) O secundário dos motores com caixa de gaiola podem apresentar irregularidades tais como material das barras inadequado ou irregular, rompimento da caixa suporte, rompimento das barras, etc.

c) Entreferro não-uniforme, seja devido a rolamentos gastos, excentricidade estática ou mesmo desbalanceamento magnético pelo deslocamento do centro magnético.

d) Fonte elétrica de energia desbalanceada, principalmente pelo uso de equipamentos e dispositivos que funcionam com uma única fase, tais como fornos a arco, fornos de indução de baixa freqüência, controles a trinistor, bancos retificadores, etc. Pode ainda acontecer um desbalanceamento da impedância da fonte de voltagem que torna-se instável, devido a desbalanceamento dos enrolamentos do primário, aquecimento localizado, aterramento, eventual curto circuito, etc.

Das irregularidades ou anormalidades descritas a mais importante é a do item a) por ser a mais comum, originando o rompimento do dielétrico, causando os transtornos já estudados. Existem uns poucos métodos e técnicas destinadas a diagnosticar as irregularidades no início de sua evolução, fator importante para a manutenção preditiva. Tem-se as técnicas seguintes:

1 - Método de medida e análise de vibrações
2 - Método do fluxo magnético
3 – Método da corrente elétrica
4 - Método da Análise das Flutuações da Velocidade de Rotação.

# MANUTENÇÃO PREDITIVA DE EQUIPAMENTOS ELÉTRICOS

Os métodos indicados constam de praticamente todos os manuais de Engenharia Elétrica e podem ser obtidos pelas publicações das Sociedades Profissionais reconhecidas em âmbito internacional, onde todos os detalhes, interpretação e correções estão descritos com riqueza. Recomenda-se as publicações e especificações ANSI, ASTM, DIN, VDE, ISO, JIS, AFNOR, VDE, etc. Os gráficos da figura XIV.03 ilustram o aspecto temporal das formas de onda e os respectivos espectros, quando as anormalidades mencionadas estão presentes.

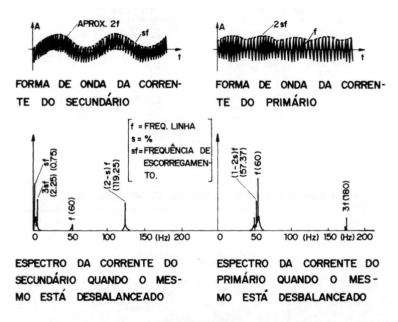

Figura XIV.03

Um método bastante comum, em termos, para detetar anormalidades no campo magnético, é a aplicação do método do fluxo magnético, através do qual verifica-se as variações do fluxo magnético no entreferro. Tais providências permitem detetar a existência de barras rompidas, principalmente quando se trata de motores de gaiola. No caso de motores elétricos de corrente contínua (DC), durante o período transitório aparecem correntes parasitas (eddy currents) no interior do ferro do motor já com seu campo magnético, originando a queda do fluxo magnético abaixo do valor adequado da corrente de excitação. Há, portanto, um atraso que afeta as características de retificação de transitório do motor DC. A resposta em freqüência da corrente de excitação assim como o fluxo magnético foram medidos e analisados como ilustra a Fig. XIV.04. As medições mostram que a função de transferência da corrente de excitação e o fluxo no entreferro do pólo principal de um motor DC pode ser expresso pela equação.

$$G(s) = \frac{1}{1 + 0,06.s}$$

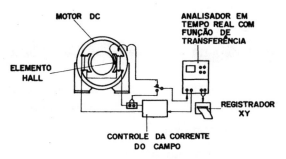

MEDIDA DO CAMPO MAGNÉTICO PRINCIPAL DE UM MOTOR DC

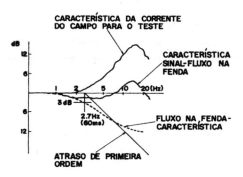

CARACTERÍSTICA DE FREQUÊNCIA DA CORRENTE DO CAMPO E DO FLUXO MAGNÉTICO

Figura XIV.04

# MANUTENÇÃO PREDITIVA DE EQUIPAMENTOS ELÉTRICOS

Como mostra a parte B da Fig. XIV. 04, o fluxo magnético apresenta um atraso da ordem de 60 ms e daí deduz-se que as constantes de tempo dos circuitos de compensação do enrolamento e do pólo de compensação são elevadas. Tal fato permite concluir que existe uma retificação deficiente quando a corrente da armadura varia abruptamente. Essas medições e conclusões permitiram que fossem realizadas várias modificações visando melhorar as características de retificação transitória. Dentro de tais modificações, a instalação re-regulou a constante de tempo do campo de controle do motor, forneceu compensação adicional para o campo quando o motor sofre impacto, além de uma compensação atraso-adiantamento no circuito principal de controle da corrente.

Existem no mercado dispositivos contendo elementos Hall, assim como analisadores em tempo real com funções de transferência adequadas ao caso. Os interessados devem recorrer não somente às especificações mencionadas anteriormente como ainda consultar os fornecedores de instrumentos de análise. Com a execução de meia dúzia de ensaios, o grupo envolvido no problema certamente adquirirá experiência e "know how" para executar tais ensaios rotineiramente.

Existem várias irregularidades no campo magnético originados por falhas puramert e mecânicas. A Fig. XIV.05 ilustra algumas de tais irregularidades, detetáveis através da medida e análise executada segundo o ilustrado Fig. XIV.04.

NÃO-UNIFORMIDADE DO ENTREFERRO NUM MOTOR ELÉTRICO

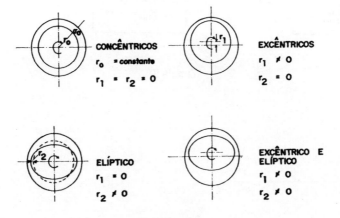

Figura XIV.05

Até o presente foram descritos os vários processos pelos quais o enrolamento dos motores se deteriora. A tabela III indica os principais mecanismos de deterioração.

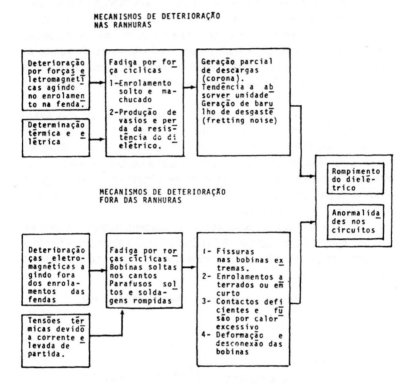

Tabela III

# MANUTENÇÃO PREDITIVA DE EQUIPAMENTOS ELÉTRICOS 607

Sabendo-se as causas mais importantes das panes, ou seja, sabendo-se os mecanismos de deterioração dos enrolamentos dos motores elétricos, falta tão somente esquematizar um método para executar um diagnóstico satisfatório. Para tal, poderão ser utilizados os métodos já descritos, de maneira isolada ou uma combinação de vários deles, sempre visando a obtenção de um diagnóstico tão seguro quanto possível.

O diagrama de blocos ilustrados na tabela III sugere providências para a obtenção de diagnósticos confiáveis no caso de máquinas elétricas.

## XIV.50 - DEFEITOS MECÂNICOS EM MOTORES ELÉTRICOS

Embora seja essencialmente um dispositivo elétrico, os motores apresentam uma parte mecânica essencial e fundamental e, qualquer anormalidade nesta parte mecânica traz como conseqüência uma operação inadequada do dispositivo. Por tal motivo, as condições mecânicas de um motor elétrico qualquer deve apresentar operação satisfatória e deve obedecer aos quesitos impostos pela engenharia mecânica. Sem a satisfação de tais quesitos, é inviável a obtenção de um motor elétrico confiável. Pelo exposto, várias anomalias dos motores podem ser detetadas através de medida e análise das vibrações, assim como há necessidade de outras providências de natureza não-elétrica para que se obtenham motores com operação confiável e que apresentem segurança à produção. As vibrações mecânicas dos motores elétricos são oriundas ou dos rolamentos, das variações do fluxo magnético ou de chapas roçando. A Fig. XIV.06 ilustra, de maneira esquemática, as causas de vibrações mecânicas nos motores.

FONTES TÍPICAS DE VIBRAÇÕES EM MOTORES ELÉTRICOS

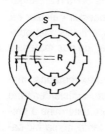
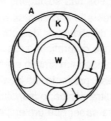
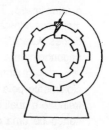

CAMPO MAGNÉTICO  ROLAMENTO MACHUCADO  ATRITO ENTRE CHAPAS

Figura XIV.06

# XIV.60 - DETERMINAÇÃO DO ESTADO MECÂNICO DOS EIXOS DE ROTORES

É evidente que para uma operação confiável o estado mecânico dos componentes de um equipamento ou dispositivo qualquer deve estar em condições satisfatórias. Nesse particular, a existência de fissura, trincas, mossas e outras anormalidades constituem elementos que induzem à fratura dentro de curto prazo, dependendo da carga cíclica e do módulo de ruptura do material. Por tais razões, os eixos das máquinas rotativas (motores, geradores, ventiladores, bombas, etc.) devem ser examinados periodicamente, visando detetar qualquer anormalidade, inclusive se possível quando ainda em estado incipiente. Para esta finalidade o ensaio ultra-sônico é o que apresenta os melhores resultados, uma vez que não exige o desmonte e apresenta resultados plenamente satisfatórios e confiáveis, desde que executados por inspetores habilitados e experimentados. No passado, como ainda na grande maioria dos casos, os eixos são constituídos por aço forjado. Entretanto, em alguns países, tais eixos passaram a ser usinados a partir de material laminado e soldado, sendo tal técnica bastante comum no Japão, dado o desenvolvimento que aquele país atingiu nas técnicas de soldagem. No caso de motores que acionam equipamentos que apresentam grandes variações no torque, como é o caso de compressores alternativos, laminadores, prensas de forjaria, etc., o cálculo da vida útil residual é feito em base ao envergamento de torção, tensões de rotação etc. Assim sendo, o usuário deve exigir que o fornecedor acrescente à documentação do motor, além dos desenhos completos, dados detalhados sobre o material, dimensões tolerâncias entre peças encaixadas, tolerância dos acoplamentos, detalhes das peças raiadas (aranha), aperto dos parafusos, sistema e condições de soldagem com detalhes sobre os eletrodos usados e ensaios destrutivos das soldagens e tais dados devem abranger o rotor inteiro. Tais valores são importantes para se conseguir calcular os efeitos devidos às fendas de chavetas, das condições superficiais e as condições da soldagem permite determinar a resistência à fadiga dos materiais segundo normas estabelecidas em âmbito internacional.

Como, no caso presente, as avaliações são executadas principalmente pela técnica ultra-sônica, o inspetor deve estar suficientemente treinado e qualificado para saber que um eco nem sempre determina a presença de uma descontinuidade mas consiste simplesmente numa indicação. O inspetor deve estar informado quanto ao material, uma vez que irregularidades superficial ou uma variação na espessura pode dar origem a um eco e tais irregularidades de fabricação devem ser distinguidas, com

MANUTENÇÃO PREDITIVA DE EQUIPAMENTOS ELÉTRICOS **609**

bastante segurança, das indicações de trincas, fissuras e outras descontinuidades. Num eixo usinado a partir de material laminado e soldado, quando a soldagem é de entalhe, o ensaio ultra-sônico dificilmente permite diferenciar uma trinca de uma região com falta de fusão ou falta de penetração. Nesses casos, a solução consiste em comparar os ecos observados no rotor sob ensaio com aqueles oriundos de um padrão conhecido. Observe-se que em praticamente todos os eixos de rotor, os ecos correspondentes ao final das fendas entalhadas e destinadas às chavetas constituem o ponto fraco da inspeção. Inclusive, a presença da chaveta pode atrapalhar o ensaio, caso não exista uma folga adequada entre a chaveta e o seu ninho, quando o encaixe é a pressão, originando ecos cuja amplitude varia com a pressão de encaixe. Ultimamente tem sido adotado o uso de fixação por encaixe à pressão e, quando tal encaixe não é bem projetado e calculado, a pressão do mesmo introduz tensões indesejáveis e prejudiciais nos cantos da fenda. Trata-se de problema delicado, uma vez que a pressão de encaixe deve ser suficiente para suportar o torque aplicado, permanecendo a chaveta somente como uma medida de segurança. As descontinuidades nos componentes do raiado aparecem geralmente nos locais onde os tirantes são soldados, no eixo ou nas janelas. A maioria da descontinuidades aparecem em motores reversíveis, principalmente naqueles dos laminadores e dispositivos análogos.

## XIV.70 - BARRAS DE CONEXÃO

É bastante comum o rompimento da barras de ligação, ocorrendo tais fraturas normalmente na soldagem da barra com o comutador. O rompimento origina-se na concentração de tensões e trata-se de projeto inadequado ou fabricação deficiente. Existe, ainda, a possibilidade de vibração excessiva ou coincidente com a ressonância, caso classificado ainda como erro de projeto. O rompimento é observado com freqüência nas operações que apresentam impactos, como laminadores primários, britadores e dispositivos semelhantes. Nos casos onde a fratura ocorre e as barras apresentam tensões de envergamento dentro dos limites de tolerância, a causa normalmente é ressonância ou fixação inadequada.

Há possibilidade de verificar quando uma barra está rompida, defeito eminentemente mecânico, através da observação de variáveis elétricas. A Fig. XIV.07 ilustra a forma temporal observada no caso de uma barra rompida. No apêndice D está um trabalho bastante minucioso, de Thomson, a respeito do assunto.

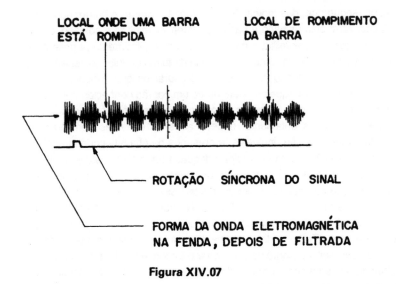

Figura XIV.07

## XIV.80 - PARAFUSOS SOLTOS

Quando um dos parafusos das barras de fixação ou tirantes de montagem, ou da fixação dos pólos magnéticos, fixação das escovas, fixação do rotor, etc. está solto, aparecem problemas de bastante gravidade, originando acidentes com sérias conseqüências. A manutenção deve manter os parafusos, **todos eles**, apertados com o torque adequado, verificando os efeitos do envelhecimento das arruelas, ajustando qualquer parafuso com aperto inferior ao estabelecido. Os parafusos do comutador apresentam fissuras e fraturas no final da rosca, e quando se trata de parafusos com cantos biselados, na região entre a rosca e a cabeça. Neste último caso, a fratura é originada em erro de projeto, com um fator de forma incompatível com a usinagem da rosca.

## XIV.90 - ATIVIDADES DA MANUTENÇÃO QUANTO AO ISOLAMENTO

Em XIV.10 vimos o processo e os mecanismos de deterioração dos isoladores e do isolamento dos vários dispositivos elétricos, observando-se que não há, até o presente momento, um processo que permita conclusões definitivas. O processo de verificar e avaliar um isolador pela sua resistência isolante sob a tensão de trabalho é por demais óbvio

# MANUTENÇÃO PREDITIVA DE EQUIPAMENTOS ELÉTRICOS

**611**

para ser desprezado. Entretanto, tal ensaio é executado somente durante a fabricação, uma vez que tal resistência cae com o tempo, devido a deterioração produzida pelos ciclos térmicos e pela presença de vibrações mecânicas, tornando bastante problemático a avaliação do isolamento de um motor durante a sua vida útil. A prática comum consiste simplesmente em medir a resistência do isolante e do valor obtido avaliar, dentro de uma aproximação bastante grosseira, se permite a operação diária. Entretanto, quando o dispositivo apresenta importância elevada à instalação, a avaliação deverá ser feita por métodos indiretos, como índice de polarização, medições com o teste de corona, medida da tangente da perdas dielétricas (tang$\theta$),que permitem uma avaliação bastante satisfatória. Normalmente os motores apresentam uma certa resistência de fuga que ainda não é padronizada em termos definitivos. Algumas especificações, ou melhor, recomendações estabelecem que os valores mínimos são os seguintes:

MOTOR DC 750 V 3500 KVA     MÍNIMO 0,17 M $\Omega$
MOTOR DC 750 V 5000 KVA     MÍNIMO 0,13 M $\Omega$

Normalmente, um isolante quando novo apresenta uma resistência de ordem de 100 m$\Omega$ quando da classe B e, assim sendo, qualquer encarregado responsável hesitaria em permitir a operação de um motor que apresentasse uma resistência de 0,200 M$\Omega$ ou menos. Entretanto, na prática encontram-se operando normalmente motores que apresentam resistência de até 0,01 M$\Omega$, o que torna bastante difícil considerar confiável a operação de um dispositivo nessas condições. Neste caso, o motor deve ser investigado com bastante minúcia, com verificação da susceptibilidade do mesmo à umidade, qual o gradiente da queda da resistência, se apresentou queda com o tempo ou se foi abrupta, se a queda foi devida à perda da resistência em volume ou superfície. Como a queda da resistência superficial é geralmente devida a deposição de poeira, a medição deve ser obrigatoriamente precedida de uma limpeza utilizando jato de ar comprimido ou outro método, limpando-se com maior cuidado os extremos das bobinas e de preferência a partir da parte posterior das barras de conexão. Observe-se que a queda da resistência pode ser também devida a absorção de umidade, que altera a resistividade de volume, exceto nos casos de motores impregnados globalmente e, mesmo nesses casos, a absorção de umidade diminue a resistividade de volume.

É fato bastante conhecido que à medida que o isolante envelhece aparecem fissuras e trincas no mesmo, o que permite e induz uma absorção elevada de umidade, aparecendo concomitantemente um acú-

# 612 TÉCNICAS DE MANUTENÇÃO PREDITIVA

mulo de particulado do isolante nas regiões do motor onde tais partículas se depositam. Uma observação cuidadosa mostrará um acúmulo de "poeira branca" ou esbranquiçada nas bobinas, principalmente nos extremos. A presença de poeira branca indica que o verniz isolante foi deteriorado pelo calor e retirado pelas vibrações mecânicas ou elétricas, espalhando-se pelo induzido e indutor. Tal deterioração leva ao esfolhamento do verniz, que adquire grande rapidez, e o processo é corrigido reparando-se a região afetada com plástico reforçado com fibras de vidro.

Uma vez verificada a terioração do isolante, ou melhor, a sua perda de resistividade, as regiões deverão ser limpas e re-envernizadas, visando eliminar a entrada de umidade e aumentar a resistência. Tais providências são ótimas para aumentar a vida útil do motor, acoplada a fixação das bobinas soltas. A limpeza pode ser feita a vapor, numa pressão de aproximadamente 7 kg/cm$^2$ somente quando se dispuser de uma estufa para secagem a vácuo, embora a secagem em estufa à pressão atmosférica seja eficiente quando se dispuser de um controle da temperatura bastante preciso e se dispuser do tempo necessário à secagem. O processo mais comum consiste em limpar com detergente aplicado a uma pressão entre 1 e 2 kg/cm$^2$, seguida de um escovamento com escovas de dureza adequada. Observe-se que os detergentes normalmente são tóxicos e o seu uso deve ser feito baixo precauções rígidas e estabelecidas pelo Departamento de Segurança. Há, como é natural, um determinado efeito do detergente sobre o sistema isolante e, assim sendo, antes da aplicação, o fornecedor do motor deve ser consultado, para que se saiba, a priori, o efeito originado pelo uso dos diversos detergentes existentes no mercado.

Depois do isolante estar limpo e seco, passa-se a aplicar uma nova camada de verniz, através do método de mergulho, aplicação por jato (spray) ou impregnação a vácuo. Os dois primeiro métodos são excelentes para a cobertura superficial, mas pouco ou nada contribuem para a melhoria da resistência em volume, ao contrário da impregnação a vácuo, que introduz melhoria em todos os sentidos.

## XIV.100 - TRANSFORMADORES

Os transformadores, sendo como os comutadores sob carga, máquinas estáticas, tem sua manutenção concentrada na limpeza externa das partes ativas expostas tais como buchas isolantes, terminais, etc. e nas condições do óleo isolante.

# MANUTENÇÃO PREDITIVA DE EQUIPAMENTOS ELÉTRICOS **613**

Os transformadores de grande porte, providos de reguladores de tensão sob carga deverão ter sua caixa de mecanismo de troca de "taps" periodicamente drenada de seu óleo isolante e o estado de seus contatos verificados bem como todos os componentes móveis inspecionados e reapertados.

A freqüência de inspeção deverá ser ditada pelo número de manobras efetuadas, conforme recomendação do fabricante, ou uma vez ao ano, a que primeiro ocorrer. A análise do óleo contido na caixa do mecanismo bem como a quantidade de sujeira depositada deverá ser motivo de verificação da condições de operação do equipamento.

O óleo isolante possue no transformador dua funções básicas: A primeira como meio de transporte da energia transformada em forma de calor, provocada pela perdas e para tanto deve circular por entre as partes ativas e os radiadores. Essa circulação provoca a dissolução de elementos contaminantes em toda a massa fluida a medida que os mesmos vão sendo gerados. A segunda como dielétrico entre os componentes ativos condutores de corrente. Para que possa cumprir com eficácia essa função, o óleo deve possuir características elétricas bem definidas e já conhecidas pelos engenheiros e técnicos que têm a responsabilidade de por em funcionamento ou manter essas unidades.

Com o desenvolvimento das técnicas de análise e com o aperfeiçoamento dos equipamentos eletrônicos um novo e poderoso método de diagnosticar falhas em potencial surgiu com a cromatografia, que possibilita a deteção e quantificação de gases dissolvidos numa amostra de óleo mesmo que em quantidades diminutas.

Na operação normal de um transformador, pequenas quantidades de determinados gases são gerados e dissolvidos no óleo e constituem os teores normais para uma determinada família de transformadores, de desenho, porte, carga tempo em serviço etc. Quando da verificação periódica do estado do óleo, algum dos valores atingir índices acima dos teores nomais, dependendo do gás é possível diagnosticar que tipo de falha está ocorrendo.

Para o caso de arco voltaico os gases gerados em quantidade são o hidrogênio e o acetileno. O principal indicador neste caso é o acetileno.

Se ocorrem descargas de pequena energia os gases mais gerados são o hidrogênio e o metano, sendo o primeiro, dado o seu alto teor, o indicador desse tipo de falha.

O superaquecimento do óleo gera metano e etileno sendo este último dado o indicador da anomalia.

# 614 TÉCNICAS DE MANUTENÇÃO PREDITIVA

O superaquecimento do material celulósico do isolante gera grandes quantidades de dióxido e monóxido de carbono, sendo este último dado o indicador da falha. Dada a especialização do método e o equipamento utilizado no ensaio bem como a experiência e sensibilidade necessária ao diagnóstico, tais testes devem ser realizados por empresas ou entidades bastante especializadas.

## XIV.200 - LEITURA RECOMENDADA

Toyota, T., Maekawa, K., Suzuki, T., Yokota, N. and Yamada, N. - Development and Application of Machine Diagnostics - NSTP n° 19 - June, 1982

Toko, T. - Maintenance of Large Electric Motros - Seitetsu-Kenkuy 305, 85/95 - 1981

Shimosako, I. - Maintenance of High-Tension Power Cable - Seitetsu-Kenkyu 305, 96/107 - 1981

# XV.0 O Exame Visual como Elemento de Manutenção

**Oswaldo Rossi Júnior**

O exame visual constitue-se num auxiliar poderoso em todas as atividades industriais, tornando-se possível em muitos casos evitar acidentes cujas conseqüências podem ser altamente dispendiosas. Este método de inspeção é o mais antigo e ainda é o método utilizado com maior freqüência nas técnicas de inspeção e mesmo de manutenção. É de fácil aplicação e relativamente pouco dispendioso, rápido e fornece um conjunto importante de informações quanto a conformidade de componentes ou processamento com as especificações pertinentes ao caso. A integridade de um número apreciável de peças e componentes é verificada primordialmente pela inspeção ou exame visual, e tal exame constitue parte importante dos processos práticos de controle da qualidade e também da manutenção em qualquer nível. Mesmo quando as especificações impõem outros processos de inspeção e verificação, a afirmação anterior continua em todos os casos.

O primeiro passo numa verificação qualquer consiste no exame ou ensaio visual. Por tal método é possível verificar a existência ou não de descontinuidade tais como dobras, costuras, distorções físicas e geométricas, trincas além de vários fatores prejudiciais que se apresentam na superfície do material e que são resultantes de processos inadequados de forjamento, fundição, soldagem, etc. Depois que as peças foram fabricadas, o exame visual permite detectar dimensionamento incorreto, aparência inadequada e outros fatores que podem, de uma forma ou outra, afetar, o produto final. Tipicamente tem-se o acompanhamento de soldagens, na qual o exame visual pode monitorar os detalhes da operação durante a execução da mesma; dos primeiros passos à integridade da soldagem final. O exame visual permite verficar as junções de componentes soldados, limpeza da superfície, verificação dos eletrodo e confirmar se são corretos ou não, verificar os parâmetros que podem influir de maneira marcante na qualidade da soldagem. Todos esses fatores podem ser verificados facilmente pelo exame visual, desde que o inspetor tenha o preparo e conhecimento

**616** TÉCNICAS DE MANUTENÇÃO PREDITIVA

necessários para tal. Nas técnicas de manutenção, o exame visual de cada componente é um procedimento natural uma vez que permite verificar o estado mecânico do mesmo. Dependendo da pesquisa executada pelo exame visual, a mesma pode assumir uma papel importantíssimo na manutenção preditiva. Por tal razão é que as observações visuais devem ser periódicas, assim como devem ser registradas de maneira clara, para permitir uma avaliação da evolução de irregularidades.

As técnicas de exames visuais consistem-se na observação pura e simples de um material ou objeto efetuado a olho nú com a ajuda de elementos ou dispositivos auxilares que melhorem o alcance e capacidade de percepção do sentido de visão do examinador ou inspetor. A execução deste exame está baseada nas leis fundamentais da óptica Geométrica e nas propriedades da radiação de energia luminosa.

## XV.10 - INFORMAÇÕES FORNECIDAS PELO EXAME VISUAL

Como já foi dito, o exame visual nada mais é que um exame prévio complementar aos demais métodos, quando se trata de manutenção preditiva. Tal complementaridade pode ser considerada sob dois aspectos: Caso um defeito qualquer tenha sido detetado por um método qualquer, o exame visual poderá ser aplicado para confirmar ou negar o diagnóstico estabelecido ou acompanhar sua evolução caso o defeito seja detetado somente pelo exame visual e o equipamento continua funcionando, o programa de manutenção preditiva deve ser informado. O fato é ilustrado pelos dois exemplos seguintes:

i) Suponhamos que um exaustor opera normalmente mas que, depois de certo tempo, apresenta um barulho elevado, acompanhado de uma vibração na freqüência de rotação do rotor; conclusão óbvia é que se trata de desbalanceamento. O exame visual permitirá verificar se o desbalanceamento é devido a uma pá que se rompeu, está corroída, ou então ao acúmulo de particulado numa das pás, em quantidade bastante superior a depositada nas demais;

ii) O exame visual no conjunto de palhetas de uma turbina revelou a existência de um início de fissura numa delas. Após ou mesmo antes do reparo, as vibrações nos mancais devem ser verificadas de maneira contínua, visando se assegurar que a palheta não se rompeu e que o reparo executado foi satisfatório.

# O EXAME VISUAL COMO ELEMENTO DE MANUTENÇÃO

É interessante observar que a característica ii) do exame visual permite acompanhar a evolução da fissura, uma vez que torna possível a obtenção de um outro fator importante na manutenção preditiva. A largura ou dimensões da fissura podem ser verificadas visualmente, acompanhando-se a evolução da mesma. Por uma extrapolação simples, é possível determinar a vida útil residual da palheta e com tal dado, obter a operação da mesma assegurada até que seja obtida uma palheta para substituí-la no momento adequado, sem alterações no ritmo de produção ou operação.

Em alguns casos particulares o exame visual permite fazer um diagnóstico bastante preciso com relação à origem de um defeito dado, assim como permite indicar quais as providências para as providências para corrigi-lo. Exemplificando, quando uma superfície metálica torna-se azulada, isto significa que está ocorrendo um aquecimento excessivo. De posse de tal informação fornecida pelo exame visual, o operador poderá imediatamente verficar os dispositivos de lubrificação, de resfriamento ou refrigeração ou todos eles. Quando se trata de um redutor a engrenagens, existem normas e especificações que permitem classificar as características dos dentes, inclusive o seu acabamento. O aparecimento de cavernas (pitting) dá origem a um arregaçamento dos dentes, na forma característica ovalada, conhecida daqueles que operam tais dispositivos. Tal tipo de "pitting" não é considerado uma avaria, já que o mesmo normalmente não apresenta caráter evolutivo. Caso apresente tal característica, o mesmo deverá ser acompanhado, ou monitorado constantemente. Por outro lado, a apresentação de escamações ou fissuras dá origem ao aparecimento de escavações ou orifícios de configuração irregular num ou em vários dentes da engrenagem, constituindo um defeito com conseqüências graves o seu simples aparecimento.

Pelo exposto, observa-se que o exame visual pode constituir um método ocasionalmente muito preciso para determinar as causas de uma avaria, assim com detetá-la. Inclusive, verificação da qualidade do produto final é executada pelo exame visual que pode, em número apreciável de casos, informar quanto a existência de irregularidades ou mesmo defeitos em equipamentos existentes na linha de produção. A acuidade dimensional é, como já foi dito, verificada normalmente pelos métodos convencional de medição, a adequacidade dos contornos dos cordões de solda é verificada com calibres adequados; a inspeção e verificação dos chanfros ou canais é verificada visualmente etc. É importante verificar que a aceitabilidade implica no uso de padrões visuais, sendo ainda detetadas

**618** TÉCNICAS DE MANUTENÇÃO PREDITIVA

várias irregularidades que aparecem durante a operação mediante o exame visual.

## XV.20 - LIMITAÇÕES INERENTES AO EXAME VISUAL

Como é de se esperar, o exame visual é limitado a componentes, materiais estáticos, sendo totalmente inviável no exame de um componente em movimento. Com isso, tal exame exige a parada da máquina ou equipamento, o que constitue-se em inconveniente. Enquanto que o exame visual dos motores ou turbinas das aeronaves pode ser executado durante as paradas técnicas, tal não é o caso de equipamentos ou máquinas que funcionam ininterruptamente durante 24 horas. Nesses casos, o exame visual e sua periodicidade devem ocorrer de conformidade com o ciclo de produção, o que torna difícil o estabelecimento de um calendário preciso para tais exames. No entanto, quando o equipamento impõe elevado nível de segurança, a sua parada pode ser justificada em função da execução do exame. Nesses casos, os pontos críticos a verificar devem ser indicados com precisão e com antecedência e, além disso, ser estabelecido um tempo necessário ao exame, para que a produção possa ser programada de conformidade com tais dados. Embora existam alguns processos estraboscópios que alguns especialistas afirmam tornar possível o exame visual com equipamento operando, tal caso é verdadeiro em situação muito especiais e, mesmo assim, a confiabilidade exigida normalmente não os recomendam.

Uma outra limitação do exame visual consiste na necessidade de desmonte, às vezes parcial, do equipamento a examinar, com as desvantagens associadas a tal operação. Em alguns casos é possível o exame visual mediante a colocação de "janelas de inspeção" o que permite o exame em alguns componentes, como caixas de engrenagens por exemplo sem o desmonte total. Nos casos gerais, como por exemplo a verificação do estado mecânico de um eixo em seu mancal, exige a desmontagem completa do conjunto. Com isso, os exames em grande parte dos casos exigem atividades que obrigam o equipamento a permanecer inativo durante tempo relativamente longo.

## XV.30 - FATORES FÍSICOS QUE AFETAM O EXAME VISUAL

Apesar de aparente facilidade de execução dos exames visuais, vários fatores influenciam a qualidade de sua execução, usualmente relacionadas com a capacidade de visão tais como: percepção da luz, formas, tempo, côr, contraste, profundidade e distância.

# O EXAME VISUAL COMO ELEMENTO DE MANUTENÇÃO

a) Percepção da luz - No ensaio visual a excitação do olho humano depende diretamente do brilho das superfícies em exame. Para se fixar o nível de iluminação ambiente necessária ao ensaio deve-se ter em conta o brilho a se obter e que depende da cor e rugosidade superficial do objeto.

A unidade de brilho é contada por metro quadrado ($cd/m^2$). Na observação de superfícies extensas se define como "brilho limite" (Bo) o valor de brilho mínimo requerido para produzir sensação luminosa no olho humano. Para o olho normal, totalmente descansado, este limite é da ordem de $0,3 \times 10^{-5}$ $cd/m^2$. Valores, no entanto, tomados como referência, indicam um brilho mínimo de 10 $cd/m^2$ para realização de inspeção visual e de $10^2$ $cd/m^2$ como ideal uma vez que este valor corresponde a visão "fotoptica" ou diversa.

b) Fator tempo - O processo visual não é instantâneo. Mesmo com níveis de iluminação de brilho baixos a olho humano pode perceber detalhes minúsculos desde que se lhe dê tempo suficiente. Para níveis de iluminação mais elevados o processo de percepção é realizado mais rapidamente.

Para cada tempo de excitação existe um limite de brilho e para nível de brilho existe um tempo de excitação ou de exposição requerido para obter-se a máxima percepção. Assim, uma excitação correspondente a um brilho de 0,01 deve atingir 0,3 segundos para superar o limite de percepção, enquanto que um brilho de 0,1 $cd/m^2$ bastam apenas 0,1 segundos.

c) Distância e profundidade - A visão binocular é um fator que permite a apreciação ou observação de distâncias. A observação de distâncias é a base da percepção da profundidade da visão estereoscópica.

A visão estereoscópica depende ao menos em parte, do fato de que cada olho deve oferecer uma visão diferente do mesmo objeto.

A experiência sensorial permite que quando as imagens em uma retina diferem na forma o objeto seja visto como tridimensional, possuindo profundidade.

d) Avaliação de dimensões - Quanto menor a distância entre a retina e o objeto maior será o ângulo de observação e maior a separação de imagens na retino-ocular. Considerando

# TÉCNICAS DE MANUTENÇÃO PREDITIVA

que o olho como sistema óptico pode ser enfocado entre 30 cm. e o infinito é importante ter-se em conta que a uma distância de aproximadamente 30 cm. se obterá a maior resolução da imagem observada e mais fácil será a avaliação de dimensões.

e) Avaliação de contraste - A sensação diferencial de claridade é que permite a um objeto aparecer mais claro ou mais escuro que seu contorno.
Com iluminação com brilhos entre 75 e 1500 cd/m$^2$ a sensibilidade ao contraste é máxima e quase constante. Para valores inferiores ou superiores o contraste cai pelo escurecimento ou deslumbramento do objeto com relação ao fundo.

f) Características da cor - A cor tem três (3) características físicas principais, tom ou matiz, saturação e brilho ou luminosidade. O tom é a característica que leva seu nome (verde, azul ...).
Saturação é o grau de concentração de uma côr.
Brilho de uma côr, para uma certa intensidade de iluminação, depende do coeficiente de reflexão'da luz incidente.

## XV.40 - DISPOSITIVOS AUXILIARES DO EXAME VISUAL

Para que o exame visual seja executado em condições plenamente confiáveis, além de um observador com conhecimento e experiência pertinente ao caso, é importante que a iluminação seja adequada. Com isso, há necessidade de fontes de luz portáteis e móveis, contendo preferivelmente fixação magnética para a base. O uso de iluminação ultra-violeta pode em vários casos, melhorar a observação por fornecer tal tipo de luz maior contraste na superfície em observação. Naturalmente o observador deverá dispor de espelhos lentes, lupas e, eventualmente microscópios de bolso (20x e 100x) e outros dispositivos. O importante é registrar o observado, tornando possível uma comparação das observações numa seqüência de exames visuais. Como auxiliar de tal registro, um equipamento fotográfico constitue acessório indispensável. Normalmente há necessidade de fornecer indicações dimensionais às irregularidades observadas (trinca, fissura, caverna, etc.) e por tal motivo, junto com a peça ou componente sendo fotografado, deve ser colocada uma régua ou escala graduada. Com isso, é possível a comparação de uma série de observações, já que é difícil

# O EXAME VISUAL COMO ELEMENTO DE MANUTENÇÃO 621

fotografar sempre na mesma posição e à mesma distância e, quando possível, a comparação torna a avaliação dimensional mais confiável. Muitas vezes há necessidade de executar um exame visual em locais inacessíveis diretamente. Muitas vezes um simples espelho permite executar o trabalho de maneira confiável, principalmente se for espelho orientável. Nos casos mais difícies deve ser usado um dispositivo a fibra óptica, denominado boroscópio (endoscópio segundo alguns). Existe uma variedade ampla de boroscópios e a escolha depende da dificuldade de atingir o local pretendido. Existem, em linhas gerais, os boroscópios com os acessórios seguintes:

1) Boroscópio tubular rígido,
2) Retorno da imagem através de fibras ópticas,
3) Diâmetros variando entre 3 e 20 mm,
4) Iluminação através de lâmpadas no final do boroscópio ou transmitida por fibras ópticas,
5) Iluminação e terminal orientáveis remotamente ou fixos,
6) Campo de visão direto ou lateral,
7) Reticulado com escala dimensional,
8) Dispositivo fotográfico adaptável na ocular,
9) Visor angular, cobrindo 360º ou em setores,
10) Observação a distância entre 500 mm e vários metros,
11) Sistema de televisão a circuito fechado adaptável à ocular.

Os boroscópios estão apresentando um desenvolvimento rápido face às exigências tecnológicas do equipamento moderno, motivo pelo qual os interessados devem recorrer aos fabricantes para verificar o que há de mais moderno no assunto.

É bastante comum o uso de líquidos penetrantes para auxiliar o exame visual. Tal processo cabe muito mais num sistema de ensaios não-destrutivos, embora seja usado como auxiliar dos inspetores quando executam o exame visual. Como veremos oportunamente, o uso de líquidos penetrantes e a interpretação dos resultados constitue uma técnica bastante elaborada, devendo ser obedecidas especificações rígidas e bastante claras. O seu uso indiscriminado pode dar origem a conseqüências graves no equipamento, já que a composição química do penetrante pode provocar erosão em vários componentes ferrosos e não-ferrosos, caso não sejam adequadamente selecionados.

Pelo exposto, verfica-se que o exame visual constitue um auxilar poderoso na manutenção preditiva em qualquer nível. Entretanto, há necessidade de racionalizar o processo de maneira análoga a qualquer outro método, devendo o mesmo constituir parte integrante de um programa mais amplo e que cubra todos os aspectos da manutenção preditiva, principalmente quando estabelecidas em base ao estado real dos componentes. Trata-se de um auxiliar poderoso que constitue um dos elementos que forma qualquer programa de manutenção.

A título de ilustração, a figura XV.01 mostra a observação possível num boroscópio, com sistema óptico tal que a observação pode ser feita de maneira frontal, lateral, retro-visão dependendo do ajustes que sejam feitos no terminal. Tais boroscópios apresentam possibilidade de observação somente quando o mesmo pode penetrar diretamente na região que se pretende observar, como orifícios de eixos longos (observação lateral ou oblíqua), interior do cilindro de motores a explosão (Diesel ou não) e localização semelhantes).

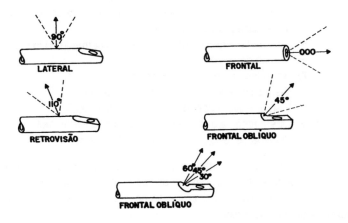

Figura XV.01

Quando a região a observar não apresenta acesso direto, deve ser utilizado um boroscópio à base de fibra de vidro, denominado por alguns de fibroscópio. Alguns de tais boroscópios apresentam o terminal fixo (visão direta, oblíqua ou retro ou ainda lateral) enquanto que outros mais sofisticados apresentam a ponta ajustável remotamente, permitindo maior flexibilidade à observação. A Figura XV.02 ilustra um boroscópio à fibra de vidro (chamado por alguns de "fibra óptica") e um boroscópio rígido, destinado a observação no interior de orifícios contínuos, como o dos eixos, canhões, etc.

# O EXAME VISUAL COMO ELEMENTO DE MANUTENÇÃO

As Figuras XV.01, XV.03 e XV.04 ilustram um boroscópio dotado de dispositivo fotográfico e espelho para observação lateral, assim como a fotografia de uma descontinuidade tornada visível através de partículas magnéticas.

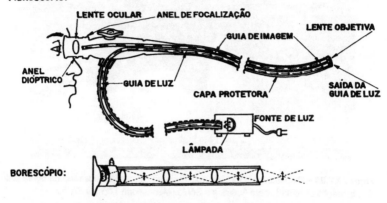

**Figura XV.02** - Desenhos esquemáticos de um boroscópio à fibra de vidro (Olympus Corporation of America) Trad. Micronal - ABENDE, fevereiro 1983 e um boroscópio tubular fixo.

**Figura XV.03** - Boroscópio tubular rígido, durante a inspeção geral de um rotor de turbina a vapor. Inspeção executada pela Acústica e Sônica-Assessoria Técnica S/C/L.

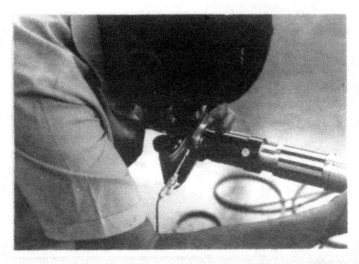

Figura XV.04 - Dispositivo fotográfico aplicando ao boroscópio ilustrado na figura anterior. Inspeção executada pela Acústica e Sônica-Assessoria Técnica S/C/L.

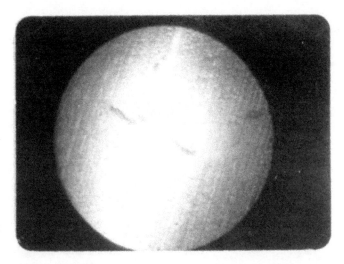

Figura XV.05 - Fotografia de uma descontinuidade observada lateralmente, com o boroscópio ilustrado nas figuras anteriores e com a aplicação de partículas magnéticas e campo contínuo de 3000 A. Inspeção executada pela Acústica e Sônica-Assessoria Técnica S/C/L.

# O EXAME VISUAL COMO ELEMENTO DE MANUTENÇÃO

Recentemente, a SIGMA RESEARCH, INC. de Richland, WA desenvolveu um boroscópio ou endoscópio que permite, através de microprocessador, traçar o perfil óptico interno de tubulações. De maneira simplista, o dispositivo opera da maneira seguinte:

Um cabeçote percorre o interior da tubulação sem executar contacto algum com as paredes executando uma rotação a 3600 rpm, varrendo toda a superfície interna da tubulação, executando a varredura com um ponto focal iluminado, cuja reflexão é detetada por um célula. As medições são levantadas a cada 2,5 mm. através de um percurso helicoidal em espaços pré-selecionados. As medições são transmitidas através de cabos a um sistema computador que, dependendo do programa pre-estabelecido, fixar-se-á ou no diâmetro mínimo ou nas regiões de tensões máximas. Existe um disco de memória com 7680 pontos que manterá um registro permanente dos resultados observados. O sistema, quando acoplada a um computador com aquisição randômica como o Hewlett-Packard 9816 associado a uma impressora Hewlett-Packard 2671 G encarregar-se-á do traçado, possibilitando, inclusive, a superposição de observações realizadas em épocas diferentes. Com isso, o sistema traça, graficamente, as secções radial e axial sob duas formas diferentes de comando. As figuras seguintes ilustram o instrumental e os resultados como apresentados.

**Figura XV_06**

# O EXAME VISUAL COMO ELEMENTO DE MANUTENÇÃO

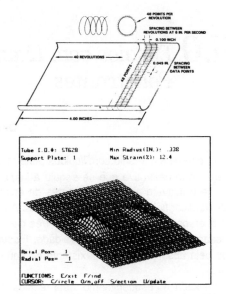

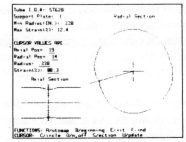
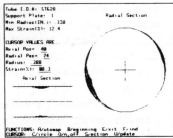

**Figura XV.07**

# XVI.0 Ensaios com Líquidos Penetrantes

**Oswaldo Rossi Júnior**

O exame em ensaio com líquidos penetrantes (PT) é o processo de inspeção não destrutiva que se seguiu à inspeção visual. Os artesãos árabes ja utilizavam amplamente, antes da época dos cruzados, no processo de verificação de qualidade de espadas. Após forjados e temperados eram imersos em petróleo por dois ou três dias, eram retirados, limpos cuidadosamente e pintados com alvaidade. Fissuras ou trincas eram identificados pela absorção do óleo existente no seu interior pela camada de alvaidade.

Deixada no esquecimento, esta técnica de inspeção foi reativada nos anos que se seguiram à 1ª Guerra Mundial, com o surgimento de materiais e produtos químicos mais sofisticados e elaborados.

Com o desenvolvimento da chamada "química fina" após a 2ª Guerra Mundial este processo pode alcançar estágios avançadíssimos tornando-se hoje o método extensamente mais utilizado de exame não destrutivo.

Possuindo custo consideravelmente baixo, sendo rápido e seguro este método suplantou, indiscutivelmente, os limites da inspeção superficial que inicialmente procurou ampliar.

## XVI.10 - PRINCÍPIOS FÍSICOS

A inspeção por líquidos penetrantes baseia-se na capacidade de certos líquidos em "molhar" a superfície dos materiais e penetrar em cavidades superficiais de magnitude microscópica. Todo o processo está assentado nos pricípios de capilaridade e alta tensão superficial presentes nestes materiais e que atuam em constante compromisso mútuo.

O processo permite detetar com bastante segurança, fissuras e trincas abertas à superfície em praticamente qualquer material, através da observação dos "borrões" provenientes do líquido que penetrou nas fissu-

ENSAIOS COM LÍQUIDOS PENETRANTES **629**

ras. Tais líquidos penetram nas aberturas, permanecem no interior das mesmas inclusive após limpeza rigorosa e são extraídos através da acção da cobertura absorvente que constitue o chamado revelador. Nos dias de hoje a visibilidade do penetrante foi bastante aumentada pela adição de corantes, normalmente vermelho, que apresenta excelente contraste com o fundo branco do revelador. Por outro lado, foram desenvolvidos líquidos penetrantes contendo substâncias que radiam luz visível quando expostos à radiação ultra-violeta.

A eficácia do processo depende do penetrante, que deve apresentar propriedades de fluência e "molhamento" adequado do material (plásticos, aços, cerâmicas isentas de película de vidro, metais ferrosos e não-ferrosos, etc.), apto a formar uma cobertura contínua e razoavelmente uniforme, migrar para o interior das cavidades abertas á superfície pela acção capilar e não introduzir efeitos deletérios no material sendo ensaiado. A eficácia do método depende em grande parte da limpeza prévia da superfície, geometria e tamanho da descontinuidade e do próprio material, que evidentemente não pode ser poroso.

Basicamente o método implica as providências seguintes, exceptuando-se alguns casos especiais nos quais não existe o revelador:

a) Limpeza completa e adequada do componente ou material a ser ensaiado.
b) Aplicação do penetrante e espera do tempo de penetração (dwell time) adequado ao mesmo.
c) Remoção ou retirada do excesso de penetrante.
d) Aplicação do revelador sobre a superfície do componente sendo ensaiado e espera do tempo adequado de revelação, de acordo com as especificações do fabricante.
e) Exame visual das indicações que se apresentarem, seguida de interpretação das mesmas.
f) Remoção ou limpeza post-inspeção do material que permaneceu como resíduo.

A título de exemplo apresentamos abaixo a sequência ilustrativa de aplicação dos líquidos penetrantes nos processos usuais utilizados hoje na indústria.

O método de execução de inspeções com líquidos penetrantes, embora aparentemente simples, requer conhecimentos e habilidades quando se pretendem resultados confiáveis e elevada sensibilidade. Pode-se dizer que, quando convenientemente executado, o ensaio permite a de-

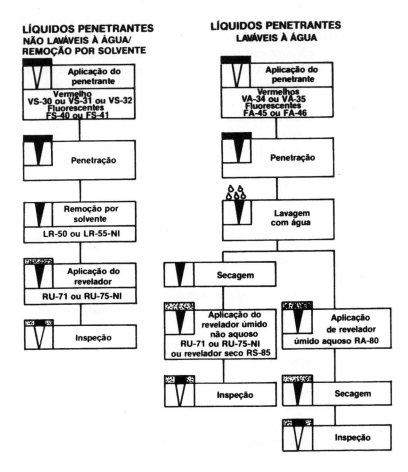

Figura XVI.01

teção de fissuras da ordem de 10 a 20 micra em aços ou até menos mediante técnicas especiais.

As normas ASTM E-165 ou ASME SE-165 apresentam uma descrição minuciosa dos procedimentos a serem utilizados, tipos de produtos, níveis de sensibilidade, adequação aos vários materias, etc. Ressalte-se ainda que a seleção dos materiais deve atender aos critérios de isenção, em tais produtos, de ions cloretos e halogênios, quando se pretende inspecionar respectivamente aços inoxidáveis austeniticos ou ligas

# ENSAIOS COM LÍQUIDOS PENETRANTES

de níquel e titânio o que pode ser facilmente verificado mediante certificados de análise química ou de conformidade com a norma ASTM E-165 fornecidas pelos fabricantes.

Até recentemente, uma das grandes limitações dos ensaios com líquidos penetrantes assentava-se na dificuldade de registro de resultados e que era realizado exclusivamente mediante fotografia, resultando em alto custo e longo tempo. Surgiu recentemente no mercado um tipo de resina elastoplástica que após aplicada sobre a camada de revelador, se polimeniza formando ma película plástica que retém, com grande precisão, as indicações anteriormente apresentadas no revelador.

Considerando-se portanto, os avanços tecnológicos do método, e aumento de sua sensibilidade, sua grande simplicidade e baixo custo, a possibilidade de registrar o arquivamento de resultados, o ensaio com líquidos penetrantes coloca-se hoje como principal entre os não destrutivos.

# XVII.0 Ensaios por Partículas Magnéticas

**Alejandro Spoerer**

## XVII.1 - INTRODUÇÃO

Junto com os ensaios por líquidos penetrantes e por correntes parasitas, os ensaios por partículas magnéticas constituem ou formam parte dos chamados métodos superficiais, porque destina-se a detectar preferencialmente descontuidades superficiais ou abertas à superfície dos materiais. Considerando que a maioria das descontinuidades produzidas como conseqüência do uso dos materiais são superficiais (trincas de fadiga, corrosão, etc...), estes ensaios são de enorme importância na área de manutenção.

Dentre estes três métodos superficiais, os métodos de líquidos penetrantes e partículas magnéticas são os que apresentam uma maior sensibilidade, isto é, possibilitam a detecção de descontinuidades de menores dimensões. Não existem diferenças significativas em termos de sensibilidade entre ambos os métodos, sendo que eles podem detectar descontinuidades de alguns micra de profundidade e de até alguns décimos de micron de largura ou abertura na superfície, as quais são sem dúvida menores do que a grande maioria das mais finas trincas de fadiga encontradas na prática, ainda na sua fase inicial de propagação.

O método de partículas magnéticas, porém, somente se aplica a materiais ferromagnéticos, isto é, a ferro, níquel, cobalto e suas respectivas ligas.

Com relação ao método de líquidos penetrantes, o método de partículas magnéticas apresenta a vantagem de que além de detectar descontinuidades superficiais, possibilita também a detecção de descontinuidades sub-superficiais, embora no caso específico de ensaios na área de manutenção isto não seja de importância relevante, se se considerar que a maioria das descontinuidades produzidas pelo uso das peças e/ou componentes nascem ou se iniciam na superfície.

## XVII.2 - FUNDAMENTOS DO ENSAIO

O método tem seus fundamentos no fato de que quando um material ferromagnético é magnetizado, as descontinuidades localizadas preferivelmente transversais (ou perpendiculares) à direção do campo magnético (ou das linhas de fluxo magnético), provocam o aparecimento de um campo magnético, denominado campo magnético de fuga (ou de vazamento). A presença deste campo magnético de fuga, e portanto, a presença de uma descontinuidade é detectada pela aplicação de diminutas partículas ferromagnéticas (denominadas partículas magnéticas) sobre a superfície da peça ensaiada.

Desta maneira, as partículas são atraídas pelo campo de fuga e acumuladas sobre a descontinuidade, formando uma indicação que a torna visível. Com isto, e pelo fato da descontinuidade aparecer claramente delineada diretamente na superfície da peça, pode-se determinar perfeitamente o seu comprimento (ou extensão) e se ter uma idéia aproximada ainda da sua profundidade, já que quanto maior é a profundidade da mesma, maior será o acúmulo de partículas que formam a indicação.

O ensaio consiste fundamentalmente em magnetizar a peça, aplicar as partículas magnéticas sobre a superfície e examinar a mesma pela presença de indicações.

Quando o campo é interceptado pela descontinuidade (figura XVII.01) algumas linhas de fluxo magnético a contornam, sendo desviadas para o interior da peça (1), outras linhas conseguem pular através das bordas da descontinuidade, no interior da peça (2) e as outras são forçadas a pular por cima da descontinuidade, descrevendo um percurso eterno sobre a mesma (3). Este último grupo de linhas de fluxo magnético forma o chamado campo de fuga que irá atrair as partículas magnéticas que se encontram nas proximidades, formando assim a indicação.

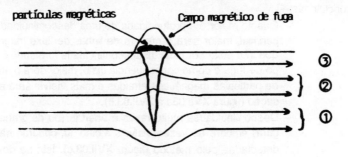

Figura XVII.01 - Campo Magnético de Fuga

Para se entender melhor o conceito de campo magnético de fuga, a figura XVII.02 mostra que uma descontinuidade pode ser comparada c/ o entreferro de um imã permanente de formato circular. Ao se aplicarem partículas magnéticas sobre o imã, as partículas irão se depositar no entreferro já que é somente nesta área onde existe um campo magnético de fuga.

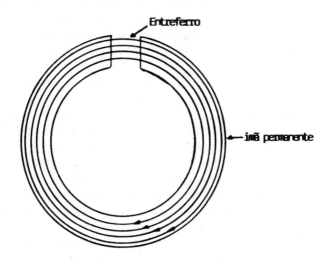

**Figura XVII.02** - Analogia de uma descontinuidade com o entreferro de um imã permanente de forma circular.

As figuras XVII.03 mostram o que ocorre quando se tem descontinuidades superficiais de diferentes profundidade e larguras, assim como o que ocorre no caso de descontinuidades sub-superficiais. Pode-se concluir que:–

- Quanto maior é a profundidade de uma descontinuidade superficial, maior será o número de linhas de fluxo magnético que irão pular por cima da descontinuidade formando o campo de fuga e como conseqüência disto, maior será o número de partículas magnéticas atraídas e mais visível será a indicação (figura XVII.03a e XVII.03.b).

- Descontinuidades muito rasas e abertas (ou de grande largura) embora às vezes visíveis a olho nú, poderão não ser detectadas pelo método (figura XVII.03.c). Isto se deve ao fato de que estas decontinuidades ao não apresentarem uma brusca barreira à passagem as linhas de fluxo magnético não precisam pular por cima da descontinuidade, com o que não se forma nenhum campo de fuga. Felizmente, estas descontinuidades rasas e largas não correm como conseqüência do uso da peça e portanto não aparecem nos ensaios de manutenção, onde o interessante é detectar principalmente trincas de fadiga que são estreitas e com uma certa profundidade.

- Descontinuidades superficiais produzem indicações fortes, finas (ou estreitas) e bem delineadas (figura XVII.3.b). Em contrapartida, descontinuidades sub-superficiais produzem indicações menos intensas, mais largas e mais difusas (ou menos delineadas) tal como aparece na figura XVII.03.d.
- Descontinuidades internas não são detectadas pelo método de partículas magnéticas (figura XVII.03.e).
- Descontinuidades paralelas ao campo magnético (ou às linhas de fluxo magnético) também não serão detectadas (figura. XVII.03.f).

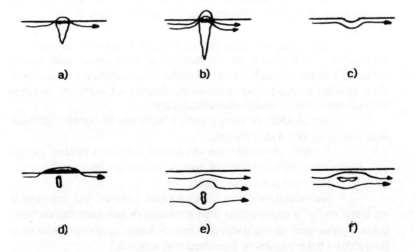

Figura XVII.03 - Linhas de campo magnético nas proximidades de várias continuidades.

**636** TÉCNICAS DE MANUTENÇÃO PREDITIVA

## XVII.3 - MAGNETISMO E ELETROMAGNETISMO

A palavra magnetismo deriva da antiga região de Magnesia, na Ásia menor, onde foram encontradas certas "pedras" (imãs) capazes de atrair pedaços de ferro. O material destes imãs (óxido de ferro mineral) foi posteriormente denominado de Magnetita. O fenômeno dos imãs já era conhecido na época dos antigos gregos conforme o historiador Eurípedes. A primeira investigação sobre os campos magnéticos foi feita por Pierre de Maricourt em 1296. Ele observou as posições assumidas por uma agulha de bússola, colocada ao redor de um imã natural de forma esférica. A agulha orientava-se de modo a sugerir a existência de linhas que envolviam a esfera, semelhantes aos meridianos da terra, e que passavam por dois pontos diametralmente opostos. Estes pontos foram denominados "polos de imã". As experiências mostravam que independentemente da forma, os imãs apresentavam sempre dois pólos: – norte e sul. Os póslos do mesmo nome repeliam-se e os de nome oposto atraiam-se.

Em 1600, William Gilbert descobriu a razão da bússola orientar-se numa direção definida: a terra era um grande imã permanente.

Com uma balança de torção, John Michell, em 1750 demonstrou que a atração e repulsão dos pólos de um imã tinham a mesma força, e essa força era inversamente proporcional ao quadrado da distância entre os pólos.

Mais tarde, Coulomb mostrou a analogia entre cargas elétricas e pólos magnéticos, com a diferença que os pólos existem sempre em número par.

Em 1820, um físico inglês, Oersted, descobriu que uma corrente elétrica ao percorrer um fio, também produzia efeitos magnéticos, mudando a orientação da bússola. Até então, a eletricidade e o magnetismo eram ciências estudadas separadamente. Graças a Oersted foi possível reuní-las numa única teoria: o eletromagnetismo.

Em seguida, Ampère, propôs a teoria que as corrente elétricas eram a fonte de todo o magnetismo.

Faraday descobriu que um campo magnético variável dá origem a um campo elétrico e Maxwell demonstrou que um campo elétrico variável dá origem a um campo magnético.

Se colocarmos uma folha de papel sobre um imã permanente em forma de "U" e espalharmos finas partículas de ferro (limalhas de ferro) sobre o papel, elas se arranjarão em forma de linhas, como se mostra na figura XVII.04 (tal configuração se chama magnetografia)

A aparência da magnetografia sugere que existem linhas imaginárias fluindo ao longo do imã permanente e saindo e entrando pelos ex-

ENSAIOS POR PARTÍCULAS MAGNÉTICAS

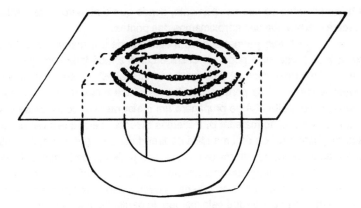

**Figura XVII.04** - Magnetografia de um imã permanente em forma de "U".

tremos do mesmo. Estas linhas imaginárias, denominadas de linhas de campo magnético ou linhas de fluxo magnético, foram introduzidas por Faraday para visualizar melhor o comportamento dos campos magnéticos.

Se fizermos agora uma magnetografia de um imã permanente na forma de uma barra, as linhas de fluxo magnético se orientarão como mostra na figura XVII.05.

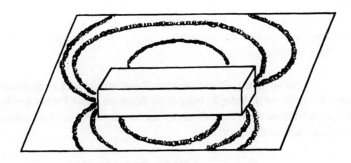

**Figura XVII.05** - Magnetografia de um imã permanente em forma de barra.

A aparência da magnetografia revela que o campo magnético é formado por linhas de fluxo que se estendem, na sua maioria, em curvas de uma ponta da barra à outra. Algumas das linhas, porém saem e re-entram

## 638 TÉCNICAS DE MANUTENÇÃO PREDITIVA

na barra ao longo do seu comprimento, sendo que o número de tais linhas cresce à medida que nos aproximamos das pontas.

O termo permeabilidade magnética de um material designado com a letra grega $\mu$, e pode ser definido como a facilidade com que as linhas de fluxo magnético se propagam no material, isto é, se um material A apresenta um valor de permeabilidade magnética maior do que um outro material B, no material A se propagará um maior número de linhas de fluxo magnético do que no material B. Podemos dizer também, que a permeabilidade magnética $\mu$ nos dá uma idéia da facilidade com que um certo material é magnetizado: quanto maior é o valor de $\mu$ de um certo material, mais facilmente ele será magnetizado. Os materiais ferromagnéticos apresentam um valor de $\mu$ muito maior do que os materiais não ferromagnéticos e podem assim serem ensaiados pelo método de partículas magnéticas.

Ao se aplicar um campo magnético numa peça, se induz nela um fluxo de linhas magnéticas. O termo indução magnética ou densidade de fluxo magnético, designado com a letra B, pode ser definido matematicamente como o número de linhas de fluxo magnético que circulam pela seção transversal da peça, isto é:

$$B = \frac{\varnothing}{S}$$

onde:
$\varnothing$ = número de linhas de fluxo magnético
$S$ = área ou superfície da seção da peça por onde circulam as linhas de fluxo magnético

No sistema CGS de medidas (centímetro - grama - segundo), o Gauss é a unidade da indução magnética B, sendo que 1 Gauss é definido como uma linha de fluxo magnético passando por uma seção de um centímetro quadrado de área, isto é:

$$1 \text{ Gauss} = \frac{1 \text{ linha de fluxo magnético}}{cm^2}$$

No sistema MKS de medidas (metro - kilograma - segundo) a unidade de indução magnética B é o Tesla (T) ou Weber/m² ($Wb/m^2$), sendo que a equivalência entre os dois sistemas de unidades é:

# ENSAIOS POR PARTÍCULAS MAGNÉTICAS

$$1 \text{ Tesla ou } \frac{1 \text{ Weber}}{m^2} = 10.000 \text{ Gauss}$$

A figura XVII.06 mostra a experiência realizada em 1820 por Oersted: um condutor percorrido pela corrente I, cercado por um certo número de agulhas de bússola.

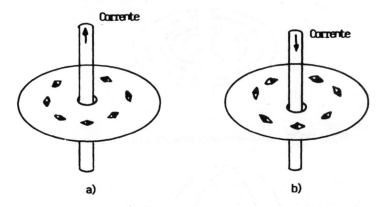

Figura XVII.06 - Agulhas de bússoula orientadas por um campo magnético.

Na ausência de corrente, todas as agulhas estão orientadas com o campo magnético terrestre. Quando o fio for percorrido pela corrente I, as agulhas se orientarão todas elas num certo sentido (figura XVII.06.a). Invertendo o sentido da corrente, as agulhas giram 180º, passando a ter uma orientação no sentido oposto (figura XVII.06.b).

A figura XVII.07 anterior, mosta as linhas de fluxo magnético ao se substituírem as agulhas de bússola da figura XVII.06, por limalhas de ferro. A análise destas linhas demonstra que:
- Quanto mais próximo do fio condutor, maior é o número (ou densidade) das linhas
- A densidade das linhas de fluxo magnético (B) é diretamente proporcional à intensidade da corrente elétrica I que circular pelo fio
- O sentido das linhas de fluxo magnético depende do sentido da corrente no fio, sendo determinado pela regra da sacaro-

lha ou da mão direita (figura XVII.08): se o polegar da mão direita indica o sentido da corrente no fio, os outros quatro dedos indicarão o sentido de circulação das linhas de fluxo magnético.

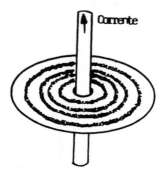

Figura XVII.07 - Limalhas de ferro orientadas por um campo magnético.

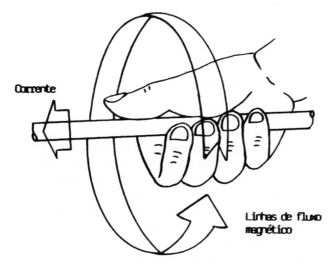

Figura XVII.08 - Regra da Mão Direita

Das experiências anteriores, podemos concluir que a partir de uma corrente elétrica é possível geral um campo magnético: a ciência que estuda os campos magnéticos gerados a partir de corrente elétricas é conhecida como eletromagnetismo.

ENSAIOS POR PARTÍCULAS MAGNÉTICAS   **641**

Na figura XVII.06 anterior, vimos que, quando uma corrente elétrica I circula por um fio condutor retilíneo se gera um campo magnético no espaço que circunda o mesmo. O valor deste campo magnético num dado ponto depende da intensidade da corrente elétrica que circula pelo fio e da distância **a** obtida ao levantar uma perpendicular do centro do fio até o ponto em questão, como se mostra na figura XVII.09.

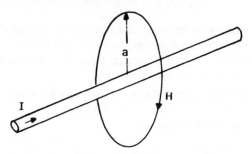

Figura XVII.09 - Campo magnético gerado por um condutor retilíneo.

A intensidade de compo magnético, designada com a letra H, no caso específico de um condutor retilíneo redondo pode ser definida matematicamente pela expressão:

$$H = \frac{I}{2\pi a}$$

onde:
H = intensidade de campo magnético a uma distância **a** do centro do fio;
I = corrente elétrica que circula pelo fio condutor
**a** = distância perpendicular do centro do fio condutor.

A unidade da intensidade de campo magnético no sistema CGS é o Oersted (Oe) e no sistema MKS é o ampère/metro (A/m), sendo que a equivalência entre as duas unidades é:

$$1 \text{ Oe} = 80 \ \frac{A}{m}$$

**642**          TÉCNICAS DE MANUTENÇÃO PREDITIVA

Outra unidade bastante utilizada em alguns instrumentos para medição de intensidade de campo magnético é o ampère/centímetro (A/cm), sendo que:

$$1 \, \frac{1}{cm} = 100 \, \frac{A}{m} = 1,25 \, Oe$$

Considerando que o perímetro de uma circunferência é igual a $2 \cdot \pi \cdot a$, onde a é o raio do círculo, podemos concluir que a intensidade de campo magnético H é igual à corrente elétrica que circula por unidade de perímetro da seção transversal do condutor.

Exemplo: Calcule a intensidade de campo magnético H a uma distância de 10 cm do centro de um fio condutor pelo qual circula uma corrente de 1.000 ampères

$$H = \frac{I}{2 \pi a} = \frac{1.000}{2 \pi \cdot 10} \, \frac{A}{cm} = 15,9 \, \frac{A}{cm}$$

Da equação $H = I/2\pi \cdot a$, podemos concluir que:

– Quanto maior é a intensidade da corrente I, maior é a intensidade de campo magnético H
– A medida que aumenta a distância do centro do condutor, diminui a intensidade de campo magnético H

Uma das técnicas mais utilizadas nos ensaios por partículas magnéticas é a técnica de contato direto que consiste em aplicar uma corrente elétrica ao longo da peça em ensaio.

Exemplo: Calcule a intensidade de campo magnético na superfície de uma barra redonda de 50 mm de diâmetro pela qual circula uma corrente de 1.500 ampères

$$a = \frac{D}{2} = \frac{50}{2} \, mm = 25 \, mm = 2,5 \, cm$$

$$H = \frac{I}{2 \pi a} = \frac{1.500}{2 \pi \cdot 2,5} \, \frac{A}{cm} = 95,5 \, \frac{A}{cm}$$

# ENSAIOS POR PARTÍCULAS MAGNÉTICAS

Isto significa que em cada 1 cm de perímetro da barra, circulam 95,5 ampères.

Exemplo: Igual ao exemplo anterior, porém com a diferença de que ao invés de ser redonda, a barra tem uma seção quadrada de 25 mm de lado.

Neste caso, o perímetro p de um barra quadrada é igual a $4 \cdot A$

$$p = 4 \cdot 25 = 100 \text{ mm} = 10 \text{ cm}$$

Portanto:

$$H = \frac{I}{p} = \frac{1.500}{10} \frac{A}{cm} = 150 \frac{A}{cm}$$

Se ao invés de ser retilíneo, o condutor for curvilíneo como se mostra na figura XVII.10, H e B podem ser calculados pelas seguintes expressões:

$$H = \frac{I}{D}$$

$$B = \mu \cdot \frac{I}{D}$$

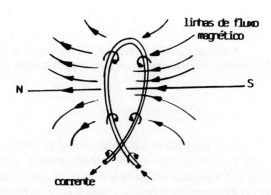

**Figura XVII.10** - Campo magnético gerado por um condutor curvilíneo de uma única espira.

Se ao invés de uma única espira, tivéssemos um número N de espiras, teremos uma bobina (figura XVII.11) e neste caso, H e B podem ser calculados respectivamente pelas equações a seguir:

$$H = \frac{N \cdot I}{l}$$

$$B = \mu \cdot \frac{N \cdot I}{l}$$

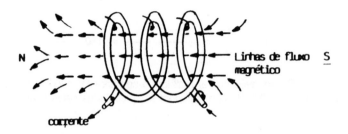

Figura XVII.11 - Campo magnético gerado por um condutor curvilíneo de várias espiras.

O produto N I é denominado força magnetomotriz ou força magnetizante, sendo designado com a letra F

$$F = N \cdot I$$

A unidade de F no sistema CGS é o Oersted · cm e no sistema MKS é o Ampère. Espira, sendo que a equivalência entre as duas unidades é:

$$1 \text{ A} \cdot \text{E} = 0{,}80 \cdot \text{cm}$$

É de interesse ressaltar que quando se trata de uma bobina em vazio, isto é, quando não existe nenhum material dentro dela (figura XVII.12.a), μ é a permeabilidade magnética do ar. Entretanto, quando se insere uma peça dentro da bobina, μ passa a ser a permeabilidade magnética do material. Se o material é não ferromagnético, o número de linhas de fluxo magnético será praticamente o mesmo do que quando a bobina está em vazio, e a direção das mesmas não será alterada (figura XVII.12.b).

# ENSAIOS POR PARTÍCULAS MAGNÉTICAS

Entretanto, se o material é ferromagnético, devido à maior permeabilidade magnética deste materiais, o número de linhas de fluxo magnético torna-se bem maior do que nos casos anteriores, e as mesmas se concentram na peça, por causa da menor resistência que apresenta um material ferromagnético quando comparado com o ar ou com um material não ferromagnético (figura XVII.12.c).

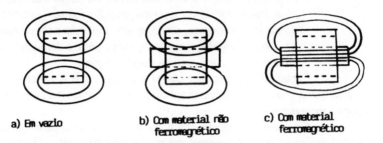

a) Em vazio
b) Com material não ferromagnético
c) Com material ferromagnético

Figura XVII.12 - Campo magnético gerado por uma bobina.

Da mesma maneira que a corrente elétrica preferirá sempre os caminhos de menor resistência elétrica, as linhas de fluxo magnético preferem passar por onde existe menor relutância magnética, isto é, por aqueles materiais que possuem maior permeabilidade magnética.

A intensidade de campo magnético H, a densidade de fluxo magnético B e a permeabilidade magnética $\mu$, estão relacionadas entre si pela expressão:

$$B = \mu \cdot H$$

As unidades de H, B e $\mu$ nos sistemas MKS e CGS são as seguintes:

| GRANDEZA | SÍMBOLO | UNIDADES | |
|---|---|---|---|
| | | SISTEMA MKS | SISTEMA CGS |
| Intensidade de campo magnético | H | Ampère/Metro | Osrsted |
| Densidade de fluxo magnético | B | Tesla ou Weber/m$^2$ | Gauss |
| Permeabilidade magnética | $\mu$ | Weber/A·m | Gauss/Oersted |

tos:
Da equação anterior, podem-se deduzir os seguintes conceitos:

- Para uma mesma intensidade de campo magnético H aplicado numa peça, a mesma terá um maior grau de magnetização, ou densidade de fluxo magnético B, quanto maior for a permeabilidade magnética $\mu$ do material.
- Para um mesmo valor de permeabilidade magnética (isto é, para dois materiais de igual composição química, condição de tratamento térmico, etc...), quanto maior for a intensidade do campo magnético aplicado, maior será a densidade de fluxo magnético (ou grau de magnetização).

É interessante destacar que H é a causa e B é o efeito. Isto significa que como conseqüência da aplicação de um campo magnético(H), a peça é magnetizada (B).

Em eletromagnetismo, para se fazer uso apropriado de um material ferromagnético, é fundamental o conhecimento das respectivas curvas de magnetização e de histerese do material.

A figura XVII.13 mostra as curvas de magnetização de três materiais diferentes. Estas curvas mostram a relação que existe entre B e H e são levantadas enrolando uniformemente um condutor de várias espiras (solenóide) ao redor de um anel de seção circular do material em questão, e fazendo circular uma corrente contínua pelas espiras anteriores.

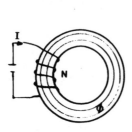
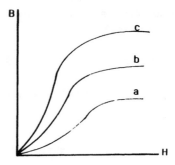

Figura XVII.13 - Curvas de magnetização de três materiais diferentes.

Aumentando aos poucos a corrente elétrica que circula pelas espiras do solenóide, isto é, aumentando a intensidade do campo magnético aplicado H, e medindo a densidade de fluxo B correspondente, pode-se traçar uma curva de magnetização do material do anel.

# ENSAIOS POR PARTÍCULAS MAGNÉTICAS

A análise detalhada de uma curva de magnetização (figura XVII. 14) nos leva às seguintes conclusões:

- A curva obitda não é linear, isto é, a variação de B não é igual ao longo do percurso.
- Entre os pontos **o** e **a**, os incrementos de B correspondentes a incrementos de H se tornam cada vez maiores, chegando a um máximo no ponto **a**, chamado de ponto de inflexão da curva.
- Entre os pontos **a** e **b**, os incrementos de B correspondentes a incrementos de H, se tornam cada vez menores, chegando a zero no ponto **b**, chamado de ponto de saturação magnética do material.
- De **o** até **b**, para cada incremento de H, existem sempre um incremento de B. A partir do ponto **b**, porém por mais que aumente H não existirá nenhum aumento de B, isto é, o material se encontra no estado de saturação magnética, o que significa que não pode-se aumentar mais o número de linhas de fluxo magnético que circulam pela seção do anel.

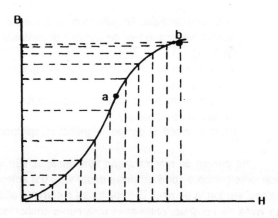

Figura XVII.14 - Curva de Magnetização.

É interessante destacar que nos ensaios por partículas magnéticas, há uma tendência errada e generalizada por parte de muitos inspetores de aplicar um excessivo H nas peças ensaiadas, ao se selecionar a chave seletora de corrente de magnetização na máxima posição que

648 TÉCNICAS DE MANUTENÇÃO PREDITIVA

permite a máquina, saturando assim a peça. Isto, além de esquentar desnecessariamente a peça e de aumentar as despesas com energia elétrica, não produz nenhum benefício ao ensaio. Ao contrário, a saturação magnética da peça é absolutamente indesejável, já que desta maneira se diminui o contraste das indicações formadas já que ocorre um mascaramento generalizado da superfície da peça por causa de inúmeros campos de fuga que aparecem por causa da própria rugosidade da superfície, assim como em cantos vivos e mudanças bruscas na geometria da peça o que provoca o aparecimento adicional de indicações conhecidas como indicações não relevantes.

O ideal é aplicar uma intensidade de campo magnético H tal, que a densidade de fluxo magnético B fique a meio caminho entre os pontos **b** e **a**.

Da análise das curvas de magnetização mostradas na figura XVII.13 anterior, podemos concluir também que cada material apresenta a sua própria curva de magnetização. Isto se deve a que cada material apresenta o seu próprio valor de permeabilidade magnética $\mu$. De fato, $\mu$ depende de vários fatores a saber:

- da liga ou composição química do material (de maneira geral, quanto menor é o teor de carbono do material, maior é o valor de $\mu$).
- do processo de fabricação do material (fundição, laminação, forja, solda, etc...)
- do tratamento térmico que sofreu o material
- da geometria da peça
- da intensidade de campo magnético H, aplicado na peça.

As curvas de magnetização apresentadas são levantadas ao se aplicar uma corrente contínua pelas espiras de um solenóide enrolado num material em forma de anel. Entretanto, se a corrente elétrica por alternada ao invés de contínua, obter-se-ia uma curva conhecida como curva de histerese magnética (curva ABCDEFA da figura XVII.15)

Em qualquer curva de histerese magnética, merecem destaque os seguintes aspectos:

- O ponto A neste caso corresponde ao ponto de saturação magnética da peça, explicado anteriormente.
- A distância OB é conhecida como magnetismo residual ou retentividade magnética do material, isto é, o magnetismo

# ENSAIOS POR PARTÍCULAS MAGNÉTICAS

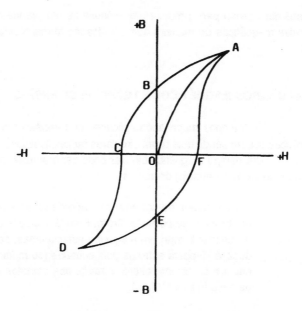

**Figura XVII.15** - Curva de histerese magnética.

que permanece na peça após a mesma ter sido magnetizada num certo sentido e a corrente de magnetização ter sido desligada, com o que o H é também zero. Para diminuir este magnestismo residual é necessário desmagnetizar a peça, o que será explicado posteriormente.

- O ponto C é conhecido como força coercitiva ou coercitividade magnética do material e representa o valor da intensidade de campo magnético inverso (de direção oposta ao utilizado para magnetizar inicialmente a peça) que será necessário aplicar para que o magnetismo residual atinja um valor igual a zero.

Finalmente e a modo de resumo, deve-se dizer que o que interessa nos ensaios por partículas magnéticas é aplicar uma intensidade de campo magnético H tal que a densidade de fluxo magnético B seja suficiente para a peça ensaiada. Com isto se consegue um número suficiente de linhas de fluxo magnético circulando pelo interior da peça, as quais, no caso de uma descontinuidade, formarão um campo magnético de fuga suficientemente intenso para produzir um acúmulo de um grande número de partículas magnéticas de maneira que a indicação formada seja bem visível.

### XVII.4 - CAMPOS MAGNÉTICOS E TÉCNICAS DE ENSAIO

Os campos magnéticos aplicados nos ensaios por partículas magnéticas podem ser de dois tipos: circulares ou longitudinais.

Um campo magnético circular pode ser produzido de três maneiras (ou técnicas de ensaio) diferentes:

- por passagem de corrente de magnetização ao longo da peça: **técnica de contato direto**. Esta técnica é aquela utilizada principalmente em máquinas estacionárias, sendo que a peça é disposta entre os dois contatos (ou morsas) da máquina e a corrente circula através dos contatos e ao longo da peça (figura XVII.16).

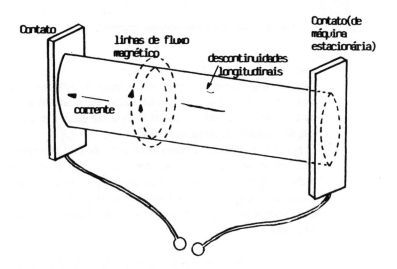

**Figura XVII.16** - Técnica de contato direto.

# ENSAIOS POR PARTÍCULAS MAGNÉTICAS 651

Pela regra da mão direita, as linhas de fluxo apresentam um percurso circular e detectam preferencialmente as descontinuidades que estejam perpendiculares a elas, isto é, as descontinuidades longitudinais, sendo que as descontinuidades estejam orientadas com um ângulo de até 45° com relação às linhas de fluxo serão também detectadas, porém com menor intensidade.

A tabela abaixo apresenta os valor médios recomendados de corrente de magnetização para aplicação da técnica de contato direto.

| Diâmetro Externo da Peça (mm) | Densidade de corrente de magnetização amperes/mm de diâmetro externo da peça) | |
|---|---|---|
| | Corrente Alternada | Corrente Contínua (ou retificada) |
| Até 125 | 20 a 28 | 28 a 36 |
| Acima 125 até 375 | 15 a 20 | 20 a 28 |
| Acima de 375 | 6 a 10 | 10 a 15 |

Exemplo: determinar a corrente de magnetização necessária para detectar descontinuidades longitudinais numa barra de aço de 50 mm de diâmetro, através da técnica de contato direto, utilizando corrente alternada.

- D = 50 mm
- densidade de corrente (C.A) = 20 a 28 A/cm de diâmetro externo

$$- I_1 = 20 \; \frac{A}{mm} \cdot 50 \, mm = 1000 \, A$$

$$- I_2 = 28 \; \frac{A}{mm} \cdot 50 \, mm = 1400 \, A$$

- devemos aplicar uma corrente alternada de 1000 a 1400 A
- por passagem de corrente de magnetização por um condutor (barra de cobre) envolvido ou

circundado pela peça: **técnica do condutor central**. Esta técnica é utilizada quando se deseja detectar descontinuidades em peças com orifícios, tais como aneis, bielas, tubos, etc. Neste caso, se introduz uma barra de cobre (ou de outro material não ferromagnético) ou ainda um dos dois cabos de uma máquina portátil, pelo orifício da peça, sendo que a corrente de magnetização não circula pela peça em ensaio e sim pelo condutor central utilizado, o que é uma vantagem já que não existe nenhuma possibilidade de produzir pontos de queima no material (figura XVII.17).

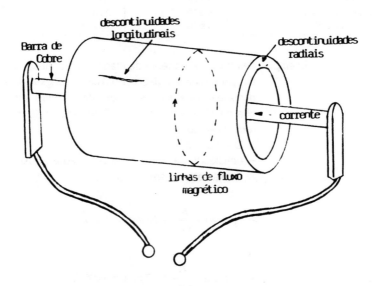

Figura XVII.17 - Técnica do condutor central.

Pela regra da mão direita, as linhas de fluxo magnético apresentam novamente um percurso circular e por causa da maior permeabilidade magnética da peça em ensaio (material feromagnético) com relação ao material do condutor central (material não-ferromagnético) e ao próprio

# ENSAIOS POR PARTÍCULAS MAGNÉTICAS

ar que existe entre ambas, as linhas de fluxo magnético se concentram na seção do material em ensaio (as linhas de fluxo sempre se propagam por onde existe maior facilidade ou menos resistência magnética, em outras palavras, pelos materiais que apresentam maior permeabilidade magnética $\mu$). Como se ilustra na figura XVII.14, serão detectadas tanto as descontinuidades radiais como as longitudinais.

A tabela anterior que apresentava os valores médios recomendados de corrente de magnetização para a técnica de contato direto, é também válida para o caso da técnica do condutor central.

Exemplo: determinar a corrente de magnetização necessária para detectar descontinuidades radiais e longitudinais num flange de aço de 140 mm de diâmetro externo e 120 mm de diâmetro interno, através da técnica do condutor central, utilizando corrente alternada.

- De = 140 mm
- densidade de corrente (C.A.) = 15 a 20 A/mm de diâmetro externo

$$- I_1 = 15 \frac{A}{mm} \cdot 140\,mm = 2100\,A$$

$$- I_2 = 20 \frac{A}{mm} \cdot 140\,mm = 2800\,A$$

- devemos aplicar uma corrente alternada de 2100 a 2800 A
- por passagem de corrente de magnetização aplicada numa certa região da peça: **técnica dos eletrodos de contato.** Esta técnica é utilizada principalmente em máquinas portáteis (ou móveis), sendo que a corrente é aplicada através de duas ponteiras de contato conectadas aos dois cabos da máquina (figura XVII.18).

Novamente, pela regra da mão direita, as linhas de fluxo apresentam um percurso circular, detectando assim as descontinuidades que estejam preferencialmente perpendiculares a elas, isto é, aquelas que apresentem a mesma direção que a linha imaginária que une ambas as ponteiras de contato

A maior aplicação deste técnica dos eletrodos de contato está na inspeção de soldas, sendo que as ponteiras são dispostas em ambos os lados do cordão e normalmente a um ângulo de aproximadamente 45º com relação ao eixo longitudinal do mesmo (figura XVII.19), de maneira a possibilitar a detecção simultânea de descontinuidades longitudinais e transversais.

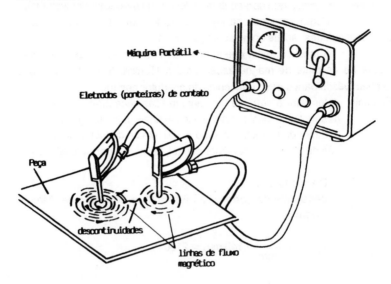

Figura XVII.18 - Técnica dos eletrodos de contato.

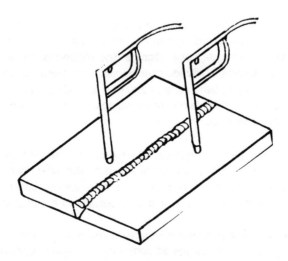

Figura XVII.19 - Inspeção de soldas através da Técnica dos Eletrodos de Contato.

# ENSAIOS POR PARTÍCULAS MAGNÉTICAS

A corrente de magnetização que deve ser aplicada depende tanto da espessura da chapa da união de solda como da distância de separação dos eletrodos de contato e pode ser obtida da tabela a continuação.

| Espessura da Chapa (mm) | Amperes/mm de espaçamento entre eletrodos |
|:---:|:---:|
| < 20 | 3,6 a 4,4 |
| ≥ 20 | 4,0 a 5,0 |

Exemplo: determinar a corrente de magnetização necessária para ensaiar uma solda de topo de chapas de 15 mm de espessura, através da técnica dos eletrodos de contato com um espaçamento de 200 mm entre ambos.

- espessura de chapa 15 mm
- A/mm de espaçamento entre eletrodos = 3,6 a 4,4
- espaçamento entre eletrodos = 200 mm

$$- I_1 = 3,6 \ \frac{A}{mm} \cdot 200 \ mm = 720 \ A$$

$$- I_2 = 4,4 \ \frac{A}{mm} \cdot 200 \ mm = 880 \ A$$

- devemos aplicar uma corrente alternada de 720 a 880 A

O espaçamento máximo permitido entre eletrodos para ensaio de soldas é de 200 mm.

É interessante destacar que a técnica dos eletrodos de contato é a que apresenta maiores probabilidades de produzir arcos elétricos nos pontos de contato da peça. O que deve ser evitado já que estes arcos produzem pontos de queima que podem aumentar excessivamente o nível de tensões residuais na supefície da peça e dar origem a trincas de fadiga quando a peça entra em serviço. Para evitar estes arcos elétricos, antes de aplicar a corrente, devem-se lixar tanto as ponteiras de contato como a superfície da peça (somente nas áreas de aplicação dos contatos), com o objetivo de eliminar óxidos e ferrugem. Adicionalmente, deve-se evitar a utilização de ponterias muito afiadas (com pouca área de contato) assim como deve-se aplicar uma pressão adequada durante a aplicação da corrente.

Um campo magnético longitudinal pode ser produzido de duas maneiras (ou técnicas de ensaio) diferentes.

- por passagem de corrente de magnetização pelas espiras de uma bobina que circunda (ou envolve) total ou parcialmente a peça em ensaio: **técnica da bobina**. Esta técnica (figura 20) pode ser utilizada tanto em máquinas estacionárias (utilizando a bobina envolvente que deslisa sobre os trilhos dispostos na bacia da máquina), ou ainda, com máquinas portáteis (enrolando um dos cabos de maneira a formar a bobina).

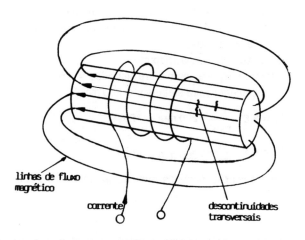

Figura XVII.20 - Técnica da bobina.

As linhas de fluxo magnético apresentam um percurso longitudinal com relação à peça e detectam as descontinuidades que estejam preferencialmente perpendiculares a elas, isto é, as descontinuidades transversais, sendo que as que estejam orientadas com um ângulo de até 45º com relação às linhas de fluxo serão também detectadas, porém com menor intensidade. É importante destacar que a peça deve ser sempre colocada no interior da bobina com a sua maior dimensão no mesmo sentido do eixo longitudinal da bobina, como se mostra na figura XVII.20.

A força magnetizante (F = N.I) que deverá ser aplicada em cada caso depende basicamente da relação L/D (comprimento/diâmetro) da

ENSAIOS POR PARTÍCULAS MAGNÉTICAS **657**

peça em ensaio e pode ser calculada facilmente pela fórmula empírica a seguir:

$$N.I. = \frac{45.000}{L/D} \text{ (Amperes} \cdot \text{Espirais)}$$

Nota: − a fórmula é válida para peças com uma relação $L/D \geq 2$

Exemplo: determinar a força magnetizante necessária para detectar descontinuidades transversais num parafuso com comprimento de 200 mm e diâmetro de 40 mm

− L = 200 mm
− D = 40 mm

$$- \frac{L}{D} = \frac{200}{40} = 5$$

$$- NI = \frac{45.000}{5} = 9.000 \text{ Amperes Espiras}$$

− Se o ensaio for realizado com uma máquina estacionária que possui uma bobina de 6 espiras, para aplicar uma força magnetizantes de 9000 Ampères · Espiras, seria necessário aplicar uma corrente de magnetização de 1500 A (9000 A $\cdot$ E/&E = 1500 A)

− Se o ensaio for realizado com uma máquina portátil, existem várias alternativas para se obter uma força magnetizante de 9000 A.E, a saber:

• 9000 ampères com uma bobina de 1 espira
• 4500 ampères com uma bobina de 2 espiras
• 3000 ampères com uma bobina de 3 espiras
• 2250 ampères com uma bobina de 4 espiras
• 1800 ampères com uma bobina de 5 espiras
• 1500 ampères com uma bobina de 6 espiras
• etc.

A alternativa escolhida vai depender da corrente máxima da máquina portátil e do comprimento e flexibilidade do cabo para formar um número suficiente de espiras. A modo de exemplo, se temos uma máquina com uma corrente máxima de 2000 ampères, poderemos aplicar 1800 ampères com uma bobina de 5 espiras.

- por passagem de corrente de magnetização pelas espiras de um eletro-imã portátil: **técnica de Yoke**. Com esta técnica (figura XVII.21) se utiliza um aparelho portátil conhecido como Yoke (ou jugo magnetizador), que é fundamentalmente um eletro-imã.

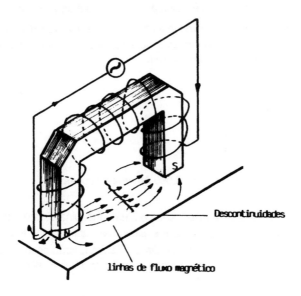

Figura XVII.21 - Técnica de Yoke.

Existem Yokes com pernas fixas (figura XVII.21a) e com pernas articuladas (figura XVII.b). Como se pode apreciar na figura, as linhas de fluxo magnético circulam na peça entre ambas as sapatas do aparelho e detectam as descontinuidades que estejam preferencialmente perpendiculares a elas, isto é, aquelas que estejam perpendiculares com relação à linha imaginária que une ambas as sapatas.

Uma das vantagens desta técnica é que não existe nenhuma possibilidade de provocar arcos elétricos na peça em ensaio, já que pela mesma não circula corrente elétrica mas sim linhas de fluxo magnético.

Dentre as inúmeras aplicações desta técnica, destaca-se a inspeção de soldas, sendo que as sapatas do aparelho são dispostas em ambos os lados do cordão e normalmente a um ângulo de aproximadamente 45º com relação ao eixo longitudinal do mesmo (figura XVII.22), de maneira a possibilitar a detecção simultânea de descontinuidades longitudinais e transversais.

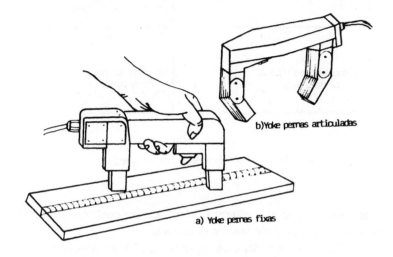

Figura XVII.22 - Inspeção de soldas através da técnica de Yoke.

No caso de ensaios de manutenção com aparelho tipo Yoke, deve-se sempre utilizar corrente alternada. Yokes de corrente contínua (retificada de meia onda) não devem ser utilizados já que as linhas de fluxo magnético tendem a penetrar muito no material, não existindo uma densidade de fluxo suficiente na superfície da peça.

Antes de finalizar este sub-capítulo de campos magnéticos é interessante discutir alguns aspectos de importância com relação à corrente de magnetização que gera os campos magnéticos anteriormente mencionados. Existem basicamente quatro tipos de corrente de magnetização: corrente contínua, corrente alternada, corrente de meia onda e corrente retificada de onda completa (figura XVII.23).

Corrente contínua é raramente utilizada nos ensaios por partículas magnéticas devido à limitação de uma bateria ou acumulador em fornecer as correntes de magnetização necessárias ao ensaio, que usualmente atingem valores de 1000 a 4000 ampères.

Corrente retificada de onda completa é o tipo de corrente que mais se assemelha a corrente contínua, porém, é raramente utilizada, devi-

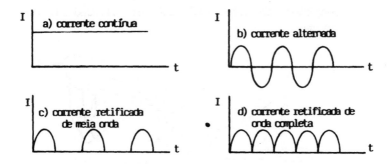

Figura XVII.23 - Tipos de correntes de magnetização.

do ao elevado custo das máquinas de ensaios por partículas magnéticas necessárias para produzir este tipo de corrente.

Resta, portanto, analisar as características (vantagens e limitações) da corrente alternada e da corrente retificada de meia onda. A diferença reside na profundidade de penetração entre ambos os tipos de corrente. A corrente alternada apresenta o chamado "**efeito superficial**", isto é, a tendência de se concentrar principalmente na superfície do material. Entretanto, a corrente retificada de meia onda, que apresenta com menos intensidade este efeito superficial, tem a tendência de penetrar mais abaixo da superfície do material.

Pode-se dizer então que a corrente alternada é mais recomendada quando se deseja detectar descontinuidades superficiais e a corrente retificada de meia-onda passa a ser mais recomendada quando o interesse é detectar descontinuidades sub-superficiais.

Considerando que nos ensaios de manutenção, o maior interesse está na detecção de descontinuidades superficiais, podemos concluir que neste tipo de ensaios os melhores resultados são obtidos quando da utilização de corrente alternada.

## XVII.5 - PARTÍCULAS MAGNÉTICAS

Em qualquer ensaio por partículas magnéticas existem dois aspectos de primordial importância para se atingir os resultados desejados:

# ENSAIOS POR PARTÍCULAS MAGNÉTICAS 661

- o primeiro é a aplicação de campos magnéticos de direção e intensidade apropriados para a peça ensaiada.
- o segundo é a utilização de partículas magnéticas apropriadas para assegurar uma boa formação e visualização das indicações produzidas pelas descontinuidades.

As partículas magnéticas são em todos os casos, porções muito diminutas de material ferromagnético, cujas características podem variar para cada aplicação. Entretanto, qualquer que seja o tipo de partículas magnéticas, ela sempre deve ter uma elevada permeabilidade magnética e uma baixa retentividade magnética isto é, as mesmas devem ser facilmente magnetizáveis ao serem atraídas pelo campo de fuga das descontinuidades e ao mesmo tempo, não devem reter magnetismo residual quando o campo magnético for interrompido, para que não fiquem retidas na peça tal qual o faria um imã permanente.

As partículas magnéticas podem ser classificadas de duas maneiras:

- A primeira classificação está relacionada com o tipo de pigmentos (ou corantes) utilizados durante o processo de fabricação das partículas, podendo ser coloridas ou fluorescentes.

As **partículas magnéticas coloridas** podem ser amarelas, cinzas, pretas e vermelhas, sendo que é escolhida aquela cor que dá um maior contraste com a superfície da peça sendo ensaiada: no caso de superfícies escuras, se utilizam normalmente partículas cinzas claras e, em superfícies mais claras, tais como superfícies usinadas, se preferem as de côr amarelas, pretas ou vermelhas. A inspeção com este tipo de partículas é feita sob luz branca normal (artificial ou natural).

As **partículas magnéticas fluorescentes** são tingidas com pigmentos fluorescentes, sendo que a inspeção é feita sob luz ultravioleta (conhecida também como luz negra), numa área escurecida. Estes pigmentos, aderidos às particulas magnéticas e quando iluminados com uma luz ultravioleta, emitem uma luz intensa, na região verde-amarela do espectro visível.

Tem se demonstrado que o contraste de uma partícula magnética fluorescente é de, pelo menos, trinta vezes superior ao contraste fornecido por qualquer partícula colorida. Isto significa que uma côr verde-amarela num ambiente escure-

# TÉCNICAS DE MANUTENÇÃO PREDITIVA

cido, se vê pelo menos, trinta vezes melhor que qualquer côr num ambiente iluminado. Já que a sensibilidade do ensaio por partículas magnéticas é função do contraste das partículas com a superfície da peça ensaiada, recomenda-se a utilização de partículas magnéticas fluorescentes, sempre que for possível escurecer a área de inspeção. Isto é especialmente válido nos ensaios de manutenção devido ao diminuto tamanho das descontinuidades que usualmente se pretendem detectar nestes ensaios.

– A segunda classificação das partículas magnéticas está relacionada com o meio de suspensão das mesmas, podendo ser partículas para ensaio em via seca ou em via úmida.

Nos ensaios por via seca, o meio de suspensão é o ar e nos ensaios por via úmida, o meio é um líquido que pode ainda ser querosene (ou um outro derivado do petróleo) ou água.

As partículas magnéticas para **ensaios por via seca** podem ser coloridas (amarelas, cinzas, pretas ou vermelhas) ou fluorescentes e são aplcadas com um borrificador (ou pulverizador) ou ainda com um aplicador com ar comprimido de baixa pressão, de maneira a aplicá-las numa espécie de nuvem que se deposite suavemente na superfície da peça.

Da mesma maneira que no caso das partículas magnéticas para ensaio por via seca, as partículas magnéticas para **ensaios por via úmida** podem ser também coloridas (nas cores amarela, preta e vermelha) e fluorescentes. Quando o líquido utilizado como meio de supensão for água, deve-se utilizar um aditivo especial que incorpore agentes inibidores de corrosão, anti-espumantes e distensores (para diminuir a tensão superficial da água e melhorar assim a sua capacidade de umectação) o qual é fornecido pelo próprio fabricante de partículas magnéticas.

A granulometria das partículas magnéticas para ensaios por via úmida (de 3 a 8 micra) é bem menor do que aquelas para via seca (de 10 a 150 micra e em alguns casos até 250 micra),com o objetivo de evitar que elas decantem com facilidade no tanque ou recipiente que as contêm.

O menor tamanho das partículas magnéticas para ensaios por via úmida constitui numa vantagem no caso de detecção de descontinuidades de pequenas dimensões, onde o campo de fuga é mais fraco.

# ENSAIOS POR PARTÍCULAS MAGNÉTICAS

Podemos concluir, portanto, que a melhor combinação para os ensaios por partículas magnéticas na área de manutenção, onde o maior interesse está na detecção de descontinuidades superficiais de dimensões reduzidas, é a utilização de corrente alternada em conjunto com partículas magnéticas fluorescentes para via úmida. (Para detectar descontinuidades sub-superficiais se prefere a utilização de corrente retificada de meia onda em conjunto com partículas magnéticas via seca, de preferência fluorescente).

A figura XVII.24 mostra uma engrenagem com trincas típicas de fadiga na raíz dos dentes e na região do rasgo da chaveta, as quais foram detectadas com partículas magnéticas fluorescentes.

Figura XVII.24 - Trincas de fadiga numa engrenagem.

## XVII.6 - EQUIPAMENTO UTILIZADOS NA ÁREA DE MANUTENÇÃO.

Existem vários tipos de equipamentos para ensaios por partículas magnéticas: desde um simples Yoke até um sofisticado equipamento automático com microprocessador para ensaio de auto-peças ou de tarugos. Porém, serão apresentados a seguir somente os equipamentos utilizados na área de manutenção.

A figura XVII.25 mostra uma máquina estacionária universal de ampla utilização na inspeção de peças e componentes de motores, compressores e de outros equipamentos similares.

Figura XVII.25 - Máquina estacionária universal.

A máquina possibilita a aplicação das técnicas de contacto direto, do condutor central e da bobina. A peça a ser ensaiada é colocada entre as duas morsas da máquina.

Para aplicar a técnica de contato direto se faz passar corrente de magnetização através dos contatos das morsas ao longo da peça, detectando assim as descontinuidades longitudinais presentes na mesma.

Para aplicar a técnica do condutor central, se introduz uma barra de cobre por um orifício ou abertura da peça e se coloca a barra de cobre entre as duas morsas da máquina. Em seguida, se aplica uma corrente de magnetização através dos contato das morsas e ao longo da peça, detectando assim as descontinuidades longitudinais e radiais nas proximidades do orifício da mesma.

Para aplicar a técnica da bobina, se faz passar a corrente de magnetização pelas espiras da mesma, detectando assim as continuidades transversais à peça. O alcance efetivo do campo magnético longitudinal gerado pela bobina é de, aproximdamente, três vezes o comprimento da mesma. Portanto, ao ensaiar peças com um comprimento menor do que três vezes o comprimento da bobina, a mesma deve-se colocar no meio da peça. Entretanto, ao se ensaiar peças com um comprimento maior do que a alcance efetivo da bobina, isto é, maior do que três vezes o compri-

# ENSAIOS POR PARTÍCULAS MAGNÉTICAS

mento desta, a bobina deve ser deslocada manualmente ao longo de toda a peça durante a magnetização.

A figura XVII.26 mostra uma máquina portátil de ampla utilização nos ensaios de manutenção, principalmente nos ensaios de soldas, fundidos e forjados.

Figura XVII.26 - Máquina portátil.

A máquina possibilita a aplicação das técnicas dos eletrodos de contato, do condutor central e da bobina. A técnica do condutor central pode ser aplicada introduzindo uma barra de cobre ou um dos dois cabos da máquina, pelo orifício da peça. No caso da técnica da bobina, se enrola um dos dois cabos da máquina para formar a mesma.

Outro aparelho que tem uma grande aplicação em ensaios de manutenção é o Yoke (figura XVII.27), que se utiliza principalmente na inspeção de soldas assim como na inspeção de áreas localizadas de peças fundidas e forjadas de equipamentos de grande porte.

## XVII.7 - DESMAGNETIZAÇÃO

Nem sempre é necessário desmagnetizar uma peça que foi previamente ensaiada, principalmente naqueles casos em que a peça

Figura XVII.27 - Eletro-imã portátil (YOKE)

apresenta uma baixa retentividade magnética (ex.: aços de baixo teor de carbono) ou naqueles onde o magnetismo residual não produz nenhum efeito negativo no posterior funcionamento da peça ou componente (ex.: uma solda num vaso de pressão).

Entretanto, há outros casos onde se torna absolutamente necessário a desmagnetização da peça, a saber:
- quando o magnetismo residual pode interferir nos seguintes processos posteriores:
  - solda: uma peça com alto magnetismo residual pode até desviar o arco de solda.
  - limpeza: uma peça com alto magnetismo residual pode ser difícil de limpar, já que será difícil remover eventuais partículas ou limalhas de material ferromagnético.
  - usinagem: uma peça com alto magnetismo residual poderá dificultar um processo de usinagem, já que os cavacos ficarão retidos entre a peça e a ferramenta, além do que diminui a vida útil da ferramenta.
  - pintura eletrostática: uma peça com alto magnetismo residual, poderá produzir uma cama desuniforme de tinta.

- Quando o magnetismo residual da peça interferir no bom funcionamento de instrumentos que funcionem por princípios magnéticos: este é motivo pelo qual toda peça ou componente de uma aeronave deve ser desmagnetizado antes de ser montada nela.
- Quando a peça faz parte de um outro componente ou equipamento móvel, e o magnetismo residual pode fazer com que eventuais partículas ou limalhas de material ferromagnético se aderam á peça, aumentando significativamente o desgaste: este é o motivo pelo qual toda engrenagem, biela, virabrequim e outros componentes rotativos devem ser desmagnetizados antes da montagem.
- Quando indicado em alguma norma ou procedimento.

O princípio utilizado na desmagnetização é submenter a peça à influência de um campo magnético que esteja continuamente invertendo sua direção e, ao mesmo tempo, diminuindo gradualmente sua intensidade até um valor igual a zero, como se indica na figura XVII.28.

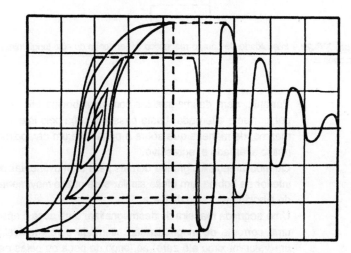

**Figura XVII.28 - Teoria de desmagnetização.**

A curva da direita representa a reversão e a regressão do campo magnético na peça, no instante em que a mesma é desmagnetizada. A curva da esquerda representa a curva de histerese magnética correspondente, durante a desmagnetização.

Na prática, existem várias alternativas para efetuar a desmagnetização de uma peça:

- A forma mais comum de desmagnetização é através de uma bobina alimentada por corrente alternada. Na figura XVII.29 se mostra a intensidade de campo magnético no eixo longitudinal da bobina: é máxima no centro da mesma e diminui até chegar a zero a uma certa distância de ambos os lados.

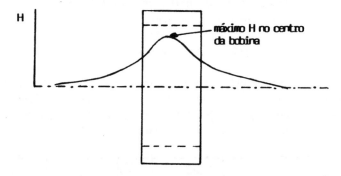

**Figura XVII.29** - Intensidade de campo magnético (H) ao longo do eixo longitudinal de uma bobina.

Portanto, para desmagnetizar com uma bobina alimentada por corrente alternada, basta passar a peça pelo interior da mesma, de maneira que sobre a peça atue um campo magnético alternado e regressivo.
Quando a peça for grande demais para se movimentar pelo interior da bobina, um efeito similar será obtido movimentando a bobina ao longo da peça.
- Uma segunda maneira de desmagnetizar uma peça é aplicar uma corrente de magnetização alternada e regressiva (de um valor máximo até zero) ao longo da peça ou pelas espiras de uma bobina mantida estacionária e que circunde total ou parcialmente a peça.
- Uma terceira maneira de desmagnetizar uma peça é por meio de um Yoke alimentado com corrente alternada. Neste caso, o Yoke deve ser aproximado e logo em seguida distanciado da área que se pretende desmagnetizar. Esta téc-

nica é recomendada para desmagnetizar áreas localizadas de estruturas, componentes ou equipamentos de grande porte.

É de importância ressaltar que o objetivo que se pretende atingir quando se desmagnetiza uma peça é diminuir o magnetismo residual até um nível aceitável, já que é quase impossível desmagnetizar totalmente uma peça, isto é, atingir um valor zero de magnetismo residual.

Não devemos esquecer de que o próprio magnetismo terrestre, em alguns lugares da terra atinge. um valor de até aproximadamente 0,5 Gauss.

Tem se demonstrado que um magnetismo residual ao redor de 6 Gauss não atrai diminutas limalhas de ferro, sendo, portanto, um nível aceitável para a maioria dos casos. Entretanto, este valor de 6 Gauss é elevado demais no caso de pistas de rolamentos, onde normalmente não se admite um magnetismo residual superior a 2 Gauss. O magnetismo residual pode ser controlado com um medidor de intensidade de campo magnético (figura XVII.30), com o qual se obtém medições quantitativas (em A/cm ou Gauss) ou ainda com um indicar de magnetismo residual (figura XVII.31) com o qual se obtém somente medições qualitativas (divisões de escala).

Figura XVII.30 - Medidor de intensidade de campo magnético.

Figura XVII.31 - Indicador de magnetismo residual.

# XVIII.0 O Ensaio Radiográfico Aplicado à Manutenção Industrial

**Luiz Mamede Gonzalez Magalhães**

## XVIII.10 - INTRODUÇÃO

Radiografia é um método de ensaio não-destrutivo que utiliza as radiações penetrantes X ou Gama. Sua aplicação industrial remonta da década de 20 com raios-X e da década de 30 com raios gama, caracterizando-se portanto em um dos mais antigos métodos de END. Hoje seguramente, é o método mais empregado a nível mundial e particulamente no Brasil, onde foi utilizado pela primeira vez em 1941, nas instalações do Arsenal da Marinha do Rio de Janeiro.

Dentre suas inúmeras vantagens, o ensaio radiográfico pode ser aplicado à maioria dos materiais metálicos e não-metálicos, revelando as condições internas de peças e componentes e provendo um registro permanente do ensaio.

Sua grande limitação está no fator segurança que não pode em nenhum momento ser negligenciado, sob pena de causar sérios danos à integridade física dos operadores e até mesmo do público em geral. Os regulamentos de segurança neste campo são ditados pela CNEN - Comissão Nacional de Energia Nuclear, e têm força de lei. Sua observância implica naturalmente em um aumento do custo do ensaio, pelo uso de equipamentos monitoradores da radiação, instalações especiais ou isolamento de áreas e pessoal qualificado.

Até há poucos anos atrás, podemos afirmar que o ensaio radiográfico era empregado, quase que exclusivamente, no exame de uniões soldadas e peças fundidas, em etapas **durante a fabricação.**

O desenvolvimento de isótopos radioativos artificiais, de fontes geradoras de raios-X de alta-tensão e equipamentos de raios-X com dimensões reduzidas, têm permitido estender a aplicação da radiografia industrial ao exame de componentes em serviço ou durante paradas programadas de manutenção.

O princípio que permite a aplicação de radiações penetrantes como um ensaio não-destrutivo é a **absorção diferencial** das mesmas pelas regiões do material radiografado. O contraste (diferença de densidade) produzido no meio de registro, e.g. um filme, entre a imagem de uma área contendo uma descontinuidade e a imagem de uma área isenta de descontinuidade permite ao observador distinguir a descontinuidade. A Figura XXI.01 exemplifica o mencionado, mostrando que diferenças de dimensão entre regiões adjacentes são também detectadas.

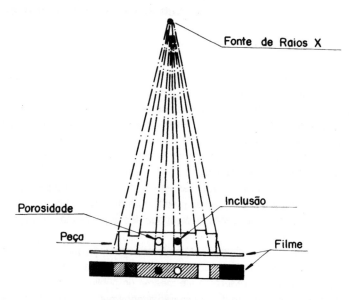

**Figura XVIII.01**

No próximo item descreveremos os princípios fundamentais e as principais técnicas utilizadas na radiografia industrial e a seguir abordaremos sua aplicação em inspeções de manutenção.

## XVIII.20 - PRINCÍPIOS E TÉCNICAS RADIOGRÁFICAS

**XVIII.20.10 - Princípio** - Uma fonte de radiação emite ondas eletromagnéticas de tal energia que uma parte delas atravessa a peça sob inspeção e provoca o efeito foto químico na emulsão fotográfica do filme ou fluorescência em uma tela fluorescente. Defeitos na peça aparecem por contraste fotográfico após processamento dos filmes.

# O ENSAIO RADIOGRÁFICO APLICADO À MANUTENÇÃO     673

Este contraste fotográfico é causado pela atenuação da intensidade da radiação de forma diferenciada na passagem através da peça sob inspeção.

**XVIII.20.20 - Fontes de Radiação** - Dois tipos de emissores de radiação são utilizados para a radiografia industrial:
- Aparelhos de Raio-X
- Radioisótopos, emissores de raios gama.

Nos dois casos, são emitidas ondas eletromagnéticas de comprimento de onda muito curto. Na escala das ondas eletromagnéticas, os raios-X e gama se situam antes da luz visível e a luz ultra-violeta, com comprimentos de onda entre 1 e 1/100 Å $(1Å = 10^{-10}m)$. Comparado com a luz visível as ondas são ao redor de $10^5$ vezes mais curtas e portanto bem mais energéticas $(E=hf)$. Os raios-X e gama são invisíveis e a propagação é em linha reta com a velocidade da luz. Não é possível desviá-los ou focalizá-los mediante lentes ou prismas; eles atravessam materiais opacos, ionizam a matéria e podem destruir células vivas.

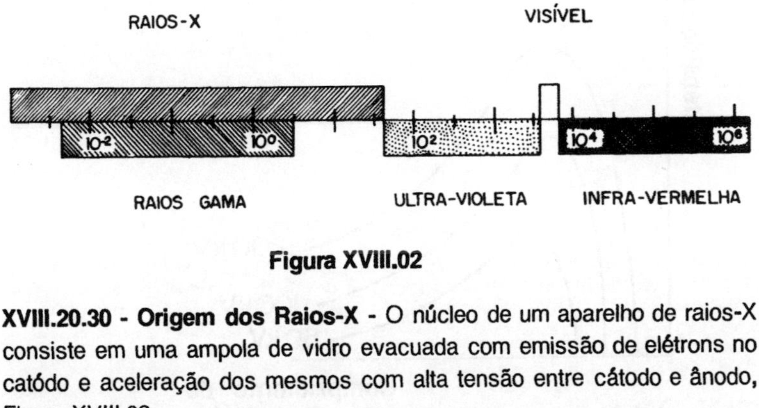

RAIOS-X                         VISÍVEL

RAIOS GAMA          ULTRA-VIOLETA     INFRA-VERMELHA

**Figura XVIII.02**

**XVIII.20.30 - Origem dos Raios-X** - O núcleo de um aparelho de raios-X consiste em uma ampola de vidro evacuada com emissão de elétrons no catódo e aceleração dos mesmos com alta tensão entre cátodo e ânodo, Figura XVIII.03.

No ânodo os elétrons colidem em alta velocidade com os átomos de tungstênio gerando raios-X e calor. Como curiosidade vale ressaltar que a uma tensão de 100 kV apenas 1% da energia sai em forma de raio-X e o resto em calor.

O espectro da radiação X é contínuo, Fig. XVIII.04. A intensidade é variável com a corrente que é medida em mA e a tensão de aceleração é medida em kV.

A energia, ou em outras palavras o comprimento mínimo de onda é variável apenas com a tensão.

Com estes dois parâmetros é possível variar a intensidade e também a qualidade de radiação dependendo do objeto a ser radiografado.

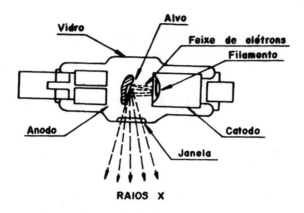

Figura XVIII.03

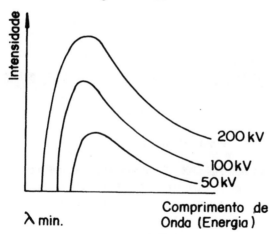

Figura XVIII.04

**XVIII.20.40 - Equipamento de Raio-X** - O equipamento de raios-X consiste num tubo de raios-X, os cabos de alta tensão, o transformador para alta tensão e o comando para regulagem de mA, kV e tempo de exposição. Existem vários tipos de tubos de raios-X, com feixe direcional ou panorâmico.

# O ENSAIO RADIOGRÁFICO APLICADO À MANUTENÇÃO

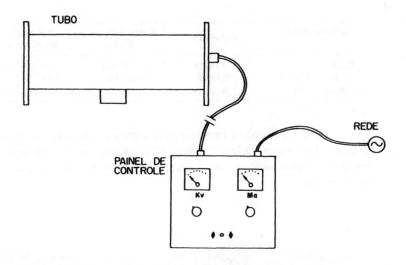

Figura XVIII.05 - Aparelho de Raios-X típico com mesa de controle.

**XVIII.20.50 - Radioisótopos** - A radiação gama tem sua origem nas transições entre os níveis energéticos dos núcleos de átomos instáveis. A maioria dos isótopos utilizados são ativados em reatores nucleares por bombardeamento com neutrons.

A radioatividade é definida pelo número de átomos que se desintegram por segundo. A unidade é o Curie. Num radioisótopo de 1 Curie se desintegram $37.10^9$ átomos por segundo.

O decaimento da radioatividade segue a lei exponencial:

$$A = A_o \; E^{-0,693 \, t/T}$$

onde: A : Atividade após t dias percorridos
Ao: Atividade no início
e : Base dos logarítmos neperianos
t : Tempo transcorrido entre A e Ao
T : Meia-vida (tempo necessário para que a atividade reduza-se a metade)

Ao contrário do espectro de energia dos raios-X ele é descontínuo no caso dos radioisótopos, consistindo de energias características de acordo com o tipo de cada um.

| Radioisótopos | Meia-Vida | Energia média MeV | Aplicação em aço mm |
|---|---|---|---|
| Irídio - 192 | 74 dias | 0,375 MeV | 5 - 75 mm |
| Césio - 137 | 33 anos | 0,66 Mev | 20 - 90 mm |
| Cobalto - 60 | 5,3 anos | 1,25 MeV | 30 - 150 mm |

O equipamento moderno para gamagrafia compõe-se de um recipiente blindado de Urânio exaurido para a fonte, um controle remoto mecânico ou pneumático e uma mangueira de extensão para posicionamento da fonte.

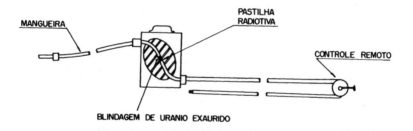

Figura XVIII.06 - Equipamento típico de Gamagrafia.

**XVIII.20.60 - Comparação entre os Equipamentos de Raios-X e Gamagrafia** - Como fatores vantajosos do equipamento de gamagrafia sobre os de raios-X, temos:

1. Peso mínimo, e.g., 20 kg para 100 Ci de Ir-192, o que facilita bastante o seu transporte.
2. Versatilidade, podendo ser posicionado em locais de difícil acesso.
3. Não necessita de energia elétrica, pré-aquecimento ou resfriamento, necessários nos aparelhos de raios X.
4. Manutenção: fácil de executar.
5. Posicionamento rápido do isótopo.
6. Radiação esférica: exposições panorâmicas.

Por outro lado enumeramos as seguintes desvantagens:
1. Desintegração dos isótopos o que exige a troca das fontes. Dependendo do local ou país onde não se produz isótopos

# O ENSAIO RADIOGRÁFICO APLICADO À MANUTENÇÃO

de alta atividade torna-se necessária sua importação o que encarece o método em referência.

2. Radiação fixa que não pode ser adaptada ao material e à espessura a ser radiografada para se obter contrastes ótimos.

3. Radiação não pode ser "desligada".

4. Intensidade varia com a atividade a qual decresce com o tempo implicando em tempos de exposições maiores.

**XVIII.20.70 - Detectores da Radiação - Filmes Radiográficos -** Os filmes radiográficos para radiografia industrial se compõem de um suporte de celulose ou poliéster, duas camadas de emulsão foto sensível de cristais de brometo de prata, duas camadas de proteção.

A granulometria dos cristais define a velocidade e qualidade da imagem. Assim, filmes com grãos pequenos são mais sensíveis a pequenos detalhes, porém exigem um tempo de exposição maior para obtermos uma dada densidade em comparação com filmes de grãos maiores.

A densidade do filme ou de seu grau e escurecimento é definida como:

$$D = \log Io/Ia$$

onde: D = densidade

Io = intensidade da luz antes de atravessar o filme

Ia = intensidade da luz após atravessar o filme.

Quando a luz é atenuada pelo filme por um fator 100 a densidade é de 2,0. O contraste no filme é definido como diferença de densidade entre dois pontos.

**XVIII.20.80 - O Processamento dos Filmes Radiográficos -** A imagem latente decorre da exposição que atinge as pequenas partículas de brometo de prata reduzindo-as à prata. Na revelação há uma redução seletiva dos cristais de brometo de prata para prata metálica preta.

As condições de revelação tem grande influência na qualidade de imagem do filme. Como para qualquer processo químico, os dois fatores temperatura e tempo precisam ser mantidos dentro de determinados limites.

**XVIII.20.90 - Telas Intensificadoras ou Écrans -** Junto com filmes radiográficos empregam-se dois tipos de telas intensificadoras com os seguintes objetivos:

– Intensificação do efeito foto-químico.

– Diminuição da radiação secundária ou espalhada.

# 678 TÉCNICAS DE MANUTENÇÃO PREDITIVA

Telas fluorescentes de sais têm apenas o primeiro efeito, a definição é diminuída, são pouco usados na radiografia industrial

Telas de chumbo de 0,02 a 0,1 mm de espessura são os mais indicados. Este tipo de telas intensificam o foto-efeito por fator 1 a 4 dependendo da qualidade da radiação; ao mesmo tempo elas retêm parcialmente a radiação secundária, que forma um véu no filme.

**XVIII.20.100 - Sensibilidade Radiográfica** - A percepção de detalhes nos filmes radiográficos - sensibilidade - é função do contraste radiográfico e da definição da imagem, os quais dependem de outos fatores como mostra a tabela:

| SENSIBILIDADE RADIOGRÁFICA | | | |
|---|---|---|---|
| **CONTRASTE RADIOGRÁFICO** | | **DEFINIÇÃO** | |
| CONTRASTE DO OBJETO | CONTRASTE DO FILME | FATORES GEOMÉTRICOS | FATORES DE GRANULAÇÃO |
| Afetado por: | Afetado por: | Afetado por: | Afetado por: |
| – Diferença de espessura | – Tipo de filme | – Tamanho da fonte | – Tipo de filme |
| – Qualidade da radiação | – Tempo de revelação | – Distância fonte-filme | – Tipo de écran |
| – Radiação espalhada | – Temperatura de reveção | – Distância objeto-filme | – Qualidade da radiação |
| Reduzido por: | – Agitação | – Contato entre écran e filme | – Revelação |
| – Máscaras | – Densidade | – Movimento relativo entre objeto, fonte, filme | |
| – Filtros | – Capacidade de revelação | | |
| – Écrans | | | |

**XVIII.20.110 - Indicadores da Qualidade da Imagem (IQI)** - Para o controle da qualidade da imagem radiográfica, as normas de execução de radiografia especificam tipos de IQI ou penetrômetros que constam de objetos com geometrias padronizadas. Estes são posicionados sobre a peça a ser radiografada de modo que a sua imagem possa ser analisada simultâneamente com a região de interesse da peça.

Os tipos mais empregados internacionalmente são os IQI ASME/ASTM e os do tipo DIN, Figura XVIII.07

O ENSAIO RADIOGRÁFICO APLICADO À MANUTENÇÃO 679

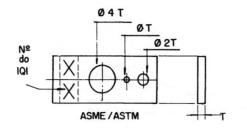 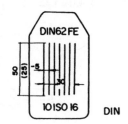

Figura XVIII.07

Ambos são confeccionados com material de absorção similar à peça radiografada. Seu projeto e seleção é função da espessura radiografada e são especificados pela norma correspondente.

Para os IQI ASME/ASTM a qualidade radiografada é determinada pela nitidez da imagem do contorno do IQI, pela observação do menor furo entre os três e pela definição da imagem global. No caso dos IQI DIN além da definição da imagem observa-se o arame de menor diâmetro que aparece na radiografia.

**XVIII.20.120 - Interpretação das Radiografias** - A avaliação das radiografias deverá ser feita em um negatoscópio de intensidade regulável e uniforme e que permita interpretarmos radiografias na faixa de densidade em que estamos trabalhando.

A sala em que é feita a avaliação deverá estar na penumbra.

A avaliação deverá ser iniciada pela verificação da qualidade da radiografia, após o que verificamos a existência de descontinuidades no material em que está sendo analisado.

Geralmente, a maior parte das descontinuidades se apresenta com maior densidade do que a região adjacente.

Os critérios de aceitação das descontinuidades detectadas são determinados pelas especificações de projeto e fabricação da peça radiografia.

**XVIII.20.130 - Técnicas de Exposição Radiográfica** - Damos a seguir as principais técnicas utilizadas na radiografia de peças e juntas soldadas, que são função da posição relativa entre a fonte, o objeto radiografado e o filme:

*XVIII.20.130.10 - Parede Simples Vista Simples (PS/VS)* - A radiografia atravessa uma parede e é analisada somente esta parede.

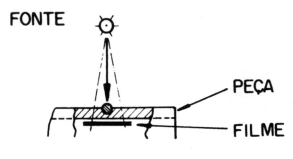

Figura XVIII.08

*XVIII.20.130.20 - Parede Dupla Vista Simples (PD/VS)* - A radiação atravessa duas paredes e é analisada somente uma das paredes.

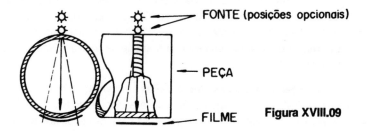

Figura XVIII.09

*XVIII.20.130.30 - Parede Dupla Vista Dupla (PD/VD)* - A radiação atravessa duas paredes e são analisadas as duas paredes ao mesmo tempo. No caso de cordões de solda a imagem radiográfica destes assemelha-se a uma elipse.

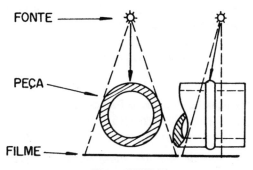

Figura XVIII.10

XVIII.20.130.40 - **Exposição Simples** - É exposto somente um filme por vez.

XVIII.20.130.50 - **Exposição Panorâmica** - É aquela em que a fonte é colocada no centro de curvatura da peça e os filmes ao redor da peça.

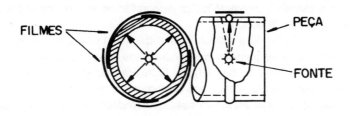

Figura XVIII.11

XVIII.20.140 - **Seleção das Técnicas** - Para a determinação da técnica radiográfica é necessário sabermos:

- Tipo e espessura do material a ser radiografado. Isto ajuda a definir, tipo de fonte, tipo de filme e distância fonte filme.
- Forma e acesso à peça a ser radiografada: com isto definimos a técnica a ser empregada (Ex. PS/VS, exposição panorâmica).
- Dimensões da Fonte.
  Determina a distância fonte filme mínima.
- Nível de Qualidade.
  Interfere na escolha da fonte, filme e distância fonte-filme.
- Norma de Execução.
  Determina o penetrômetro empregado, faixa de densidade requerida e identificação da radiografia.

XVIII.30 - **O ENSAIO RADIOGRÁFICO NA MANUTENÇÃO**

Consagrado com um dos métodos mais eficientes para a detecção de descontinuidades internas dos materiais durante sua fabricação,

# 682 TÉCNICAS DE MANUTENÇÃO PREDITIVA

o ensaio radiográfico mostra-se bastante útil também como ferramenta para o engenheiro de manutenção, no acompanhamento da vida útil de um componente ou sistema.

Diversos setores industriais tais como o petroquímico, químico em geral, siderúrgico, aeronáutico, naval, elétrico e também o da construção civil, vêm utilizando a radiografia para o auxílio na solução de problemas de funcionamento de seus componentes e especificando-a regularmente para manutenção, visto que fornece um registro permanente do ensaio que permite a comparação das radiografias de uma mesma região tiradas em épocas diferentes.

As técnicas radiográficas utilizadas na inspeção de fabricação em soldas e peças fundidas dos componentes são em sua maioria aplicáveis aos problemas de manutenção. Entretanto, devido à maior complexidade e condições de acesso aos componentes dentro de uma instalação industrial, cada setor apresenta suas peculiaridades e requer consequentemente um estudo preliminar para a definição da fonte de raios-X ou gama a empregar, da técnica a adotar, o que se espera detectar, critérios para interpretação da imagem radiográfica, resultando assim em uma especificação para o ensaio radiográfico para o problema do componente específico analisado.

Soldas de tubulações, vasos de pressão, bombas, tanques de armazenamento, comuns a diversos setores industriais; eixos e partes de turbinas de centrais geradoras de eletricidade; avaliação de espessura de tubos de perfuração, condução e exploração de petróleo, verificação de corrosão das armaduras e localização de defeitos de injeção de concreto em super-estruturas de concreto armado; soldas dos trens de pouso, fuselagem, pás de turbina, asas e câmaras de combustão de aeronaves, são algumas das aplicações da radiografia durante a manutenção.

De uma maneira geral podemos agrupar os problemas de manutenção comuns a alguns setores industriais, onde o ensaio radiográfico é aplicado, da seguinte maneira:

a) Exame de regiões ocultas ou inacessíveis a outros métodos de END, evitando desmontagem trabalhosas;

b) Comprovação de defeitos introduzidos nas últimas fases de fabricação, identificação de montagens defeituosas ou da presença de itens estranhos no interior dos componentes ou da falta de algum item essencial ao bom desempenho dos mesmos;

c) Detecção de trincas ou outras descontinuidades produzidas em serviço, de naturezas diversas, incluindo trincas de cor-

# O ENSAIO RADIOGRÁFICO APLICADO À MANUTENÇÃO

rosão; detecção de resíduos e incrustrações de origem estranha ao sistema, resultantes de condições ambientais ou operacionais, bem como a identificação de itens danificados no interior dos componentes;

A detecção de descontinuidades em geral pode vir a ser um problema de difícil resolução caso estas sejam do tipo lamelar, pequenas e muito fechadas, como por exemplo trincas de fadiga ou de corrosão sob tensão e deslocamentos de camadas de revestimento. A chance de detectá-las aumenta caso o feixe da radiação penetrante incida paralelamente à maior dimensão das mesmas.

Com isto reforçamos a importância do estudo prévio das condições operacionais do componente a ser ensaiado, para estabelecimento das regiões críticas, tipos de defeitos mais prováveis de ocorrer em serviço e suas orientações preferenciais, permitindo assim a elaboração de um procedimento confiável para a inspeção radiográfica;

d) Comprovação de desgastes e folgas causadas por atrito e de perdas de espessura resultantes de processo de corrosão ou erosão.

Com relação às técnicas radiográficas aplicáveis em ensaios de manutenção, não obstante à grande diversidade desenvolvida para atender problemas específicos, podemos em uma análise simplista, classificá-las segundo a posição ocupada pela fonte de radiação com relação ao componente a radiografar.

a) Fonte de radiação externa ao componente:

Em função das espessuras a serem atravessadas pela radiação e condições de exposição e do componente, recairemos em um das três técnicas apresentadas no item 2 deste capítulo: PS-VD ou PD-VD. Essas condições determinarão também o tipo de fonte a utilizar bem como o posicionamento do filme.Caso este deva ser colocado no interior do componente, em certos casos teremos de recorrer a artifícios e posicionadores especiais para sua correta colocação.

b) Fonte de radiação interna ao componente:

Geralmente a técnica adotada será a de PS-VS. Esta técnica de operação baseia-se principalmente na utilização de fontes de raios gama pela facilidade de introdução em espaços confinados e sua maior flexibilidade. Entretanto, por vezes a qualidade de imagem requerida obriga a utilização de raios-X, o que tem levado ao desenvolvimento de equipamentos de raios-X com dimensões reduzidas e focos da ordem de décimos de milímetro (micro foco).

**684** TÉCNICAS DE MANUTENÇÃO PREDITIVA

O uso de instrumentos que auxiliem o posicionamento da fonte no interior do componente a radiografar, geralmente faz-se necessário, o que no caso dos equipamentos de raios-X devido ao seu peso e fragilidade, normalmente torna-se um fator complicador do ensaio. Para ambas as técnicas descritas ou qualquer de suas variantes, deveremos preocupar-nos com a eliminação de obstáculos à radiação, ou seja, partes que possam confundir ou esmaecer a imagem radiográfica na região de interesse. Deste modo é aconselhável o esvaziamento do líquido no interior de tubulações, reservatórios, trocadores de calor, caso a radiação venha a atravessá-lo. Isolamentos térmicos devem preferivelmente ser removidos pois além de atenuar a imagem dão lugar a indicações semelhantes a porosidade em peças fundidas.

# XIX.0 Ensaios e Controles com Ultra-Sons

**L.X. Nepomuceno**

Os primeiros estudos sobre os ultra-sons remontam ao final do século passado, sendo descritas vários experimentos com quartzo por parte dos irmãos Curie. Tais experimentos levaram a produção dos ultra-sons, cuja evolução foi bastante lenta até a conflagração mundial 1939/1946. Os primeiros interessados eram professores e pesquisadores envolvidos com trabalhos acadêmicos e tutoriais, sendo seu interesse o fenômeno em si e não as eventuais aplicações. Durante o conflito 1914/1918, foi formada uma Comissão de cientistas dos países aliados, chefiados por Paul Langevin, com a incumbência, entre outras, de desenvolver um método ou processo que permitisse detetar a presença de um novo perigo, que era o "Uboat" ou submarino recém lançado pelos alemães. Os resultados dos trabalhos foi a deteção, em meados/final de 1918 de um objeto submerso localizado a uma milha da costa francesa. O método foi estabelecido e, com o término da guerra, os trabalhos foram interrompidos, permanecendo atividade especulativa todo e qualquer estudo ou atividade que envolvesse ultra-sons.

Na década dos vinte e início da dos trinta, apareceram trabalhos de grande valor publicados por Sokolov, tendo este cientista previsto, com detalhes impressionantes, o que era possível verificar com ultra-sons. Sokolov, além de vários métodos de processamento, previu a possibilidade de controle da qualidade de materiais, incluindo a deteção de descontinuidades, monitoramento das mesmas e até a identificação dos materiais através de ultra-sons. Infelizmente, os instrumentos disponíveis na época não permitiram que Sokolov obtivesse os resultados que previa. Os trabalhos permaneceram ainda durante longos anos como curiosidades de pesquisadores, aparecendo alguns métodos e processos de controle e ensaio com ultra-sons utilizando a técnica de transparência, com resultados sofríveis. Os trabalhos em processamento eram raros e com resultados bastante insatisfatórios, dado o desenvolvimento incipiente das técnicas disponíveis na ocasião.

686 TÉCNICAS DE MANUTENÇÃO PREDITIVA

Em meados do século passado, Joule descreveu pela primeira vez o efeito magnetostritivo, que permaneceu durante mais de meio século como curiosidade de laboratório. O mesmo passou a ser utilizado em várias aplicações de processamento (limpeza ultra-sônica) até meados da década dos cinquenta, quando foi substituido pelas cerâmicas ferroelétricas. Atualmente a magnetostrição é utlizada em alguns casos de controle e inspeção de materiais irregulares, como concreto. Na realidade, não há interesse na magnetostrição no que diz respeito aos trabalhos de controle e ensaios com ultra-sons, uma vez que as cerâmicas artificiais substituiram completamente tanto os materiais magnetostritivos quanto os cristais piezoelétricos.

O problema da inspeção ultra-sônica foi resolvido por Firestone em 1945, com a apresentação de seu Reflectoscope. Firestone utilizou o sistema de pulsos adotado no RADAR e, com isso, permitiu que fosse desenvolvido um método que hoje em dia é o utilizado normalmente nos trabalhos de ensaios e inspeções, que é o de ultra-sons pulsados ou pulso-eco.

## XIX.10 - FUNDAMENTOS DO MÉTODO DE ULTRA-SONS PULSADOS

Nos trabalhos de ensaios com ultra-sons, existem várias maneiras de apresentação dos resultados. Os modos de apresèntação são classificados como apresentação A, B, C, P, F etc., de conformidade com os tipos de apresentação descritos nas técnicas de RADAR. Normalmente o ensaio é executado com apresentação A. Nesta apresentação, o eixo horizontal é a escala do tempo e o eixo vertical a amplitude dos sinais. Como a' velocidade de propagação do som no material sob ensaio é constante (pelo menos assim é considerada) a escala horizontal é comumente calibrada em termos de distâncias, embora na realidade seja uma escala de tempo. O pulso emitido é lançado simultaneamente no transdutor e no receptor, e deve ser posicionado no ponto zero indicando o zero de aplicação do transdutor, início da peça. O pulso elétrico é convertido em pulso sônico pelo transdutor, percorre toda a peça e se reflete no final da mesma aparecendo na tela um pulso correspondente ao final da peça, chamado **eco de base** e a distância entre os dois é, exatamente, o comprimento da peça na escala de distâncias estabelecida na própria tela. Há a abertura do feixe sônico e, assim sendo, a zona coberta dependerá da distância a partir do transdutor, sendo a leitura feita sempre a partir do ponto zero. A Figura XIX.01 ilustra esquematicamente o processo de apresentação A, que é a mais simples e mais utilizada. A recepção do pulso pode ser apresentada

# ENSAIOS E CONTROLES COM ULTRA-SONS

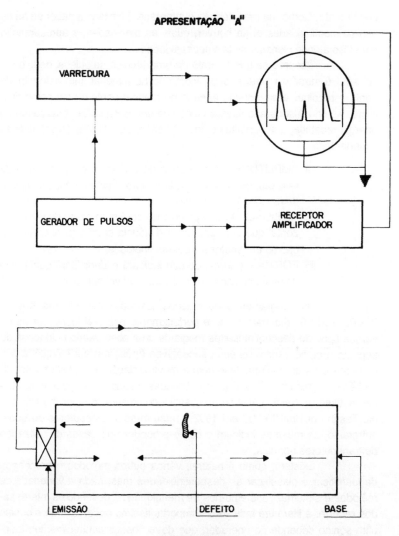

Figura XIX.01

sob a forma de pulso em rádio freqüência ou retificado, RF ou Vídeo, quando obtém-se informações que dependem do tipo. A recepção em RF fornece mais informações que a em Vídeo. Entretanto, a apresentação em vídeo é a mais comum, uma vez que os detalhes geralmente interessam a fins especulativos, sendo de interesse relativo no caso dos ensaios utilizados

# 688 TÉCNICAS DE MANUTENÇÃO PREDITIVA

comumente. Como, na manutenção o interesse é limitado a saber se há ou não descontinuidades e, se houver, quais as dimensões, a apresentação em vídeo atende plenamente tais necessidades.

Observe-se que se trata de uma técnica de pulsos, onde o importante é introduzir uma energia vibratória no material num determinado ponto e recolher essa mesma energia no mesmo ponto ou em ponto diferente. As conclusões são tiradas pelas diferenças que são observadas na energia recebida, que constitue o eco. O eco apresenta três características importantes:

i) AMPLITUDE - A amplitude do eco indicará qual a área de reflexão, ou seja, qual a área aproximada da descontinuidade responsável pelo eco.

ii) POSIÇÃO - O eco posicionar-se-á num ponto do eixo horizontal que corresponde à distância entre o local de aplicação do transdutor e a descontinuidade.

iii) FORMA - A forma do eco indicará e identificará qual o tipo de descontinuidade que é responsável pelo eco.

Os ecogramas esquemáticos ilustrados nas Figuras XIX.02, XIX.03 e XIX.04 mostram como é perfeitamente possível identificar os diversos tipos de descontinuidades mediante uma observação cuidadosa do aspecto e como variam os ecos sucessivos (múltiplos) e a envoltória dos ecos múltiplos de conformidade com a movimentação do transdutor em direções determinadas. Tais figuras publicadas originalmente pelo International Institute of Welding, IIW no manual "Recommendations for the Ultrasonic Testing of Butt Welds" em 1982 e referem-se a transdutores oblíquos; entretanto, as mesmas indicam o como proceder nos casos de utilização de transdutores normais.

Existem, como é natural, vários outros métodos e processos de identificar e classificar as descontinuidades mas, dada a variedade de métodos e sistemas, abstemo-nos de mencioná-los, devendo os interessados recorrer à literatura indicada. É importantíssimo observar que o ensaio ultra-sônico depende do operador, que deve possuir conhecimentos teóricos amplamente satisfatórios, associados a uma prática de longo período em campo. Embora existam hoje em dia sistemas computadorizados que oferecem amplas garantias, na manutenção o processo utilizado é o manual, sendo inviável a aplicação dos processos automáticos comuns nas linhas de produção. Por tal motivo, cada indústria deve possuir e treinar seu próprio pessoal para fornecer à manutenção os elementos necessários a uma atuação satisfatória.

# ENSAIOS E CONTROLES COM ULTRA-SONS

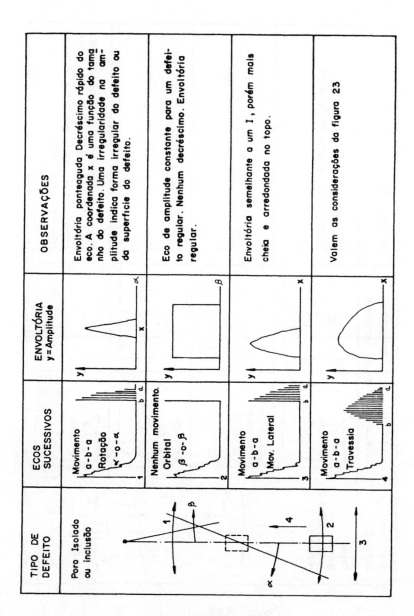

**Figura XIX.02**

# TÉCNICAS DE MANUTENÇÃO PREDITIVA

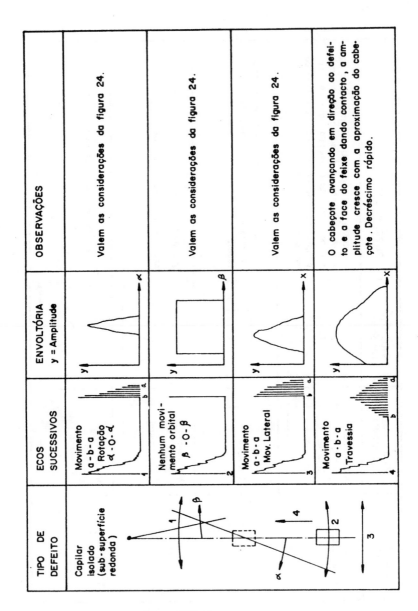

Figura XIX.03

# ENSAIOS E CONTROLES COM ULTRA-SONS 691

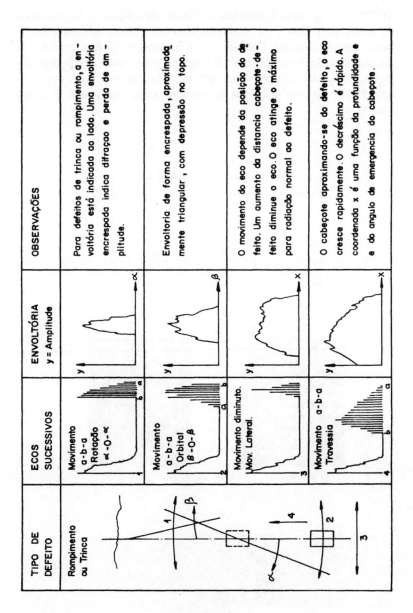

**Figura XIX.04**

**XIX.10.10 - Aspectos Essenciais do Teste Ultra-sônico -** Na execução do ensaio ultra-sônico, há necessidade da observância de certos pontos que o tornam confiável. Convém que o operador tenha à disposição um dispositivo qualquer que permita o registro das observações, de preferência registro fotográfico do ecograma, com indicações da peça, data, etc. A Figura XIX.05 ilustra o ecograma referente ao ensaio da aderência de um mancal.

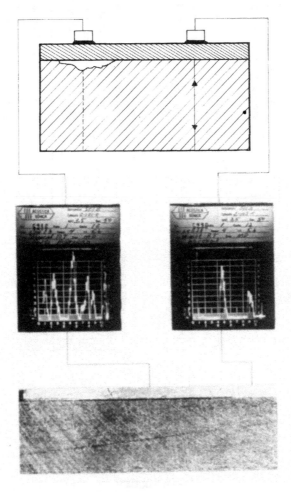

**Figura XIX.05**

# ENSAIOS E CONTROLES COM ULTRA-SONS

a) **Condições da Superfície da Peça** - Para que seja introduzida eneria sônica numa peça, há necessidade de um acoplamento ótimo entre o transdutor que gera a vibração e a peça em questão. No caso ideal, o acoplamento consistiria em cimentar o transdutor na superfície da peça, fazendo com que as superfícies do transdutor o da peça coincidam. Como tal prática é absurda, deve ser procurado um meio para que as duas superfícies coincidam. Isto é conseguido com "acopladores" como veremos adiante. Para uma inspeção ou ensaio totalmente confiável, seria necessário que as peças a inspecionar tivessem suas superfícies retificadas e polidas, o que obrigaria a usinagem total das peças, perfeitas ou contendo descontinuidades, para depois executar o ensaio e separar as inaceitáveis, perdendo-se, dessa maneira, o serviço de usinagem, inutilizando as finalidades do ensaio não destrutivo. Nessas condições, devem ser tomadas várias precauções, com a finalidade de possibilitar a inspeção em estágio o máximo possível anterior ao acabamento de usinagem.

Em vários casos há necessidade de inspecionar superfícies pintadas ou contendo óxidos ou compostos isolantes, o que impede o uso de cabeçotes normais pela falta do segundo eletrodo. Nesses casos, deve ser usado um cabeçote protegido e, na ausência deste, é possível realizar a inspeção com um cabeçote normal, bastando para isso interpor entre o cabeçote e a peça em exame, uma lâmina delgada de metal (cobre, latão, etc.). Nesses casos, é importante observar que há necessidade de uma película de óleo em ambas as faces da lâmina, sem o que não haverá acoplamento adequado.

Muitas vezes, dada uma peça a inspecionar, o operador deverá escolher cuidadosamente, a superfície mais adequada, levando em consideração a direção de radiação e o tipo de exame a ser realizado. Em não poucos casos, a simples escolha da superfície demanda tempo superior àquele necessário para a inspeção propriamente dita. Baseado em tais motivos é que o operador deve ser informado, na medida do possível, qual ou quais os tipos de defeitos prováveis e a sua localização aproximada. Como é óbvio, o operador deverá ter conhecimentos rudimentares de metalurgia e ser informado, previamente, quanto ao tamanho mínimo do defeito a ser detetado. Tomando-se tais providências, há, é verdade, um procedimento prévio exagerado mas tal procedimento evita um trabalho inútil e dispendioso durante a inspeção.

# 694 TÉCNICAS DE MANUTENÇÃO PREDITIVA

Com uma superfície plana e polida, é possível enviar e receber a energia ultra-sônica com grande eficiência, sendo possível detetar defeitos com área normal da ordem de 1 mm$^2$ a distâncias que variam de 50 a 500 mm. Tais defeitos são de área da ordem de grandeza dos microcristais, motivo pelo qual há grande limitação na freqüência a ser utilizada, que passa a ser uma função não somente do diâmetro do defeito a detetar como ainda do diâmetro dos microcristais. Verificaremos oportunamente a influência do diâmetro dos microcristais na escolha da freqüência. Como é natural, é bem pouco comum o aparecimento de superfícies como a descrita. Há necessidade de realizar um acabamento inicial da superfície somente em casos extremos como, por exemplo, quando há necessidade de detetar defeitos com áreas da ordem de 1 mm$^2$ e nas proximidades da superfície a profundidades de talvez até 10 mm. Nesses casos, a intensidade do pulso de emissão deve ser a menor possível, com o intuito de aplicar à peça um pulso estreito.

Quando a intensidade do pulso sônico é grande, a largura do mesmo é apreciável, o que torna o amplificador bloqueado durante um tempo excessivamente longo, possivelmente superior àquele que o pulso leva para ir até o defeito e voltar. Com um contato "perfeito", há grande amortecimento do quartzo, o que contribue para diminuir o tempo morto, dando um tempo de emissão bastante estreito, a par de uma amplitude apreciável no pulso.

b) **Campo Próximo e Campo Distante** - Para facilitar os cálculos e as considerações envolvidas na radiação, propagação, reflexão, difração, etc., do feixe sônico, supõe-se sempre que a superfície radiadora do transdutor seja análoga a do pistão vibrante, ou seja é análogo a um disco com diâmetro igual a do próprio transdutor e que oscila simultaneamente em todos seus pontos. Com isso, tomando-se a radiação como a oriunda de um pistão ideal num abafador infinito, ter-se-á uma radiação assemelhada à ilustrada na Figura XIX.06. Podemos decompor a radiação da superfície numa série de fontes de Huyghens, estando na figura somente três fontes indicadas por S. É óbvio que os percursos de $S_i$ até o ponto P é diferente dos até o Ponto P'. Há, então, o fenômeno chamado **campo próximo**, no qual existe interferência destrutiva entre os diversos componentes da vibração, dependendo das distâncias entre o ponto em consideração e o ponto na superfície do transdutor. Com isso, no eixo do disco a interferência é construtiva,

ENSAIOS E CONTROLES COM ULTRA-SONS 695

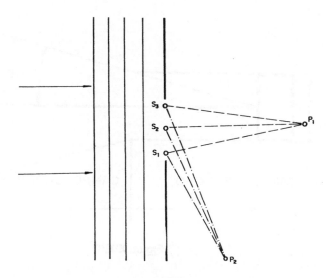

**Figura XIX.06**

havendo soma das radiações, uma vez que todas chegam com mesma fase e zonas de interferência destrutiva, quando as radiações chegam em oposição de fase, Analogamente, ter-se-á interferência até que a distância entre o transdutor e o ponto em consideração seja praticamente a mesma, com diferenças irrelevantes. A partir desse ponto tem-se o chamado **campo distante**. Como o feixe sônico se abre, a exemplo da luz emitida por uma lanterna, existe aquilo que é denominado **ângulo de abertura do feixe**, ilustrado na Figura XIX.07.

Para finalidades de cálculos, as expressões seguintes dão os valores do ângulo de abertura do feixe e da distância entre a superfície do transdutor e o final do campo próximo no material:

$$\text{sen } \alpha = \frac{3,83}{ka} = 0,61 \frac{\lambda}{a}$$

onde $\quad k = \dfrac{2\pi f}{c} = \dfrac{\omega}{c} = \dfrac{2\pi}{c} \quad$ e $\quad 2a$ = diâmetro do transdutor

$$L_p = \frac{a^2}{\lambda} = \frac{a^2 f}{c}$$

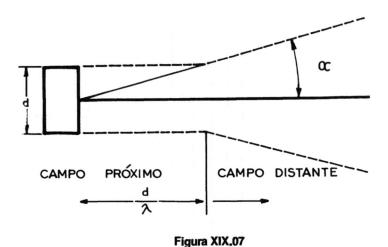

Figura XIX.07

Quando se ajusta o instrumento de tal maneira que se obtem na tela uma série de ecos chamados **ecos múltiplos,** a Figura XIX.08 ilustra a variação da amplitude A em função do número de ecos múltiplos n. No campo próximo o valor da amplitude é estável, cresce ao se aproximar do campo distante e então cai aproximando-se assintoticamente do valor indicado na própria figura.

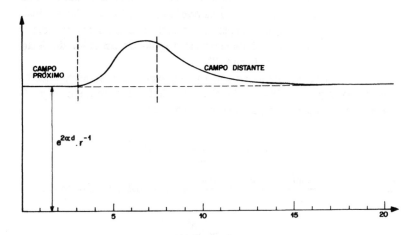

Figura XIX.08

# ENSAIOS E CONTROLES COM ULTRA-SONS

**c) Propagação, Reflexão, Refração, Dispersão, Alteração de Modo no Contorno** - As ondas ulta-sônicas, a exemplo dos fenômenos vibratórios, podem se apresentar de duas maneiras primárias: Ondas longitudinais, quando o movimento das partículas coincide com a direção de propagação da perturbação e ondas transversais, quando as partículas se movimentam no sentido normal ao sentido de propagação da perturbação. Esses dois são os tipos primários ou fundamentais. Existem várias combinações de ondas longitudinais e transversais, originando ondas do tipo Lamb, Rayleigh, torsão, flexão, superficiais, etc. A Figura XIX.09 ilustra resumidamente os tipos mais comuns de ondas ultra-sônicas com as velocidades respectivas, já que cada tipo se propaga com uma velocidade que depende somente do meio material onde se propagam.

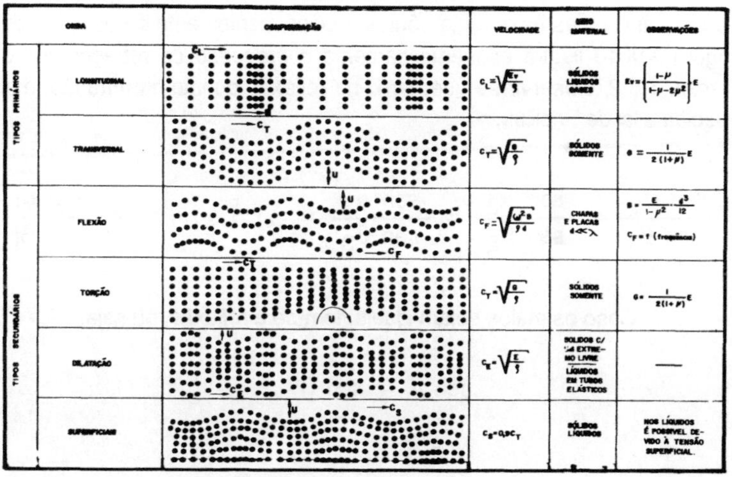

**Figura XIX.09**

O campo sônico é descrito pela velocidade de propagação, rapidez, pressão (ou tensão mecânica nos sólidos) e tipo de perturbação, se longitudinal ou transversal. É bastante conhecido o fenômeno de reflexão luminosa; quando um feixe de luz incide sob um ângulo com a normal a uma superfície, o raio se reflete em parte e em parte se transmite ao se-

**698** TÉCNICAS DE MANUTENÇÃO PREDITIVA

gundo meio, fazendo um ângulo diferente do ângulo de incidência. São os fenômenos de reflexão e refração. De maneira análoga, o feixe sônico ao incidir num meio de impedância acústica específica diferente (definida pelo produto densidade x velocidade de propagação) há uma reflexão e uma transmissão e a quantidade de energia que é refletida ou transmitida depende da relação das impedâncias acústicas específicas de ambos os meios. Dois meios de impedâncias acústicas $Z_1$ e $Z_2$ dão origem a uma reflexão r e uma transmissão τ dadas pelas expressões

$$r_l = \left[\frac{Z_1 - Z_2}{Z_1 + Z_2}\right]^2 \qquad r_p = \frac{Z_1 - Z_2}{Z_1 + Z_2}$$

$$\tau_l = \frac{4 Z_1 Z_2}{(Z_1 + Z_2)^2} \qquad \tau_p = \frac{2 Z_2}{Z_1 + Z_2}$$

As expressões mostram que dois materiais quaisquer refletem e refratam a mesma energia sônica, independentemente de onde incide. A figura XIX.10 ilustra esquematicamente o processo de refração em dois meios 1 e 2. Observe-se que, tanto na reflexão quanto na refração, é obedecida a lei de Snellius,

$$\frac{sen\ \alpha_1}{sen\ \beta_1} = \frac{sen\ \alpha_2}{sen\ \beta_2} = \frac{sen\ \alpha_3}{sen\ \beta_3} = \cdots\cdots\cdots = \frac{sen\ \alpha_i}{sen\ \beta_i}$$

Caso os meios sejam iguais, tem-se a reflexão, ou seja,

$$sen\ \alpha = sen\ \beta$$

$$\alpha = \beta$$

Quando o som se propaga num meio ilimitado e isótropo, as ondas se propagam em linha reta, a exemplo das ondas liminosas. Quando há obstáculos no percurso, dependendo das dimensões de tais obstáculos, ocorrerá o fenômeno da difração, reflexão ou espalhamento. Quando o obstáculo é muito maior que o comprimento de onde tem-se a reflexão. Quando muito menor que o comprimento de onde tem-se o espalhamento, a exemplo das ondas luminosas. A figura XIX.11 ilustra esquematicamente o fenômeno da difração.

# ENSAIOS E CONTROLES COM ULTRA-SONS

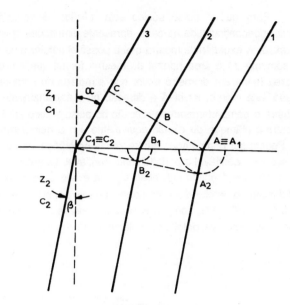

**Figura XIX.10**

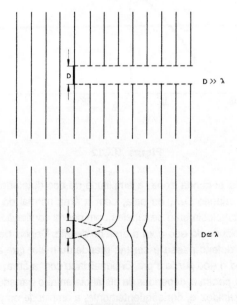

**Figura XIX.11**

Para que o pulso sônico seja refletido, é necessário que o obstáculo, descontinuidade no caso, apresente dimensões aptas a originar a reflexão. A experiência mostra que é possível detetar uma descontinuidade somente se a área normal da mesma for tal que um círculo de mesma área tenha um diâmetro maior que a metade do comprimento de onda. Caso seja menor, ter-se-á a difração ou o espalhamento. A figura XIX.12 ilustra o comportamento da reflexão do pulso sônico em função da relação entre o diâmetro do círculo equivalente e o comprimento de onda utilizado. Podem ser constatadas quatro zonas no gráfico, nas quais a deteção passa de inconfiável a perfeitamente confiável. Quando D/λ é muito menor que 0,5, não é obtida indicação alguma e não é possível detetar o defeito. Admitindo o defeito, suposto normal ao raio sonoro e de raio menor que λ/4, i. é, D <<< λ/2, com dimensões superiores a 1 mm para ser rejeitado, deve ser detetável defeito com diâmetro até 1 mm.

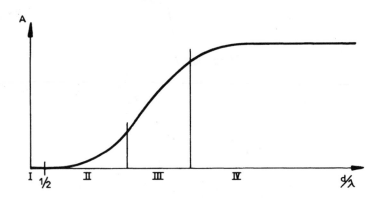

**Figura XIX.12**

Na segunda zona, a amplitude do eco detetado cresce com o quadrado da relação D/λ, ou seja, com a área normal do defeito, sendo possível o estabelecimento de tabelas com pouca confiabilidade e que relacionam a amplitude do eco com a área do defeito. Depois de um certo ponto, a área do defeito passa a ser tão grande ou maior que a área do feixe sônico e então o eco perde a proporcionalidade com a área, uma vez que a sua amplitude passa a depender da distância entre o transdutor e o defeito, diminuindo a rapidez e, conseqüentemente, a amplitude do pulso recebido, em função da atenuação do som no material.

Quando a energia sônica incide numa superfície segundo um ângulo, aparece uma vibração transversal, uma vez que as partículas são excitadas longitudinal e transversalmente. A tabela da Figura XIX.09 mostra que as ondas transversais tem uma velocidade de propagação menor e, assim sendo as mesmas são refletidas sob um ângulo menor que as ondas longitudinais.

A Figura XIX.13 ilustra um caso genérico de incidência de uma onda longitudinal e as possíveis componentes que aparecem por reflexão e refração. A figura inferior ilustra o mesmo fenômeno para a incidência de uma onda transversal. É possível calcular as amplitudes e os ângulos das ondas refratadas e refletidas, bastando para isso manter as grandezas físicas constantes, tais como momento e rapidez, decomposta em suas componentes horizontal e vertical.

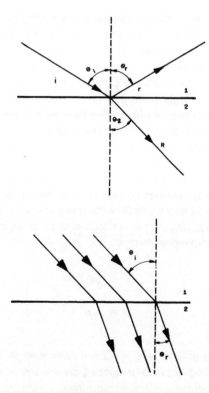

**Figura XIX.13**

**702**  TÉCNICAS DE MANUTENÇÃO PREDITIVA

Teoricamente, é possível calcular a pressão do som e a intensidade no caso de conversão de modo num contorno qualquer para incidência oblíqua, já que não há conversão na incidência normal. Já verificamos que os transdutores respondem à rapidez $u$, i.é., respondem à pressão e não à intensidade.

Como

$$p = \sqrt{2 \rho c_i}$$

podemos calcular a variação observada na pressão do pulso sônico quando o mesmo passa de um meio de impedância $Z_1$ a um meio de impedância $Z_2$. Os interessados em maiores detalhes devem recorrer à literatura recomendada.

d) **Absorção e Atenuação da Radiação Sônica** - O exposto até o presente admitiu que a radiação sônica se propagasse num meio elástico e homogêneo, com as partículas indistinguíveis entre si. Os átomos e moléculas oscilam entorno suas posições de equilíbrio sem perdas, adquirindo energia cinética devido ao movimento das partículas adjacentes e provocadas pela perturbação, transformando tal energia em energia potencial que é armazenada nas forças elásticas e, conforme Hook, oscilam pela troca entre as duas energias.

Nos casos reais, as trocas de energia são apreciáveis por se darem com perdas devidas ao atrito viscoso, atrito interno, condutibilidade e transformação da energia cinética em energia térmica. Tem-se o **coeficiente de absorção,** definido como o logarítmo da variação da intensidade por unidade de comprimento de onda,

$$I = I_0 e^{-\chi x}$$

$$p = p_0 e^{-\alpha x}$$

As grandezas $\zeta = \chi/2$ e o coeficiente de absorção dependem do meio e da freqüência. A grandeza $\zeta$ cresce linearmente com a freqüência sendo as perdas devidas ao atrito interno e viscoso. Quando o comprimento de onda se aproxima do diâmetro dos grãos, aparece o fenômeno do

# ENSAIOS E CONTROLES COM ULTRA-SONS

espalhamento e difração, passando a absorção a crescer com a quarta potência da freqüência. O termo correto, no caso, é **atenuação** e não **absorção.** Na prática é comum o uso do coeficiente de absorção por comprimento de onda

$$\beta = \alpha\lambda = \frac{\alpha c}{f}$$

e o coeficiente de atenuação de energia por comprimento de onda

$$D = \frac{I_o - I}{I} = 1 - e^{-2\beta}$$

Krautkrämer   No caso geral, é utilizada a expressão seguinte, sugerida por

$$\alpha = \alpha_a + \alpha_b$$

onde $\alpha_a$ é a absorção e $\alpha_b$ a atenuação devida ao espalhamento, difração e outros fenômenos físicos.

**e) Granulação do Material e Escolha da Freqüência** - No item c) foi informado que a detecção de uma descontinuidade exige a utilização de freqüência cujo comprimento de onda seja tal que a relação entre o diâmetro da mesma e o comprimento de onda de freqüência utilizada seja igual ou preferivelmente maior que um meio. Utilizam-se freqüências diversas conforme o caso em questão. Comercialmente, utilizam-se freqüências que vão de 100 kHz a 20 MHz para a inspeção ultra-sônica. A escolha da freqüência adequada dependerá em grande parte da experiência do operador mas existem algumas regras que se aplica a um grande número de casos e que passaremos a expor.

Como o meio deve ser contínuo, as imperfeições devem ser inferiores a $\lambda/4$ para que o espalhamento e a dispersão do feixe sônico não dêem origem a distúrbios com interpretações dúbias. Nessas condições, dada a estrutura microcristalina dos materiais, é necessário realizar a inspeção com freqüências tais que o seu comprimento de onda seja superior quatro vezes o valor $\lambda/4$, já que no momento que o diâmetro de microcristal

**704** TÉCNICAS DE MANUTENÇÃO PREDITIVA

for do tamanho da ordem de λ/2, haverá reflexão. Assim sendo, a escolha da freqüência passa a ser uma função do material, uma vez que as altas freqüências são não somente espalhadas como ainda fortemente absorvidas nos materiais de granulação grossa. Nos casos mais comuns de ferro e aço fundidos, a absorção é excessiva, impedindo que seja sequer obtido o eco de base para espessuras relativamente curtas. Os ecogramas ilustrados na Figura XIX.14 mostram o mesmo ecograma de uma mesma peça inspecionada com três freqüências diferentes e com o mesmo ajuste dos pulsos de emissão e amplificação do receptor, ou seja, para a mesma condição de energia sonora incidente. Os ecogramas ilustram de maneira clara a influência da freqüência na inspeção. Além disso, é importante observar que devem ser usadas freqüências baixas quando a profundidade de inspeção é superior a 1 m ou quando as ondas não se propagam de maneira conveniente, principalmente quando a peça não é usinada completamente ou quando contém sinuosidades que podem dar origem a ecos de interpretação duvidosa. É preciso considerar que, quando a superfície é bem acabada, é possível inspecionar com ondas superficiais distâncias até 10 m com ondas de 2 MHz. Como os transdutores de altas freqüências apresentam um grande enfeixamento, é possível a deteção de defeitos com grande precisão, o que aconselha o uso de freqüências elevadas. Entretanto, tal é possível somente nos materiais de granulação fina e de baixo coeficiente de absorção.

f) **Acoplamento e Acoplador** - Na propagação dos fenômenos vibratórios entre meios distintos, aparece sempre o fenômeno de reflexão, transmissão e refração como vimos no item c). A reflexão e transmissão depende das impedâncias acústicas características de ambos os meios, aparecendo o chamado índice de refração,

$$n = \frac{Z_1}{Z_2}$$

Para que a energia sônica seja introduzida num material, aço por exemplo, parte-se de uma cerâmica ferroelétrica, que é o elemento ativo dos transdutores, que apresenta uma impedância da ordem de $14,5.10^6$ kg/m$^2$.s para o aço cuja impedância se situa no entorno de $46,7.10^6$ kg/m$^2$.s. Obviamente, a energia sônica será praticamente refletida na interface, principalmente se permanecer uma película de ar, cuja impedância

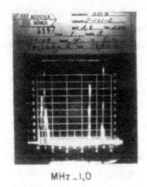
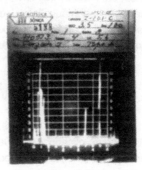

MHz_1,0   MHz_2,25

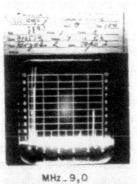

ABSORÇÃO DO PULSO SÔNICO EM FUNÇÃO DA FREQUÊNCIA.

material_aço forjado

MHz_9,0

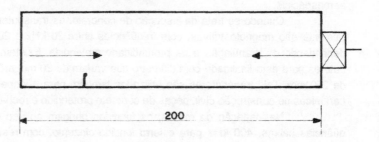

**Figura XIX.14**

706 TÉCNICAS DE MANUTENÇÃO PREDITIVA

característica é da ordem de 420. Para que a energia gerada pelo transdutor seja introduzida no aço, há necessidade de interpor, entre as duas superfícies, um material que forneça um casamento aceitável de impedâncias, mateial esse chamàdo "acoplador" e o processo é denominado de "acoplamento". Teoricamente, a impedância do acoplador deve ser igual à raiz quadrada do produto das impedâncias dos dois meios envolvidos ou seja,

$$Z_a = \sqrt{Z_1 Z_2}$$

Nos casos práticos, é utilizado como acoplador óleo, graxa, vaselina, água, glicerina, etc. Os inspetores experimentados utilizam sempre uma pasta constituída por pó de celulose em água, formando um "mingau" consistente que, além de manter limpos os cabos, as peças etc., dão acoplamento ótimo. Tal pó de celulose nos casos práticos é substituído por cola de papel de parede, com resultados amplamente satisfatórios, associado a um custo relativamente reduzido.

Quando se pretende utilizar transdutores especiais que geram ondas transversais nas superfícies onde são aplicados, o uso de acoplador é inviável (os líquidos e pastas não admitem tensões transversais) e então há necessidade das superfícies serem retificadas e polidas.

**XIX.10.20 - Equipamentos Comerciais. Transdutores** - São encontradiços no mercado mundial uma série apreciável de transdutores, com dimensões variando desde $\varnothing$ 0,5 mm até cerca de 100 mm, com freqüências que variam de 20 kHz até 20 MHz. As freqüências mais baixas são utilizadas na inspeção e controle de materiais inhomogeneos, como concreto, rocha, solos, etc. e as mais altas são utilizadas em aeronáutica e dispositivos aeroespaciais.

Quando se trata da inspeção de concreto, os transdutores geralmente são magnetostritivos, com freqüências entre 20 kHz e 200 kHz dependendo da granulação e da profundidade pretendida. Existem transdutores para esta finalidade com diâmetro que variam de 20 mm até cerca de 250 mm. Tais transdutores são utilizados também para a inspeção de cerâmicas de construção civil, peças de concreto protendido e rochas.

Na inspeção de metais, os fundidos obrigam ao uso de freqüências baixas, 400 kHz para o ferro fundido cinzento, com resultados sofríveis, até 5 MHz para forjados especiais e 10 MHz para alumínio qualidade aeronáutica. As freqüências mais comuns se situam entre 1.0 MHz e

# ENSAIOS E CONTROLES COM ULTRA-SONS

5.0 MHz sendo a freqüência de 2.25 MHz a praticamente estabelecida nas especificações referentes ao ensaio de soldagens, chapas de aço e dispositivos assemelhados.

Os transdutores podem ser normais, nos quais a radiação é executada em ângulo reto com a superfície de aplicação, fazendo ângulo nulo com a normal ou transdutores oblíquos, com ângulos de emergência no metal entre $35^{\circ}$ e $80^{\circ}$, com freqüências entre 1.0 MHz e 10 MHz. Existem várias indústrias dedicadas à fabricação, desenvolvimento e venda de instrumentos destinados à inspeção e ensaio ultra-sônico. Os interessados devem entrar em contato com os fabricantes, estando uma lista dos mais conhecidos anexada à leitura recomendada.

## XIX.20 - INSPEÇÃO E CONTROLE ULTRA-SÔNICO DE SOLDAGENS

A inspeção de soldagens é um campo onde os ultra-sons apresentam resultados superiores aos demais métodos conhecidos, na grande maioria dos casos. Existem vários tipos de soldagens, mas, em todos eles, é possível obter resultados excelentes com a inspeção ultra-sônica, bastando para isso que o operador esteja devidamente instruído e que possua um treino adequado. Existe no momento equipamento automático para verificação contínua de peças e componentes de uso quotidiano, tais como trilhos de estrada de ferro, tubos soldados em espiral ou longitudinalmente, varetas com soldagem de topo, etc., havendo possibilidade de registro gráfico de toda a inspeção. Existem equipamentos automáticos que permitem não só acionar um alarme (sonoro ou luminoso) quando aparece um defeito, como ainda operar pistolas acionadas a ar comprimido que localizam a zona de defeito por meio de pintura adequada. Não discutiremos tais equipamentos especiais, uma vez que estamos interessados nos princípios fundamentais do processo e a sua prática em aplicações comuns, sem considerarmos a automatização do sistema. Os interessados nos sistemas automáticos devem recorrer à vasta gama de catálogos distribuídos pelos fabricantes.

Existem vários tipos de soldagens a arco elétrico mas, os tipos mais comuns são as soldagens do tipo V e as do tipo X ou duplo V. A rigor, a inspeção de tais soldagens deve ser realizada com cabeçote a ângulo, utilizando os dispositivos de localização de defeitos ou o sistema de dois cabeçotes. Veremos tais detalhes oportunamente.

Os cabeçotes normais permitem uma inspeção da soldagem quando o rastreio da soldagem é esmerilhado ou quando a forma da peça permite a aplicação do cabeçote de modo tal que o feixe sônico tenha acesso diretamente à região soldada.

Em muitos casos a soldagem é feita com uma das chapas a 180º com a outra, sendo soldagem de topo. Se a superfície externa for lisa, é possível a inspeção com cabeçotes normais para chapas com bitola até 10 mm. Quando a bitola é superior a 15 mm, nem sempre a soldadura atinge o meio da chapa e há dificuldade em realizar a inspeção, pelas dificuldades de radiar convenientemente. A Figura XIX.15 ilustra vários tipos de soldagem, a localização do cabeçote e o ecograma obtido comumente.

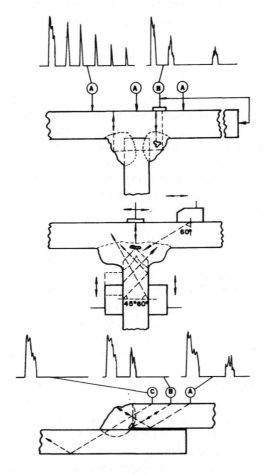

**Figura XIX.15**

# ENSAIOS E CONTROLES COM ULTRA-SONS

No caso de tubos ou chapas chanfradas soldadas a arco, não há concorrente para inspeção ultra-sônica, desde que sejam utilizados cabeçotes a ângulo. É importante observar que a designação **chapas chanfradas** indica tão somente a forma da soldadura, sendo indiferente se a união é realizada a arco elétrico, oxi-acetilenio, brazagem, soldagem contínua ou a pontos, solda ultra-sônica etc.

Para a inspeção de uma soldagem, o feixe sônico deve cobrir totalmente a região, de alto a baixo. Para isso, o cabeçote deverá ser colocado a uma distância conveniente do cordão de soldagem e realizar movimentos de zig-zag para que o feixe sônico cubra a região soldada.

A Figura XIX.16 ilustra o percurso adequado para o cabeçote, assim como o corte transversal ilustrando o percurso sônico nas diferentes posições do cabeçote. Em linha gerais, as regras para a inspeção das soldagens são as seguintes:

I) Marcar a giz, paralelamente ao cordão de soldagem, duas retas, a primeira correspondente a meio pulo e a outra a um pulo e meio.

II) A partir de um dos cantos da chapa, movimentar o cabeçote em movimento de zig-zag de maneira a fazer com que o cabeçote toque alternadamente numa reta e na outra.

III) Durante o movimento de zig-zag, dar ao cabeçote um ligeiro movimento de bamboleio no eixo vertical.

A sensibilidade do pulso de emissão, assim como a amplificação do receptor devem ser ajustados por meio de um defeito conhecido. É aconselhável possuir um padrão de mesma espessura da chapa em inspeção, contendo um defeito conhecido. A amplitude do eco de tal defeito deve ser feito igual a 100%, i.é., a sua amplitude deve atingir a divisão máxima da tela do tubo de raios catódicos. É comum o uso de óleo fino como acoplante mas tal prática é pouco aconselhável, uma vez que a inspeção é geralmente horizontal e o óleo suja os cabos, o equipamento e o próprio operador. É importante manter a superfície de contato limpa. Um esfregão, pano e água e em vários casos um pouco de sabão, são auxiliares poderosos para a inspeção ultra-sônica de soldagens. Quando a chapa estiver na posição horizontal, a água é o acoplante que melhores resultados apresenta.

Para a realização da inspeção, aparece o problema da escolha do ângulo de incidência. Aparentemente, os ângulos de incidência pequenos são mais sensíveis que os grandes, o que leva a crer que a inspeção é tanto mais sensível quanto mais agudo for o ângulo de incidência.

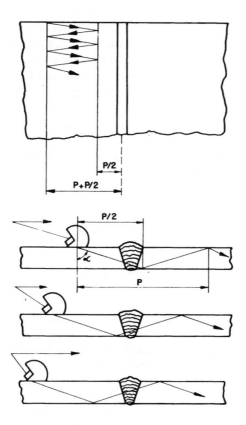

**Figura XIX.16**

Entretanto, para uma incidência estreita, i.é., feixe ultra-sônico incidindo em ângulo, há ecos espúrios provenientes das irregularidades da superfície, principalmente aqueles provenientes da trilha da soldagem, dificultando a identificação dos defeitos, dada a mistura provável entre tais ecos espúrios e os ecos de defeito. Por outro lado, se o ângulo de incidência for pequeno e a chapa for fina, o pulo terá um percurso muito pequeno, impedindo a determinação de vários defeitos, tais como falhas na raiz da soldagem e distantes de meio pulo ou menos, uma vez que os ecos de tais defeitos caem muito próximos ao pulso de emissão. É verdade que todo cabeçote a ângulo dá origem a ecos espúrios provenientes da cunha de Plexiglass. Entretanto, não é cômodo, confiável nem desejável observar ecos dentro de

ENSAIOS E CONTROLES COM ULTRA-SONS **711**

um percurso da ordem de 50 mm, a partir do local da aplicação do pulso sônico. A prática indica vários ângulos de incidência que dependem da espessura da chapa, assim como do estado da superfície da soldagem, se em bruto ou se esmerilhada. A tabela abaixo indica os ângulos de incidência adequados na grande maioria dos casos, assim como a distância para um pulo completo. Note-se, no entanto, que as recomendações são baseadas em experiências acumuladas, o que não impede que sejam usados ângulos diferentes, dependendo do caso, do tipo de defeito, da experiência e engenhosidade do operador. A recomendação é tão somente uma sugestão àqueles que possuem prática limitada.

| Cordão da soldagem como natural | | |
|---|---|---|
| 5 - 20 | 80° | 55 - 220 |
| 20 - 40 | 70° | 110 - 220 |
| 40 - 60 | 60° | 140 - 300 |
| 60 - 80 | 45° | 220 - 400 |
| >80 | 30° - 35° | 300 |

A Figura XIX.17 ilustra uma inspeção comum de soldagem, com o defeito a 120 mm no plano horizontal e a uma profundidade de 18 mm no plano vertical, numa chapa de aço de 40 mm de espessura. Observa-se, em primeiro lugar, que o cordão da soldagem sempre dá origem a um eco de pequena amplitude e referente a reflexões do feixe sônico nas irregularidades da superfície. Tal eco inexiste quando as superfícies da soldagem são esmerilhadas. Qualquer defeito, quando existente, dará origem a um eco que aparece **antes** dos ecos referentes às irregularidades do cordão. Tal fato é importantíssimo, uma vez que, dadas as características da radiação transversal, o eco do defeito deverá aparecer antes dos ecos provenientes de superfícies refletoras que se localizam após o defeito. Numa soldagem, existem vários defeitos que lhe são peculiares.

## XIX.30 - INSPEÇÃO E CONTROLE DE TARUGOS E EIXOS FORJADOS

Normalmente, uma peça forjada é usinada a partir de um bloco cilíndrico que deve ser isento de defeitos. Interessa, portanto, realizar a

**712** TÉCNICAS DE MANUTENÇÃO PREDITIVA

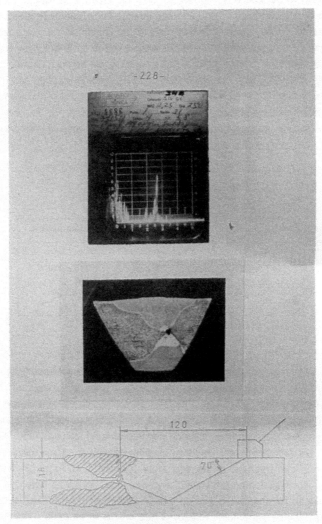

Figura XIX.17

inspeção no bloco, com a finalidade de evitar a perda devida a usinagem de um material defeituoso. Via de regra, os tarugos são entregues ao usuário (oficina de engrenagens, tornearia de eixos, etc.) com ambos os topos e a superfície externa desbastada. Nessas condições, embora a superfície não possua o acabamento ideal, a mesma é suficiente para que a inspeção seja realizada dentro de padrões de confiabilidade amplamente satisfatórios. Inicialmente o inspetor deve possuir um croquis do bloco, além das dimensões da peça que será obtida após a usinagem. Isto posto, a inspeção se inicia pela radiação normal em ambos os topos. Com isso, fica detetado qualquer defeito no sentido radial que exista no interior do tarugo, desde que apresente uma superfície refletora compatível com a freqüência utilizada.

Após tal inspeção, deve ser realizada a radiação no sentido do raio do cilindro, com a finalidade de detetar os defeitos que apresentem o mesmo sentido do eixo do cilindro. Obviamente, seria impraticável a cobertura total da superfície externa, pelo tempo enorme que demandaria, a par de resultados iguais aos obtidos com procedimento mais prático.

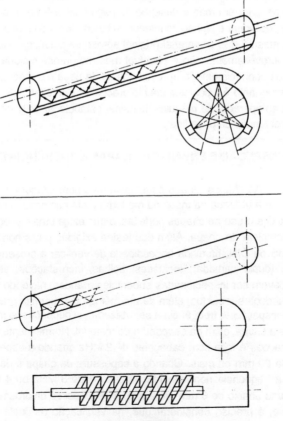

**Figura XIX.18**

714 TÉCNICAS DE MANUTENÇÃO PREDITIVA

Nessas condições, o cilindro deverá ter a sua superfície externa coberta por três faixas de aproximadamente um quinto do raio do cilindro e separadas por aproximadamente 120º. O cabeçote normal deverá percorrer tais faixas, executando um movimento de zig-zag. Com isso, dada a abertura do feixe sônico, o interior da peça será radiado e serão detetados praticamente todos os defeitos existentes. A Figura XIX.19 ilustra o procedimento recomendado. Pela figura observa-se que a região interior é radiada, obtendo-se resultados amplamente satisfatórios e seguros para o aceite ou recusa da peça. A Figura XIX.19 ilustra um pinhão usinado a partir de um bloco contendo incrustações. O posicionamento correto dos defeitos permitiu que a usinagem fosse realizada de tal maneira que, embora um pouco fora do centro do bloco, o pinhão final não contivesse defeito algum, embora o material que o originou apresentasse duas incrustações. Por tal motivo, o inspetor deve ter em mão o desenho da peça final, além do croquis do bloco, para posicionar o pinhão no interior do bloco, de modo a obter uma peça perfeita, mesmo que o material original apresente defeitos. Existem casos onde o aproveitamento não é possível mas, na grande maioria dos casos que temos conhecimento, o aproveitamento da peça é o procedimento normal. O importante é o posicionamento preciso dos defeitos. Isto posto, será possível ao operador da máquina de usinar estabelecer os limites da usinagem e a obtenção da peça final.

## XIX.40 - INSPEÇÃO E ENSAIO DE CHAPAS E ADERÊNCIA DE METAIS

As chapas de aço constituem uma porcentagem apreciável da matéria prima utilizada na indústria moderna e em não poucos casos, a peça final exige o uso de chapas perfeitas, o que exige uma inspeção e verificação completa da chapa. Além dos testes exigidos pelas normas ASTM, VDEh, BS ou DIN, há ainda necessidade de verificar a presença de delaminação (dupla camada), inclusões, bolhas, incrustações, etc. Normalmente, devem ser inspecionadas superfícies grandes, havendo necessidade de cabeçotes robustos, além de um método que permita grande velocidade de inspeção. A freqüência a ser utilizada vai depender do material que constitue a chapa, além da espessura do material. Normalmente a inspeção de laminações é feita com cabeçotes de 2 MHz quando a espessura é da ordem de 20 mm ou mais. Quando a espessura da chapa é de 10 mm ou menos, a freqüência normalmente utilizada é de 3 MHz ou 4 MHz. Para espessuras abaixo de 6 mm até 2 mm, a freqüência é da ordem de 4 MHz. Entretanto, é preciso considerar que, na verificação de dupla camada, o processo consiste simplesmente na medida de espessura e, dado o desenvolvimento do instrumental moderno, a medida da espessura pode atingir valores da ordem de 0,0001 mm com uma precisão de 10% sobre tal valor. Posteriormente voltaremos ao problema da medida da espessura, quando estudarmos o equipamento desenvolvido especificamente para tal finalidade.

Quando as superfícies são grandes, o contato continuado do cabeçote dá origem a estragos do mesmo, o que obriga o uso de cabeçotes protegidos. É, em muitos casos, aconselhável o uso de dispositivos especiais, como carrinhos de inspeção ou então simples suportes do tipo "escovão", que contem depósito de água que mantem a superfície sob inspeção continuamente coberta com acoplante. A Figura XIX.19 ilustra um tipo "escovão", associado a um dispositivo eletrônico que permite cobrir e inspecionar a totalidade da superfície da chapa, com um grau de precisão superior ao exigido pelas especificações mais rígidas. Nas indústrias químicas, onde há o aparecimento de hidrogênio nascente, tal inspeção é obrigatória uma vez que qualquer incrustação, bolsão ou pequena delaminação dá origem a resultados catastróficos.

Figura XIX.19

# 716 TÉCNICAS DE MANUTENÇÃO PREDITIVA

Para a inspeção de chapas, a profundidade de inspeção do aparelho deve ser ajustada de modo que seja indicada a escala de 100, 200 ou 250 mm, com a finalidade de aparecer um ecograma composto de ecos múltiplos. Com isso, há maior segurança na inspeção, uma vez que é mais fácil ao operador observar ecos múltiplos do que um eco único proveniente da base da chapa. É importante o acoplante adequado, o que é ainda verificado mais facilmente quando são realizadas observações com ecos múltiplos. A distância entre dois ecos sucessivos é exatamente a espessura da chapa. No caso de de laminação, a distância entre os ecos cai à distância da delaminação. Quando a delaminação se encontra no campo próximo do transdutor, há ainda aparecimento de ecos, já que a delaminação dentro de uma zona de baixa intensidade do campo próximo ainda será detetada, bastando para isso aumentar o ganho do receptor. Quando o defeito for uma incrustação ou zona arenosa, há grande atenuação dos ecos, sendo ainda comum o desaparecimento total do eco de base pela absorção do feixe sônico. Se possível, o operador deverá obter pedaços dos diferentes defeitos que encontrar, para realizar uma coleção de ecogramas contendo a descrição ultra-sônica do defeito, junto com macro e microfotografias dos defeitos encontrados. Com o correr do tempo, o operador possuirá um álbum que permite a imediata identificação do defeito pela comparação com os dados colecionados. Os ecogramas de uma delaminação e o aspecto completo do ecograma e a macrofotografia da zona inspecionada estão ilustrados na Figura XIX.20.

Quando a chapa tem espessura de 2 a 3 mm, a operação se encontra no limite inferior admissível, havendo então necessidade de inspeção com ondas de Lamb, simétricas ou assimétricas e preferivelmente realizar a inspeção por transparência. Não entraremos em maiores detalhes, uma vez que há equipamento comercial destinado à inspeção automática de chapas laminadas continuamente, devendo os interessados consultar a literatura a respeito[6].

Em vários processos industriais, há necessidade de aplicar um material de alta absorvidade sobre um material de atenuação baixa, como chumbo aplicado sobre aço, estanho depositado sobre ferro, etc., e geralmente quer-se saber a aderência entre os dois metais. Quando a aderência é perfeita, inspecionando-se a partir do aço, o pulso sônico penetra no material de alta absorvidade e é completamente atenuado, não havendo eco de base e, quando houver, a amplitude é reduzidíssima. Um local de má aderência, dá origem ao aparecimento de ecos multíplos, sendo possível uma inspeção confiável. Entretanto, tal tipo de inspeção é confiável somente se realizada pela radiação do lado do aço. Quando um dos materiais

# ENSAIOS E CONTROLES COM ULTRA-SONS

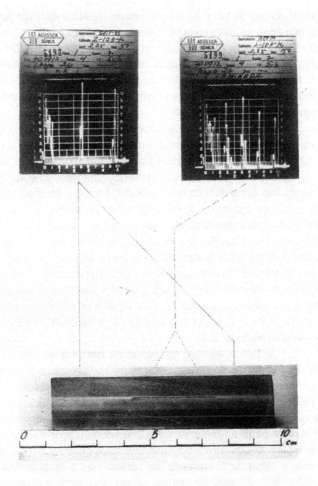

CHAPA DE 1 ¼" COM DUPLA CAMADA

**Figura XIX.20**

apresenta uma impedância muito diferente da do outro, como no caso de borracha e aço, há sempre o aparecimento de um eco da interface. Nesses casos, a qualidade da união é avaliada pela amplitude do eco proveniente da interface em relação ao eco de base. Quando o segundo material tem transparência elevada, como é o caso da borracha mole, a observação da

**718**  TÉCNICAS DE MANUTENÇÃO PREDITIVA

atenuação do eco de base é uma garantia do resultado da inspeção. A amplitude dos ecos da união pode ser calculada pela expressão (1) do Cap. II, embora a observação prática dispense os cálculos envolvidos. De maneira análoga, é possível verificar a qualidade da união de uma superfície esmaltada e da soldagem a estanho de duas peças com a finalidade de observar a presença de trincas ou fissuras junto à interface, para o que devem ser utilizados cabeçotes de 60º ou 80º.

Um caso comum é a inspeção de mancais, onde há necessidade de verificar a aderência entre o metal patente aplicado e a base de aço. Há casos excepcionais onde é possível realizar a inspeção pelo lado do aço, como foi explicado acima. Entretanto, para isso há necessidade de uma espessura apreciável de metal patente, para que se observe não somente o eco da interface, como ainda para que o som que penetrar no metal patente seja completamente absorvido. Tal caso não é comum quando se trata de mancais, já que a espessura do metal patente é da ordem de 1 a 2 mm para o mancal pronto, atingindo cerca de 5 mm, no caso do metal patente não ter sido usinado, i.é., para o mancal em bruto. Nesses casos, a inspeção deve ser realizada pelo lado do metal patente. Quando a curvatura interna do mancal é superior a 250 mm, é possível realizar a inspeção pela aplicação de um cabeçote protegido de cerca de 10 mm de diâmetro diretamente no metal patente.

Quando o diâmetro do mancal for inferior à tal cifra, há necessidade de uma sapata de plexiglass ou alumínio. Aparece em primeiro lugar o eco correspondente à interface sapata-mancal, a uma distância que vai depender da espessura da sapata e do material que a constitui. No caso de aderência perfeita, aparece o eco de base e no caso de aderência imperfeita (**falta de pega** na linguagem dos operadores), aparecem ecos múltiplos. A Figura XIX.05 ilustra um caso favorável, onde a inspeção foi realizada com o cabeçote diretamente em contato com o metal patente, o que foi possível pelo diâmetro do mancal. Observa-se ainda a macrofotografia do mancal, mostrando a zona de falta de aderência.

### XIX.50 - VERIFICAÇÃO DA PRESSÃO DE ENCAIXE ENTRE PEÇAS

É comum o uso de peças encaixadas sob pressão e, nesses casos, interessa verificar o quanto de pressão existe entre ambas as peças. O processo é comum no caso dos eixos ferroviários, quando as rodas são aquecidas e o eixo esfriado em gelo seco, procedendo-se então ao encaixe. Ao atingir a temperatura ambiente, a junção entre as duas peças

# ENSAIOS E CONTROLES COM ULTRA-SONS

passa a ser realizada com uma pressão que vai depender das dimensões de ambas as peças, assim como do ajuste final determinado pelo projeto. Quando a pressão de encaixe é pequena, as peças ficam soltas e quando excessiva, a peça externa vai se rachar ou a interna trinca por excesso de tensão mecânica. Tal problema pode ser resolvido na indústria, mediante o controle da pressão de encaixe via ultra-sons.

Quando o encaixe é normal, a junção entre as superfícies do encaixe é tal que há um caldeamento a frio de ambas as peças, permanecendo uniforme a união e com uma interface despresível. Quando há falta de uniformidade, uma das superfícies penetra na outra, não havendo descontinuidade. O pulso sônico atravessará a interface, não dando origem a eco algum. O problema é grave na inspeção de eixos, uma vez que, ao aplicar o cabeçote num dos topos, o pulso sônico atravessa a peça, atinge a peça encaixada e volta, fornecendo um ecograma indicativo de fissura numa distância um pouco além da roda, indicação completamente falsa. Por tal motivo, é importante que o operador preste muita atenção ao realizar a inspeção em tal tipo de peças. Noutros casos, interessa verificar qual o aperto entre as duas peças e, o que é muito importante, se o aperto é uniforme em toda a periferia da peça. Com isso, as peças encaixadas podem ser inspecionadas e verificada imediatamente a qualidade do encaixe.

Aplicando-se o cabeçote nas posições indicadas na Figura XIX.20 serão observados os ecos correspondentes às duas interfaces e o eco final da peça. Quando o encaixe é frouxo, aparece somente o eco da interface, sem que seja detetado o eco da segunda interface nem o eco de base. A figura por si só é explicativa e deve ser observado que compete ao operador dispor de peças com encaixe perfeito ou ideal de acordo com um determinado padrão, e a escolha e seleção das demais peças será feita em base ao ecograma referente a tal peça padrão. O importante a observar é que quando se estiver inspecionando peças encaixadas à pressão, não deve existir óleo, água ou qualquer acoplante entre ambas as superfícies.

## XIX.60 - MEDIDA DA ESPESSURA/CONTROLE DA CORROSÃO

Já verificamos, por ocasião do estudo da apresentação "A" nos instrumentos de inspeção, que a escala horizontal, eixo x, é calibrada em distâncias, já que se trata de observações em material de velocidade de propagação conhecida. Verificamos também que a grandeza que realmente o tubo de raios catódicos fornece é o tempo mas, dadas as possibilidades de controle do tempo em função do ajuste do controle MATERIAL, o ajuste final é feito em função de distâncias, calibrado em termos de $d = c_m \cdot t$.

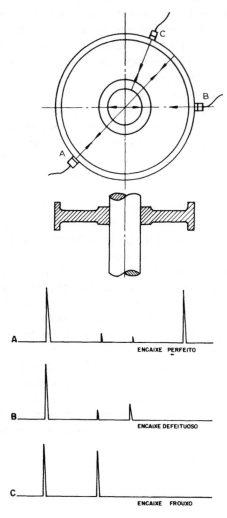

**Figura XIX.21**

Até recentemente, as medidas de espessuras eram realizadas com um instrumento como o descrito e as distâncias lidas diretamene no retículo colocado na parte frontal do tubo de raios catódicos. O equipamento comercial apresenta, normalmente, uma escala total no eixo x que varia do mínimo de 5 mm até 12.500 mm para fundo de escala. Assim sen-

# ENSAIOS E CONTROLES COM ULTRA-SONS

do, como a escala horizontal é dividida em 50 partes, obtém-se a precisão ou erro de leitura de 5/50 = 0,01 mm para a escala mínima e o erro 12.500/50 = 250 mm para a leitura na profundidade máxima de 12,5 metros. Tais limites de precisão são mais que satisfatórios para a determinação e posicionamento de defeitos, sendo o limite inferir amplamente satisfatório nas medidas destinadas ao controle da corrosão. É perfeitamente aceitável o posicionamento dos defeitos dentro dos limites descritos, uma vez que a radiação em outros locais permitirá o posicionamento em mais uma ou duas coordenadas, com precisão possivelmente maior. Com isso, será possível localizar e mapear o defeito, no desenho e na própria peça, com limites de precisão mais que suficientes às necessidades industriais.

Como é natural, ao se tratar de controle da corrosão, principalmente nas indústrias químicas e petroquímicas, instalações onde existem tubulações, caldeiras, cozinhadores e outros dispositivos que trabalham com alta pressão e geralmente altas temperaturas, exige-se precisão elevada, geralmene da ordem de 0,5 mm nos casos comuns, atingindo até 0,1 nos casos de limites mais rígidos. Para tal, foram desenvolvidos instrumentos denominados "Cálibres Ultra-sônicos" que realizam a leitura com uma precisão que varia de 0,0001 mm até 0,05 mm e atingindo espessura que variam de 0,05 mm até 500 mm. Entretanto, embora tais aparelhos funcionem à base de ultra-sons pulsados e a reflexão, a apresentação dos resultados é feita de maneira diferente. A leitura de espessuras pode ser dada através de um relógio calibrado em mm ou então a leitura é através de dígitos, dependendo do tipo de instrumento e da precisão exigida. Vejamos o princípio de funcionamento de tais "Cálibres".

Normalmente a operação de tais dispositivos para medida de espessuras é feito com cabeçote duplo, i.é., um emissor e um receptor, para que o tempo morto seja mínimo, permitindo, dessa forma, a leitura de espessura delgadas com precisão satisfatória. Para melhorar a exposição, verificaremos o funcionamento do Cálibre comparando-o com o instrumental já conhecido, que mede a espessura através de pulsos que aparecem no tubo de raio catódicos.

Como no caso geral é utilizado um cabeçote duplo ou dual, existe uma pequena linha de atraso, destinada a não somente diminuir o tempo morto como ainda permitir o acoplamento a temperaturas elevadas. A Figura XIX.22 ilustra o diagrama de blocos do instrumento.

Como é óbvio, ambas as linhas de atraso, no emissor e no receptor são iguais, a velocidade do som e os comprimentos de ondas são iguais em ambas as linhas e caso haja variações dessas grandezas, as variações serão iguais em ambas, anulando-se o seu efeito na leitura. Co-

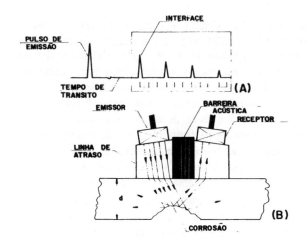

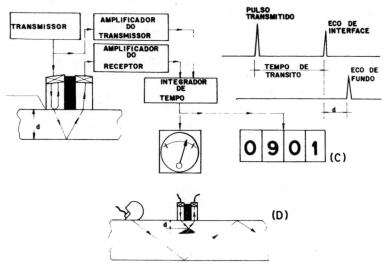

**Figura XIX.22**

mo a velocidade de propagação do som no material cuja espessura se está medindo é uma função da temperatura, variando aproximadamente de conformidade com a lei

$$c_T = c_0 \sum_{n=1}^{n=i} a_i \cdot T^{-i}$$

# ENSAIOS E CONTROLES COM ULTRA-SONS

O inspetor deverá considerar tal variação ao realizar suas medidas. Para o aço carbono, a variação na espessura é da ordem de 1% para cada variação de 56ºC.

Tal valor pouca ou nenhuma influência tem quando se trata de espessuras pequenas e, no caso de espessuras grandes, a sua importância é ainda menor. O importante é que, devido às variações da temperatura ambiente, o circuito eletrônico do equipamento, geralmente transistorizado, apresenta alterações profundas nos casos gerais. Foi nesse particular desenvolvido circuito eletrônico em parafase que compensa, no circuito eletrônico, as variações de temperatura dentro da faixa de 12ºC até +82ºC. Entretanto, tais circuitos são patenteados pelos fabricantes, e os interessados nos instrumentos devem recorrer à literatura fornecida pelos produtores de equipamentos ultra-sônicos destinados especificamente a tal finalidade.

O diagrama de blocos da figura ilustra o que se passa. Obviamente, no caso da apresentação "A" o zero do pulso de emissão deverá ser ajustado ao zero da graduação do retículo, afim de realizar as leitura com a precisão pretendida. No caso dos instrumentos de indicação direta, o pulso enviado ao emissor é concomitantemente levado a um amplificador que abre a porta de um circuito de integração do tempo de percurso, tempo esse controlado por oscilador a cristal. Ao receber o pulso de volta, um amplificador do receptor leva tal pulso ao integrador que interrompe a integração e leva o resultado a um voltímetro eletrônico que lerá o tempo transcorrido. Há um controle do tempo, correspondente ao MATERIAL no instrumento convencional, que permite controlar a espessura para cada material. Com isso a leitura do voltímetro é exatamene a espessura medida, ou seja, é dado em termos de espessura o tempo que o som leva para percorrer o total da peça e voltar. As aplicações do instrumento são por demais evidentes para serem ressaltadas. Não somente o controle da corrosão é feito de maneira rápida, eficiente e precisa, como o instrumental permite ainda a medida em peças de forma complexa, com somente uma das faces acessíveis, além de inúmeras outras vantagens.

As linhas de transmissão utilizadas podem ser de Plexiglass, quando a temperatura máxima de operação é da ordem de 100 ºC ou então de plásticos especiais, que permitem a realização de leituras em temperatura de até 600 ºC. Como tais plásticos que resistem às alta tmperatura apresentam uma atenuação elevada, os mesmos são usados somente nos casos extremos. Existem instrumentos denominados *micrômetros ultra-sônicos* aptos a executar leitura de até um mícron. Tais instrumentos são utilzados comumente pela indústria aeroespacial, uma vez que permite leituras

**724**  TÉCNICAS DE MANUTENÇÃO PREDITIVA

extremamente precisas, sendo indispensável no caso de controle dimensional de peças complexas que permitem a leitura numa única face. Tais medições são fundamentais em usinagens de precisão excepcionalmente elevada.

**XIX.60.10 - Medições com Apresentação "A", Instrumentos Analógicos, Digitais e Combinados "A" Plus Digital.** Comparações - Pelo que verificamos até o presente, o sistema de medição de espessuras utilizando o equipamento convencional na apresentação "A" dá origem a uma leitura satisfatória, com precisão suficiente, mas trata-se de equipamento cujo peso varia de 7,5 kg a 9 kg. Apresenta a grande vantagem de mostrar, no tubo de raios catódicos, qual a forma da superfície refletora permitindo, dessa maneira, que seja determinada como a corrosão se processa na face interna. Com tal instrumento é possível verificar se a corrosão consiste simplesmente numa diminuição da espessura da parede, de maneira uniforme ou se o problema é de "pitting" ou corrosão em forma de estrias. Com o equipamento de indicação direta, seja via mostrador (relógio) ou indicação digital, a informação é referida á espessura mínima e não a sua forma. Por outro lado, os "Cálibres" indicam a espessura mínima, independentemente do que se passa depois. Com tal tipo de funcionamento, uma bolha diminuta, pequena inclusão, delaminação desprezível ou descontinuidade análoga que se localize no corpo da chapa ou material, dará origem a uma leitura da distância entre a superfície de aplicação do cabeçote duplo e a primeira descontinuidade. Na eventualidade da aplicação coincidir com um dos defeitos enumerados, a leitura será incorreta. Com o equipamento convencional, o simples uso de um cabeçote a ângulo permitirá determinar, imediatamente, se se trata realmente de uma fissura, corrosão concentrada num ponto ou defeito localizado no interior da chapa e proveniente da própria fabricação do material. A Figura XIX.22 ilustra o problema em pauta e a maneira de solucioná-lo com equipamento convencional. A vantagem do instrumento convencional é óbvia, uma vez que fornece muito mais informações.

Quando se trata de calibres de indicação direta, obtém-se outras vantagens, igualmente importantes. Em primeiro lugar, a leitura é direta e imediata, dispensando ajustes e leituras em escalas graduadas num retículo frontal de um tubo de raios catódicos. Permite a leitura ao ar livre e sob sol intenso, enquanto que o instrumento convencional exige dispositivos para permitir escurecer a tela e, dessa maneira, permitir a observação do feixe luminoso. Além do mais, o instrumental tipo Cálibre pesa entre 0,5 kg

# ENSAIOS E CONTROLES COM ULTRA-SONS

e 2 kg e, quando a leitura é digital, permite a um operador sem preparo algum no assunto realizar as leituras com precisão satisfatória. As leituras, no entanto, referem-se a espessura mínima, não permitindo que sejam distinguidas a leituras de corrosão ou pitting localizado daquelas provenientes de defeitos internos da própria peça. Além do mais, os Calibres são usáveis quando se trata de material laminado somente. No caso de forjados e fundidos de aços especiais, ligas, etc., a leitura será referente à espessura entre a aplicação do cabeçote e a primeira irregularidade, que poderá ser a espessura do próprio material ou a espessura entre a superfície de aplicação do cabeçote e uma inclusão, formação dentrítica, bolha diminuta ou mesmo inclusão de material estranho.

Um sistema que une ambas as vantagens, sem somar as desvantagens, consiste em acoplar ao instrumento convencional um Micrômetro Digital, fabricado especialmente para tal fim. Com isso, é possível a leitura fácil e exata e a observação do que se trata, se inclusão ou realmente corrosão. Entretanto, este tipo de solução é economicamente vantajoso para aqueles que já possuem o equipamento convencional e estão defrontando problemas de medição de espessuras e corrosão em volume tal que justifique a aquisição do equipamento. O peso do conjunto é da ordem de 10 Kg.

Quando se pretende uma verificação completa, ou seja, verificar a corrosão via medida da espessura mas também verificar qual o tipo de corrosão ou desgaste na parede oposta, deve ser utilizado um equipamento mais desenvolvido, que permite não somente a leitura digital mas também observar, numa tela de tubo de raios catódicos, qual a forma do eco de base e, com isso, verificar qual o tipo de corrosão que se está processando. Tais aparelhos pesam aproximadamene 6 km e permitem a leitura de espessuras entre 0,05 a 300 mm, que são as espessuras usuais na indústrias interessadas no problema.

No que se refere à precisão ou erro de leitura, a verdade é que a precisão é limitada ao valor lido na última contagem. Assim sendo, se o instrumento for digital e fornecer uma leitura nominal de 0,2500 mm os digitais indicarão a cifras 0,2500 e a precisão absoluta será de $10^{-4}$ mm, enquanto que a relativa será de 0,1%. Caso a leitura nominal seja de 300,00 mm, a precisão absoluta será de 0,01 mm e a relativa de 0,1%. É importante observar que as espessuras correspondentes ao erro absoluto são inferiores ou da ordem da espessura do acoplador utilizado, uma vez que o uso do acoplador é indispensável em qualquer hipótese, conforme foi discutido antes. Ora, por tal motivo, a última contagem normalmente fica oscilando entre os valores máximos e mínimos.

726 TÉCNICAS DE MANUTENÇÃO PREDITIVA

Nesses casos, o uso do instrumental convencional com o Calibre Digital acoplado fornece um pouco mais de confiabilidade, a custo de transportar peso muito superior. De um modo geral, as leituras são mais fáceis quando o equipamento possue também um mostrador osciloscópico do tipo vídeo. A precisão descrita acima se refere a uma porcentagem de fundo de escala. Nos casos normais, seria mais interessante fornecer uma precisão relacionada com a espessura, ou seja, uma precisão igual a uma porcentagem da espessura medida mas, como tal fator varia com a espessura, seria necessária uma tabela ligando a espessura à precisão de leitura, o que seria trabalhoso para o operador.

Em qualquer hipótese, o trabalho de controle da corrosão pode ser feito com precisão satisfatória e com facilidade utilizando um Calibre comum, com leitura dada diretamente num mostrador (relógio). Nos casos de maior precisão, pode ser usado com vantagens um Calibre Digital e nos casos de alta responsabilidade um dispositivo Calibre com Indicação em Vídeo (osciloscópio). Somente nos casos extremos é que deve ser utilizado um equipamento convencional acoplado a um Micrômetro Digital.

## XIX.70 - LEITURA RECOMENDADA

AAR - Ultrasonic Inspection of New Freight Passenger Cars Axles Heat Treated and Non-Heat Trated - Specifications AAR-M-101

Berger, H. - Nondestructive Testing Standards: A Review - ASNT and National Bureau of Standards - Washington, D.C. USA 1977

Bergmann, L. - Die Ultraschall und seine Anwendungen in Wisenschaft und Technik - Hirzel, 1954

British Aerospace Corporation: Nondestructive Testing Manual - Aircraft 111

The Boeing Airplane Corporation - Nondestructive Testing Manual - Aircrafters 230, 727, 747

Carlin, B. - Ultrasonics - Fundamental Principles - McGraw-Hill 1960

Crawford, A.E. - Ultrasonic Engineering - Academic Press and Butterworth - 1954

Curie, J. et P. - Développment par Pression de l'Electricite Polaire das les Cristaux Hemiedres a Faces Inclinés - Compt Rendus Acad. Sup. Paris 91 294 - 1880

Dodge, D. D. - Inspecting Colf-Formed Shafts Automatically - Metal Progress 94, 83/85 - 1968

Douglas Aircraft Corporation - Nondestructive Testing Handbook-Aircraft DC-10

# ENSAIOS E CONTROLES COM ULTRA-SONS

Electricité de France - Critéres d'Acceptation de Pieces ou Soudures Verifieés par Radiographie, Gammagraphie, Ultrasons et Dimmensionallement - Rapport JT/SBG-1962

Ensminger, D. - Ultrasonics: The Low - and High Intensity Applications - Marcel Dekker, 1973

Filipczynski, L., Z. Pawlowski and J. Wehr: - Ultrasonic Methods of Testing Materials - Butterworth, 1966

Firestone, P.A. - The Supersonic Reflectoscope - An Instrument for Inspecting the Interior of Solid Parts by Means of Sound Waves - JASA 17, 287/299 - 1945

Frederick, J.R. - Ultrasonic Engineering - John Wiley & Sons - New York, 1965

Goldman, R. - Ultrasonic Technology - Reinhold Publishing Company - 1962

Harris-Maddox, B. - The Identification of Weld Defects by Ultrasonic Methods - Ultrasonics 1, 189/191 - 1963

Hermadinger, P. - Les Techniques Ultra-sonors - Chiron Editions, Paris - 1965

Hollamby, D.C. - Investigation into the Origin of Ultrasonic Signals Received from Location of Taper Bolts Holes in Viscount Spar Boom Joints Tested with Accordance to PTL's 92 and 230 - Test Report AL/12/2-15 - British Aerospace Corporation - 1963

Hueter, T.F. and R.H. Bolt - SONICS - Techniques for the use of Sound and Ultrasound in Engineering and Science - John Wiley, 1955

IIW - Recommendations for the Ultrasonic Testing of Butt Welds - 2nd Edition - International Institute of Welding, 1982

Joule, J.P. - On the Effects of Magnetism upon the Dimensions of Iron and Steel Bars - Phil. Mag. (III) 30, 76 - 1847

Krautkraemer, J. und H. - Werkstoffprueffung mit Ultraschall - 2er Springer - 1983

Kuenne, G. - Ultrasonic Plate Testing Installation, Large, Automatic Development with Online Computer Data Output - Materials Evaluations 33 nº 4, 73/80 - 1975

Mason, W.P. - Physical Acoustics - Collection published from 1964, actually in vol. 20 B - Academic Press - 1988

Matauschek, J. - Einfuehrung in die Ultraschalltechnik - VEB Verlag, Berlin - 1957

McGonnagle, W.J. - Nondestructive Testing - Theory and Practice - McGraw-Hill, 1966

**728** TÉCNICAS DE MANUTENÇÃO PREDITIVA

Nozdreva, V.F. - Soviet Progress in Applied Ultrasonics - Trans. by Consultants Bureau Corp. NY 1964

Nepomuceno, L.X. - Tecnologia Ultra-sônica - Edgard Bluecher, São Paulo, 1980

Nepomuceno, L.X. and H. Onusic - Ultrasonic Inspection in Hydroelectric Power Plants - Nondestructive Testing 4, 23/27, 1971

Sharpe, R.S. - Research Techniques in Nondestructive Testing - Academic Press Collection, published annually from 1970

Sokolov, S.J. - Ultraschallmethoden zur Bestimmung innerer Fehler in Metallgegestaenden - Zawodskaja 4, 527 und 1468/1473 - 1935

Sokolov, S.J. - Ultrasonics and its Applications - Puroda 3, 21/34 Translation nº 3532 by Britcher Translations Corp.

Sokolov, S.J. -|Zur Frage der Fortplantzung|ultraakustischer Schwingungen in verschiedenen Koerpern - Elek. Nach. Technik 6, 454/461 - 1929

Stanford, E.G., J.H. Fearon and W.J. McGonnagle - Progress in Applied Materials Research - Heywood, London - Published annually from 1958

Szilard, J., Editor - Ultrasonic Testing: Nonconventional Testing Techniques - John Wiley, 1982

## XIX.70.10 - Periódicos Especializados em NDT

A seguir estão indicadas as revistas e periódicos conhecidos comumente entre os envolvidos com problemas de Ensaios, Controle da Qualidade, Testes Não Destrutivos etc. A lista não é completa nem exaustiva, estando indicados tão somente as mais conhecidas.

British Journal of Nondestructive Testing - Nondestructive Testing Society of Great Britain - London, England

Nondestructive Testing - Butterworth Scientific Limited - Guildford, Surrey - England

Revista dos END - Associação Brasileira de Ensaios Não Destrutivos - São Paulo

Materials Evaluation - American Society for Nondestructive Testing - Columbus, Ohio - USA

Defektoskopiya - Translated as Defectoscopia - Consultants Bureau New York - USA

Materialpruefung - Deutscher Verband fuer Materialpruefung - VDI Verlag

Testing, Instruments and Control - Australian Nondestructive Testing Society - Melbourne, Australia

# ENSAIOS E CONTROLES COM ULTRA-SONS

Hihaki Kensa - Journal of Nondestructive Testing - Japanese Society for Nondestructive Testing - Japan

International Journal of Nondestructive Testing - Gordon and Breach London, England

Essais Non Destrutifs - ATEN Paris IXe - France

Quality - European Organization for Quality Control - Rotterdam 3005 Holland

Qualitaet und Zuverlassigkeit - Rudolph Haufe Verlag - Freiburg/Breigslau - Deutschland

Nondestructive Testing Information Center - NTIAC = Department of Defense: Army Materials and Mechanics Research Center - USA

STAR - Scientific and Technical Aerospace Reports - National Aeronautics and Space Administration - Baltimore, Maryland USA

**XIX.70.20 - Especificações de Ensaios Ultra-sônicos** - Cada nação desenvolve seus próprios métodos e estabelece as especificações e procedimentos para execução de inspeções e testes. No entanto, a grande maioria é baseada nas publicações da ASTM, ASME, BIS, DIN, VDI, VDEh, etc. que são, na realidade praticamente idênticas, com a diversas diferenças de abordagem e rigor, dependendo dos envolvidos no assunto. Estão descritas a seguir tão somente os procedimentos e especificações mais comuns em nosso meio.

ASME Section V Article 1 - General Requirements

ASME Section V Article 4 - Nondestructive Examination

ASME Section V Article 5 - Ultrasonic Examination - General Requirements

ASME Section VIII Division I-Appendix 12: Ultrasonic Examination of Welds

ASTM-A21/AAR M-101 - Recommended Practice for the Ultrasonic Test of All Axles Heat Treated and Non-Heat Trated

VDEh-072/77 - Ultraschallgprueftes Grobbleche - Technische Lieferbedingungen plus Bleiblatt: Ultraschallgprueftes Grobbleche: Lieferbedingungen Durchfuehrung der Ultraschallgpruefung in Schiedsfallen

ASTM/ANSI/ASME E-114/75 - Standard Recommended Practice for Ultrasonic Pulse-Echo Straight-Beam Testing by the Contact Method

ASTM/ANSI/ASME E-164/76 - Standard Recommended Practice for Ultrasonic Examination of Weldments

ASTM/ANSI - E-213/79 - Standard Recommended Practice for Ultrasonic Inspection of Metal Pipe and Tubing

ASTM/ASME E-214/79 - Standard Recommended Practice for Immersed Ultrasonic Testing by the Reflection Method Using Pulsed Longitudinal Waves

**730** TÉCNICAS DE MANUTENÇÃO PREDITIVA

ASTM/ANSI/ASME E-273/74 - Standard Recommended Practice for the Ultrasonic Inspection of Longitudinal and Spiral Welded Pipes and Tubing

ASTM/ANSI/ASME E-317/79 - Standard Recommended Practice for Evaluating the Performance Characteristics of Ultrasonic Pulse-Echo Testing Systems without the Use of Electronic Measuring Equipments

ASTM/ANSI/ASME A-388/78 - Standard Recommended Practice for Ultrasonic Examination of Heavy Forgings

ASTM/ANSI | A-418/77 - Standard Method of Ultrasonic Inspection of Turbine and Rotor Generator Steel Forgings

ASTM/ASME A-435/75 - Standard Recommended Specifications for the Straight-Beam Ultrasonic Examination of Steel Plates for Pressure Vessels.

ASTM/ANSI A-503/75 - Standard Specifications for Ultrasonic Examination of Large Forged Steel Crankshafts

ASTM/ANSI/ASME B-58/76 - Standard Method for Ultrasonic Inspection of Aluminium-Alloy Plate for Pressure Vessels

ASTM/ANSI/ASME A-577/77 - Standard Specifications for Ultrasonic Angle-Beam Examination of Steel Plates

ASTM/ANSI/ASME A-576/78 - Standard Specifications for Straight-Beam Ultrasonic Examination of Plain and Clad Steel Plates for Special Applications

ASTM/ANSI E-587/76 - Standard Recommended Practice for Ultrasonic Angle-Beam Examination by the Contact Method

ASTM/ANSI/ASME A-609/78 - Standard Specifications for Longitudinal Beam Ultrasonic Inspection of Carbon and Low-Alloy Steel Castings

ASTM/ANSI A-745/80 & ASME SA-745/80 - Standard Recommende Practice for Ultrasonic Examination of Austenitic Steel Forgings

ASTM E-797/81 - Standard Practice for Measuring Thickness by Manual Ultrasonic Pulse-Echo Contact Method

ASTM E-804/81 - Standard Practice for Calibration of an Ultrasonic Test System by Extrapolation Between Flat-Bottom Hole Sizes

### XIX.70.30 - Fornecedores e Fabricantes de Instrumentos Ultra-sônicos

Automation/Sperry Division of Qualcorp - Danbury, Connecticut USA
Custom Machine, Inc. - Ultrasonics Division - Cleveland, Ohio - USA
Harrisonic Laboratories - Stamford, Connecticut - USA
J. B. Engineering, Inc. - Stamford, Connecticut - USA

## ENSAIOS E CONTROLES COM ULTRA-SONS

Krautkraemer-Branson, Inc. - Lewistown, Pennsylvania - USA
Magnaflux Corporation - Chicago, Illinois - USA
MatEval Ltd. - Birchwood - United Kingdon
Matrix Instruments, Inc. - Orangeburg, New York - USA
NDT Instruments Co. - Huntington Beach, California - USA
Panametrics, Inc. - Waltham, Massachussetts - USA
Sigma Research, Inc. - Richland, Washington - USA
Sonic Division of Staveley NDT Technologies - Trenton, New Jersey USA
TAC Technical Instrument Corp. - Trenton, New Jersey - USA
TFI Corporation - NDT Products Division - New Haven, Connecticut USA
Sonatest Ultrasonic Instruments - Jacksonville, Florida - USA

# XX.0 Emissão Acústica na Manutenção Preditiva e Preventiva

**Pedro Peres Filho**

## XX.10 - INTRODUÇÃO

A manutenção preventiva, hoje já definitivamente incorporada aos procedimentos usuais de manutenção da quase totalidade das empresas do parque industrial nacional, vem fornecendo dados de fundamental importância para implantação da sua modalidade preditiva.

Inúmeras são as empresas que adotam, dentro da rotina de manutenção, os relatórios de inspeção, os quais fundamentam informações para avaliação da vida de componentes e equipamentos diversos.

O desenvolvimento das técnica da preditiva requer, além da permanente pesquisa de novos recursos, a experiência documentada dos relatórios periódicos de inspeção e, obrigatoriamente, o caminho da preditiva passa pelos arquivos de históricos da preventiva.

A técnica de Emissão Acústica tem caráter relevante no aprimoramento dos relatórios periódicos de inspeção, através de infomações inéditas sobre o comportamento de estruturas, equipamentos e componentes nas condições de operação.

Dentro dos diversos recursos disponíveis para a atividade de manutenção/inspeção, os ensaios não destrutivos são ferramentas fundamentais na avaliação dos ítens sujeitos à manutenção. Os ensaios ultra-sônicos, radiográficos, partículas magnéticas, correntes parasitas e líquidos penetrantes, usados individualmene ou combinados, totalizam técnicas eficientes cobrindo praticamente toda necessidade atual na detecção e caracterização de descontinuidades.

O último e mais recente ensaio não-destrutivo, Emissão Acústica (E A), traz consigo a adição de um conceito inovador com a qual, além da detecção e localização, permite avaliar a "atividade" manifestada pela descontinuidade nas condições de operação. Este conceito revolucionário, incorporado às informações usuais contidas nas observações feitas através de inspeções periódicas preventivas, completa os subsídios necessários para uma análise preditiva na manutenção.

## XX.20 - EMISSÃO ACÚSTICA NA AVALIAÇÃO DE EQUIPAMENTOS INDUSTRIAIS

Emissão Acústica é o fenômeno que ocorre quando uma descontinuidade é submetida à solicitação térmica ou mecânica. Uma área portadora de defeitos é uma área de concentração de tensões que, uma vez estimulada, origina uma redistribuição de tensões localizadas. Este mecanismo ocorre com a liberação de ondas de tensão (E A) na forma de ondas mecânicas transientes. A técnica consiste em captar esta perturbação no meio, através de transdutores piezoelétricos distribuídos de forma estacionária sobre a estrutura. Estes receptores passivos, estimulados pelas ondas transientes, transformam a energia mecânica em elétrica, sendo os sinais digitalizados e arquivados para futura análise através de parâmetros representativos. O diagrama de aplicação está mostrado na Figura XX.01.

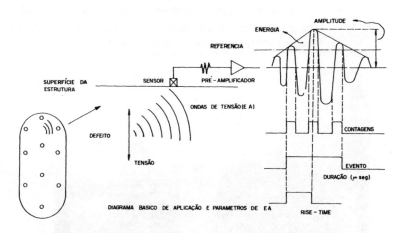

Figura XX.01 - Diagrama básico de aplicação e parâmetros de E.A.

Equipamentos como esferas de armazenamento, vasos de pressão, reatores, desareadores, digestores, tubulões de caldeiras, autoclaves, podem ser avaliados quanto à presença de descontinuidade através da colocação de transdutores sobre a superfície, e solicitando-os através de uma sobrepressão da ordem de 5 a 10% da pressão de trabalho.

Eventuais áreas portadoras de descontinuidade, serão classificadas em função da atividade manifestada durante a excitação provocada na estrutura. Duas são as principais vantagens do emprego da técnica de E A:

- O ensaio pode ser realizado sem retirar o equipamento de operação, desde que seja possível um acréscimo na pressão de trabalho da ordem de 5 a 10%. O meio para promover a sobreposição não é relevante para execução do ensaio, podendo ser feito com o próprio produto de processo ou de armazenamento.
- A instrumentação baseada em microprocessadores Fig. XX.02, emprega softwares com a finalidade de localizar a área portadora de descontinuidades (área ativa), em relação à posição dos sensores distribuídos sobre a área de interesse. O método de localização são algoritmos de cálculo baseados no tempo de chegada da pertubação em cada sensor e na velocidade de propagação da onda de tensão no meio. Assim, dois sensores executam uma localização linear (por exemplo um cordão de solda) e três é o mínimo necessário para a localização num plano.

Figura XX.02 - Típica instrumentação de Emissão Acústica.

EMISSÃO ACÚSTICA NA MANUTENÇÃO PREDITIVA E PREVENTIVA **735**

A limitação básica atual do método é não fornecer a caracterização da descontinuidade. As áreas detectadas e localizadas são, após análise, classificadas em tipos (A, B, C e D), quanto à atividade manifestada. Em função da classificação são recomendadas as atitudes posteriores. Fontes A e B devem ser submetidas a exame complementar (U.T., R.X., P.M.) para caracterização (trincas, delaminações, inclusões, corrosão). Para fontes do tipo C é recomendado acompanhamento em inspeções periódicas, e fontes do tipo D, de caráter irrelevante. Em resumo, E A, aplicada como primeiro ensaio, racionaliza a aplicação dos demais ensaios, restringindo a inspeção detalhada e a manutenção corretiva para as áreas de real interesse.

Alguns autores apresentam ainda como desvantagem do método a não detecção de defeitos passivos. Estes não são detectáveis pelo fato de não emitirem atividade durante o ensaio, porém na opinião deste autor, esta é uma das vantagens do método, já que, como foi comentado, seus resultados fornecem dados para um planejamento de manutenção racional, sem interferir na produção.

Outra aplicação da técnica de E A é durante ensaios hidrostáticos. Em diversos casos, inclusive por exigência de normas brasileiras, são executados periódicos ensaios hidrostáticos para requalificação de equipamentos sob pressão. Normalmente (dependendo do código de construção, e da temperatura de trabalho), estes equipamentos são testados com uma vez e meia acima da pressão de trabalho. Não havendo vazamentos (ruptura em eventuais defeitos) e respeitados os limites de deformação e recuperação do volume original, os vasos são aprovados e requalificados para uso. Estes testes porém, não trazem nenhuma informação quanto à presença de defeitos estruturais (que não rompem durante o teste) e comprometem a integridade estrutural. Da mesma forma, estes equipamentos levados a uma sobreposição ficam sujeitos à eventual nucleação de um defeito não nucleável na condição normal de operação. Sob este aspecto o hidroteste pode tornar-se um ensaio destrutivo, fazendo com que a estrutura retorne às condições de operação numa situação mais desfavorável, pela introdução de um defeito que será submetido à fadiga de baixo ciclo, durante as condições operacionais. A monitoração durante testes hidrostáticos através de E A fornece informação da condição de integridade do equipamento, aproximando o hidroteste do seu real objetivo, de requalificá-lo para operação segura.

Completando o quadro de aplicações de E A em equipamentos industriais, trabalhando sob pressão e/ou temperatura, o emprego mais evidenciado nos últimos anos, é o acompanhamento periódico durante a operação. A finalidade é trazer dados da integridade estrutural, como informação para desenvolvimento de técnicas de manutenção preditiva. Casos típicos são equipamentos sujeitos à corrosão sob tensão, empolamentos por hidrogênio, fragilização por hidrogênio, corrosão química/eletroquímica, fadiga prematura, onde estes mecanismos para seu acompanhamento e correção necessitam de dados do comportamento estrutural ao longo da produção. Nestes casos, E A viabiliza a obtenção destes dados através de monitorações periódicas.

Como exemplo ilustrativo, será relatado a seguir o resultado obtido na inspeção de uma coluna de processo, através da técnica de Emissão Acústica.

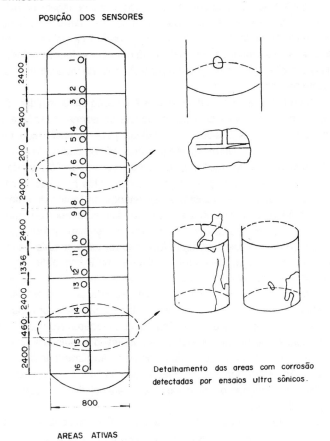

Detalhamento das areas com corrosão detectadas por ensaios ultra sônicos.

AREAS ATIVAS

**Figura XX.03**

# EMISSÃO ACÚSTICA NA MANUTENÇÃO PREDITIVA E PREVENTIVA

Coluna de processo:
- Características fornecidas do equipamento:
  - Altura           : 20 m.
  - Diâmetro         : 0,8 m.
  - Pressão de trabalho : 13m5 Kgf/cm$^2$
- Condições de ensaio:
  - Temperatura ambiente
  - Monitoração por Emissão Acústica durante teste hidrostático à pressão de 39,4 Kgf/cm$^2$ com patamares a 13,5 e 26,5 Kgf/cm$^2$.
- Resultados do ensaio:

Como resultado final foram detectadas duas áreas ativas classificadas com fontes tipo A.

Exames ultrassônicos e radiográficos realizados nas regiões localizadas na coluna mostraram uma acentuada corrosão, em certos pontos com até 70% de redução na espessura. A Fig. XX.03 mostra a distribuição dos sensores sobre a coluna, as áreas ativas localizadas e os respectivos defeitos encontrados pelo ensaio ultrassônico.

Devido à gravidade dos defeitos o anel inferior foi retirado e tivemos oportunidade de fotografar a corrosão interna, mostrada na Fig. XX.04

Figura XX.04 - Detalhe interno da coluna com presença de corrosão acentuada.

## XX.30 - E A NA AVALIAÇÃO DE EQUIPAMENTOS FABRICADOS EM PLÁSTICO REFORÇADO

No campo de equipamentos fabricados em fibra de vidro, poucas são as técnicas aplicáveis na manutenção preventiva e preditiva. O ensaio normalmente utilizado é o visual muito prejudicado quando o vaso, tanque ou tubulação encontra-se coberto por pintura (em muitos dos casos, a pintura é exigência técnica na performance do equipamento). Os ensaios não destrutivos usuais para metálicos são ineficazes quando aplicados a plásticos reforçados. A técnica de E A vem preencher esta lacuna, sendo uma aplicação tecnicamente fácil na execução, coleta e análise de dados, cujo procedimento está normalizado pelo código ASME, Artigo 11: "Acoustic Emission Examination of Fiber Reinforced Plastic Vessels". Defeitos como trinca na matriz do composto, delaminações entre camadas, fratura de fibras, são fontes detectáveis, e ao contrário do que ocorre com metais, a identificação destes defeitos é possível através dos parâmetros da técnica.

A metodologia de ensaio é a mesma empregada nos casos de materiais metálicos, diferenciado no procedimento e critérios de avaliação. Da mesma forma, o ensaio é executado durante a operação do equipamento. Por exemplo, no caso de tanques de armazenamento, a monitoração é feita quando do enchimento com o próprio produto de estocagem até 100% de sua capacidade.

A título de ilustração, será descrito a seguir a execução de ensaio em um tanque de plástico reforçado, e os resultados obtidos com o emprego da técnica.

O exemplo que será apresentado é a inspeção em um tanque de armazenamento de ácido fosfórico utilizado em uma indústria química durante o processo.

O tanque possuía 9 anos de vida, diâmetro 4,2 mm e altura 6,4 m. Operava na pressão atmosférica e temperatura ambiente. O material do tanque era fibra de vidro, protegido internamente com barreira química.

O ensaio foi realizado em outubro de 85, conforme procedimento CARP, cujos critérios foram posteriormente adotados pelo código ASME, Sec. V; Artigo 11.

Os ajustes feitos na instrumentação foram os seguintes: ganho total do sistema 60 dB, limite de referência 30 dB.

Um total de 16 sensores foram utilizados, cuja distribuição foi feita conforme as recomendações do procedimento citado (figura 5), orientada para as regiões de maior solicitação, e aquelas sujeitas a maior con-

# EMISSÃO ACÚSTICA NA MANUTENÇÃO PREDITIVA E PREVENTIVA 739

centração de tensões (boca de visitas, bocais de conexão, escadas etc). Foram utilizados sensores com pico de ressonância máxima na freqüência de 150 kHz.

O objetivo do ensaio foi o de avaliar a condição de integridade estrutural da qual somente inspeções visuais foram realizadas, e nunca fora submetido a reparos o tanque. Do histórico de operação não se tinha registros da ocorrência de vazamentos, e da inspeção visual sua condição era boa.

O ensaio foi executado durante a operação do tanque, partindo-se do volume de 20% até ser atingido o volume final (100%). Durante o enchimento com o próprio produto do processo (ácido fosfórico), o tanque foi monitorado, e os dados relativos ao comportamento estrutural foram simultaneamente arquivados para posterior análise.

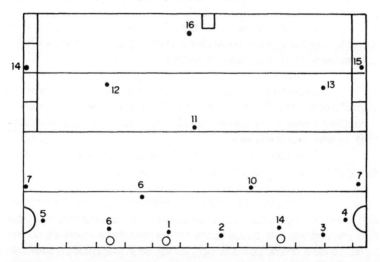

**Figura XX.05** - Tanque ácido fosfórico planificado (altura 6,4 mm, diâmetro 4,2 mm), com distribuição dos sensores conforme recomendação do procedimento ASME Sec. V, Artigo 11.

Os critérios de avaliação adotados pelo procedimento ASME são os seguintes:

- Emissão Acústica detectada durante os patamares de volume constante. Durante o enchimento são monitorados patamares a volume constante de 50%, 75%, 87,5% e 100%. Nestes patamares não é admitido a ocorrência de sinais de

740 TÉCNICAS DE MANUTENÇÃO PREDITIVA

E A após o segundo minuto num total de 4 minutos de patamar.

Este critério é particularmente importante na análise do efeito Creep (viscoelasticidade da matriz).

• Valores da razão Felicity

A razão Felicity é obtida através do quociente entre o percentual de volume onde ocorreram os primeiros sinais de E A, dividido pelo valor máximo do percentual de volume atingido previamente pelo tanque; isto para equipamentos já em operação.

Para casos de vasos novos que nunca operaram, a razão Felicity deverá ser medida a partir do carregamento e descarregamento do tanque, na ocasião do primeiro hidroteste.

O critério estipula que o valor da razão Felicity deverá ser maior ou igual a 0,95.

Este critério tem sua importância para equipamentos já em operação, com o objetivo de avaliar a significância do defeito, a nível de comprometimento de integridade estrutural.

• Critério do número total de contagens.

Excessivo número de contagens é a indicação de severa degradação estrutural, e deve ser considerado como a primeira informação na condução do ensaio. Os valores de contagens estão definidos na tabela T-1181 do referido procedimento.

Tem sua significância na identificação antecipada do colapso da estrutura e do início da degradação no composto.

• Critério de sinais de amplitudes elevados.

A ocorrência de sinais de amplitudes elevadas (80 a 100 dB) está associada ao mecanismo de fratura de fibras. Este fenômeno é o principal responsável pela queda acentuada da resistência mecânica do composto, sendo o critério de maior significância na avaliação de equipamentos novos.

Os resultados das Fig. XX.06 e XX.07 sumarizam as informações obtidas durante o ensaio.

A Fig. XX.06 apresenta a distribuição originada, cujo espectro revela a presença de defeitos do tipo fissuramento na matriz, delaminações e fratura de fibras. A Fig. XX.07 indica as regiões onde se encontram sinais na faixa de 70 a 100 dB, representando portanto as regiões de menor resistência mecânica (posições próximas ao fundo do tanque). Informações adicionais são as de que a razão felicity medida resultou em valor igual a 0,75; e foram obtidos sinais durante todos os patamares a volume constante após o segundo minuto.

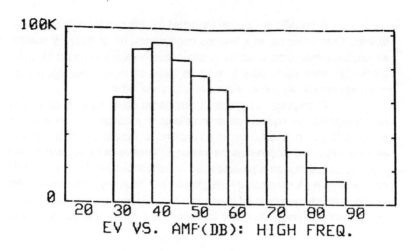

Figura XX.06 - Distribuição de amplitudes.

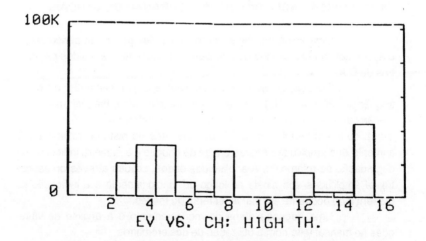

Figura XX.07 - Eventos registrados com amplitudes entre 70 e 100 dB.

A análise dos resultados revela portanto uma condição de integridade comprometida sendo que foi recomendado ao usuário do tanque a substituição imediata, ou reparo nas áreas onde a resistência mecânica foi mais prejudicada pela presença dos defeitos.

**742** TÉCNICAS DE MANUTENÇÃO PREDITIVA

A decisão do usuário foi repará-los até que fosse feita a substituição. Durante os reparos tivemos oportunidade de analizar os defeitos encontrados internamente ao composto, o que revelou trincas internas, delaminações entre camadas e fraturas de fibras, sendo que em algumas regiões a parede do tanque teve que ser totalmente refeita.

O emprego de plásticos reforçados como material alternativo na construção de equipamentos industriais é relativamente recente em nosso país, porém sua aceitação e consumo tem crescido ano a ano. Paralelamente, a solicitação para execução de ensaios por E A também tem crescido, o que mostra a preocupação de fabricante e usuários no controle de qualidade e na condição de integridade estrutural, respectivamente. Isto mostra o amadurecimento do mercado. O uso de novas técnicas de inspeção contribuirão para uma maior confiabilidade e penetração destes produtos.

## XX.40 - EMISSÃO ACÚSTICA NA MONITORAÇÃO DE MANCAIS

Uma típica aplicação de monitorações preditivas periódicas, é o acompanhamento da vida de mancais e rolamentos através dos parâmetros de E A

Conceitualmente os sinais captados por sensores de baixa freqüência (30 a 40 kHz) colocados em contato com o mancal são ondas mecânicas originárias do choque entre os elementos rolantes (esferas, roletes), contra imperfeições (defeitos) presentes na pista de rolamento. O aumento das amplitudes destas ondas de choque é a primeira indicação de degradação do rolamento. A análise dos dados, obtidas através do espectro de amplitudes dos sinais ao longo do funcionamento é a indicação da presença do desgaste em pistas, esferas ou roletes.

Uma segunda etapa do monitoramento é a análise de vibrações no mancal feita com a utilização de acelerômetros.

Os resultados obtidos são as freqüências de vibração (deslocamento e velocidade), úteis na determinação das causas de deterioração no mancal.

Estes dois dados, amplitude dos sinais de E A e freqüência de vibração, quando correlacionados em gráficos permitem predizer a vida de componentes rotativos e a análise das causas de instabilidade. A Fig. XX.08 é exemplo de equipamento destinado a esta aplicação, sendo de fácil operação e custo baixo.

EMISSÃO ACÚSTICA NA MANUTENÇÃO PREDITIVA E PREVENTIVA 743

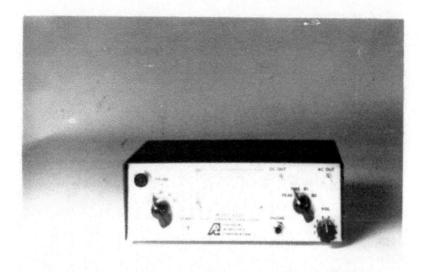

Figura XX.08 - Equipamento destinado a monitoração de mancais.

## XX.50 - EMISSÃO ACÚSTICA NA DETECÇÃO DE VAZAMENTOS

Turbulências provocadas pelo vazamento de fluídos, não são clássicas fontes de Emissão Acústica, porém estas ocorrências são sinais detectáveis por sensores de E A também de baixa freqüência (30 a 60 kHz).

Perdas de hidrocarbonetos, substâncias químicas e vapor, envolvem consideráveis perdas de produtos, em cuja obtenção foram consumidos diversos recursos financeiros, e ainda proporcionam um prejuízo maior ao meio ambiente.

Estes prejuízos monetário e social envolvidos, que na maioria dos casos não são considerados, justificam investimentos na aplicação de técnicas destinadas a eliminarem tais ocorrências.

Novamente um programa preditivo, elaborado com o presente objetivo, diminui custos de produção e paradas não programadas. A Fig. XX.09 apresenta um diagrama de aplicação de monitoramento preventivo de válvulas.

A Fig. XX.10 ilustra o modelo de um equipamento para detecção de vazamentos.

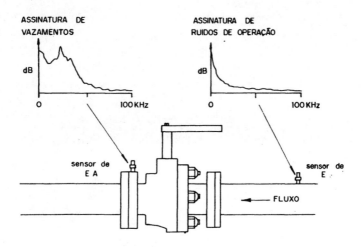

DIAGRAMA DE APLICAÇÃO DE EMISSÃO ACUSTICA PARA PREVENÇÃO DE VAZAMENTOS EM VALVULAS

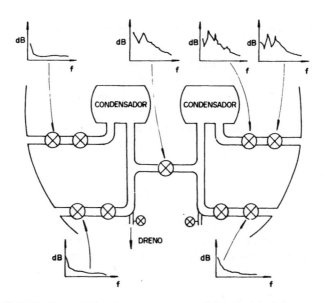

**Figura XX.09** - Esquema do monitoramento de um sistema para controle e prevenção de vazamentos.

EMISSÃO ACÚSTICA NA MANUTENÇÃO PREDITIVA E PREVENTIVA 745

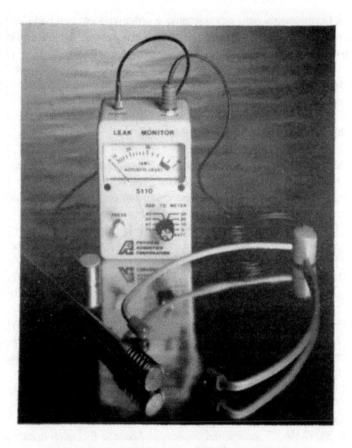

Figura XX.10 - Equipamento para detecção de vazamentos.

As assinaturas são obtidas através do monitoramento das regiões de interesse, cujos resultados caracterizam a eventual ocorrência de vazamentos.

## XX.60 - COMENTÁRIO FINAL

O monitoramento periódico da condição de operação de equipamentos, é a tendência moderna dentro da área de manutenção que traz significativos resultados na redução de custos e otimização dos recursos produtivos, quando comparado aos métodos atuais de paradas por calen-

# 746 TÉCNICAS DE MANUTENÇÃO PREDITIVA

dário. Normalmente este procedimento é oneroso e em boa parte dos casos revelam uma condição adequada, sem que tivesse sido necessário tirar o equipamento de operação.

Emissão Acústica é um dos métodos de acompanhamento da condição, cujo emprego dentro de programas preventivos e preditivos contribuem no aprimoramento da atividade de manutenção.

## XX.70 - REFERÊNCIAS BIBLIOGRÁFICAS

(1) ASME, Sec. V; Acoustic Emission Examination of Fiber Reinforced Plastic Vessels. Artigo 11, S-85

(2) ASTM-E 569-82; Recommended Practice for Acoustic Emission Monitoring of Structures During Controlled Stimulations.

(3) FERES FILHO, PEDRO, FERREIRA DE CARVALHO, NESTOR; "Ensaio de Emissão Acústica: Um Passo Além no Emprego da Técnica", 14º Seminário de Inspeção de Equipamentos, IBP, agosto/86.

(4) DUNEGAN, H.L., TETELMAN A.S., "Non Destructive Characterization of Hidrogen - Embrittlement Cracking by Acoustic Emission Technique", Dunegan Co.

(5) FERES FILHO, PEDRO; EDDIE JOHN BELL, EDUARDO VENTURINI, "Acompanhamento da Progressão de Defeitos Tipo falta de Penetração, Através do Ensaio de Emissão Acústica"; 15º Seminário do IBP, junho/1987.

(6) FERES FILHO, PEDRO "Result's Evaluations of Acoustic Emission Tests Applied to industrial Equipments"; Fifth Pan Pacific Conference on Nondestructive Testing, Vancouver, Canadá, abril/1987.

(7) S. YUYAMA, "Fundamental aspects of Acoustic Emission Applications to the Problems Caused by Corrosion", Dunegan Japan Co.

(8) A.A. POLLOCK, "An Introduction to Acoustic Emission and a Practical Example" - Dunegan/Endevco.

# XXI.0 Ensaios e Controles com Correntes Parasitas

Armando Lopes

## XXI.10 - INTRODUÇÃO

O método eletromagnético de inspecionar metais foi desenvolvido comercialmente pelo Dr. Friedrick Foerster, na Alemanha. Considerável trabalho teórico e experimental foi desenvolvido por F. Foerster e seus colaboradores, tendo como meta primeiramente a inspeção de barras de aço para a indústria, e tendo sido posteriomente aplicado à determinação de descontinuidades superficiais e sub-superficiais nas peças metálicas em geral.

Hoje, o ensaio não destrutivo por correntes parasitas tem larga aplicação no meio industrial, em todas as áreas de atuação (tubos, autopeças, aeronáutica, naval, bélica, etc.).

Internacionalmente, o método é comumente utilizado na manutenção industrial e pouco a pouco vem sendo utilizado no Brasil com ênfase na inspeção de feixes tubulares de trocadores de calor e no acompanhamento da vida útil dos cilindros de laminação e peças críticas de aeronaves.

O objetivo deste trabalho é esclarecer os princípios do método e demonstrar as reais vantagens e limitações de sua utilização em manutenção preventiva.

## XXI.20 - PRINCÍPIO BÁSICO DO TESTE

A base de todos os métodos de correntes parasitas é aquele de detectar variações nas propriedades eletromagnéticas do material a ser inspecionado por meio de um campo magnético alternado. Como exemplo, o princípio de funcionamento é explicado na Figura XXI.01 logo a seguir.

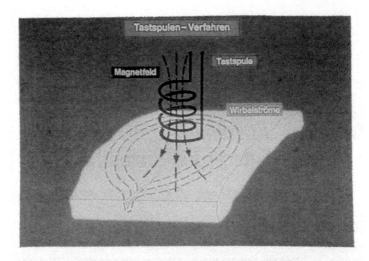

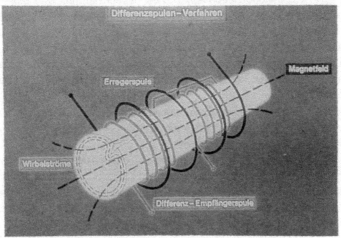

**Figura XXI.01**

O material a ser inspecionado é definido por duas características:

1) permeabilidade magnética, (em especial para material ferromagnético).
2) condutividade elétrica.

# ENSAIOS E CONTROLES COM CORRENTES PARASITAS

A Bobina Indutora, alimentada por corrente alternada, gera o campo magnético primário que, por sua vez, gera as correntes parasitas no material. Estas correntes parasitas por sua vez geram um campo magnético secundário, em direção contrária ao campo primário. Assim, o campo primário será tanto mais atenuado quanto mais intenso for o campo secundário. Ou seja, cada variação do campo secundário influencia a superposição dos dois campos, que é responsável pelo sinal resultante, já que o campo primário é normalmente mantido constante.

As alterações no campo secundário são causadas por variações na intensidade das correntes parasitas. Alterações locais podem ser devidas à variações locais de $\sigma$ e/ou $\mu$. Isto significa que alterações locais destas variáveis podem ser detectadas pelo método de correntes parasitas. Porém, alterações locais de condutividade podem ter origens completamente diversas:

1) trincas ou descontinuidades no material com diferentes formas geométricas.

2) variações na composição do material.

O objetivo da técnica de correntes parasitas é detectar falhas ou defeitos com respeito a tipo, tamanho, geometria, forma e posição. Para tanto, um sinal de detecção otimizado deve ser gerado, para que proporcione a melhor informação.

## XXI.30 - FUNDAMENTOS DO MÉTODO

A Figura XXI.01 que simboliza um sistema de inspeção, pode ser transformado no circuito esquemático da Fig. XXI.02, que demonstra as principais características do método. A reatância inductiva é composta pela parcela da bobina A e pela peça. O mesmo vale para a resistência, devido à superposição dos campos magnéticos primário e secundário. Assim, defeitos gerando variações na intensidade das correntes parasitas alteram a impedância do sistema. A impedância do sistema é representada no plano complexo por um vetor, definido pelo comprimento Z (amplitude) e pelo ângulo x (fase).

A condutividade do material a ser investigado desempenha um papel importante, já que a geração e o comportamento das correntes parasitas no material dependem muito desta característica.

Isto é demonstrado pelo exemplo da Figura XXI.02

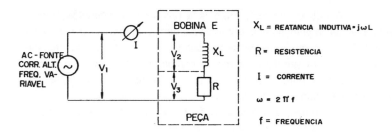

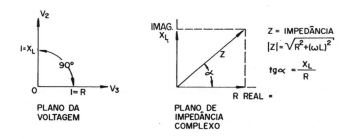

**Figura XXI.02**

Uma bobina bobina vazia com reatância indutiva $X_{Lo}$ alimentada por uma voltagem alternada V1 com freqüência $f_1$ apresenta a impedância mostrada pelo vetor 1 no plano de impedâncias. Colocando-se aço austenítico no interior da bobina, o vetor gira até a posição 2, devido à maior condutividade deste material. Aumentando a condutividade, correntes parasitas são geradas, com duas conseqüências:

1) o campo secundário torna-se mais forte, diminuindo $X_L$.
2) perdas devidas à resistividade aumentam, aumentando, portanto, R.

Devido à isto, tanto a fase como a amplitude do sinal resultante variam com relação ao sinal de entrada. Para condutividades ainda mais elevadas, R diminui devido à menor resistência e tende hipoteticamente a zero, caso a condutividade tendesse ao infinito.

Relacionando a resistência R e a resistência $X_L$, com aquela da bobina vazia, $X_{Lo}$, as extremidades do vetor impedância para materiais de diferentes condutividades podem ser localizadas em uma curva conhe-

# ENSAIOS E CONTROLES COM CORRENTES PARASITAS

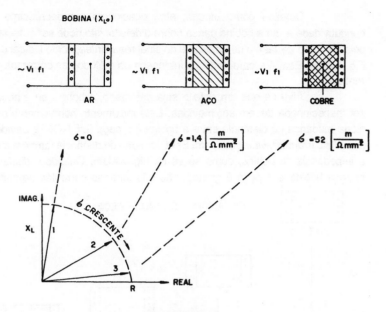

Figura XXI.03

cida como "curva de impedância", mostrada, esquematicamente, na Fig. XXI.04. Para um dado material e para uma dada freqüência, o ponto de trabalho P na curva é dado pelo vetor impedância.

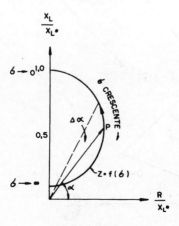

Figura XXI.04

Defeitos como trincas, etc., ocasionam um decréscimo na condutividade e, se a bobina passa sobre o defeito, isto pode ser detectado pela variação de fase e de amplitude do sinal resultantes, como indicado na Fig. XXI.04. Esta é a característica intrínseca do método das correntes parasitas.

Afim de que um defeito seja detectado, a bobina ou a peça a ser inspecionada devem ser movidas. Este movimento normalmente ocasiona mudança na distância entre a bobina e a peça (LIFT-OFF), devido à superfície irregular, vibrações, etc. Esta variação de distância também afeta a impedância da bobina, como se vê na Fig. XXI.05. Quando a distância entre a bobina e a peça é grande, não são geradas correntes parasitas,

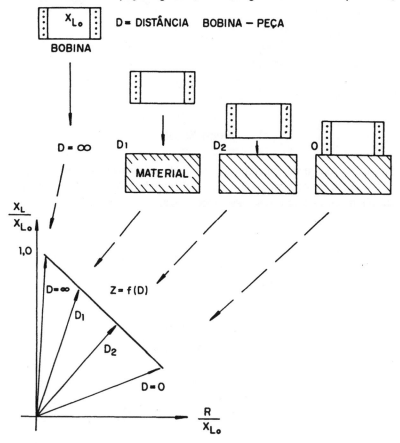

Figura XXI.05

sendo este o caso de uma bobina vazia como mostra o vetor 1, na Fig. XXI.03. Para distância zero, o caso é bem similar ao vetor 3, na figura XXI.03. As extremidades do vetor impedância para as distâncias D1 e D2, se unidas àquelas representando zero e infinito, resultam em uma linha quase reta. Esta curva é denominada "curva lift-off" e mostra a impedância como função da separação entre bobina e peça. O efeito "Lift-Off" é um efeito perturbador ou variável indesejável. Além disso, a variação da impedância devido ao "Lift-Off" é normalmente maior do que a variação por defeitos. Por isso, é de importância capital separar estes dois efeitos dentro do sinal resultante.

## XXI.40 - PRINCÍPIO DA SEPARAÇÃO DE FASE

A partir da combinação das "curvas de condutividade" e de "lift-off", pode-se concluir como a impedância se comporta quanto à defeitos e a "Lift-Off". Isto se demonstra na figura XXI.05. A variação da impedância devido a defeitos se move ao longo da "curva de condutividade", normalmente em direção à condutividade decrescente. A variação da impedância devido ao "lift-off" move-se ao longo da "curva de lift-off".

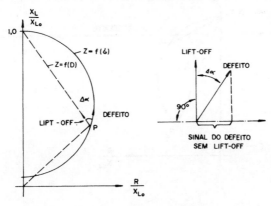

Figura XXI.06

É importante notar que as duas variações de impedância se movem em direções distintas, havendo entre elas uma "variação de fase". Esta "variação de fase" pode ser utilizada para separar os dois efeitos e para eliminar a perturbação devida ao "lift-off" do sinal. O procedimento principal é mostrado na figura XXI.06 acima. Por um dispositivo eletrônico variador de fase, a fase do sinal (em relação ao sinal gerador) é deslocada de tal maneira que o vetor forme um ângulo de 90º com o efeito "lift-off". Isto proporciona a eliminação deste efeito pela discriminação de fase. O sinal remanescente é, agora, a projeção da variação da impedância do defeito sobre a direção de indicação.

Afim de obter a maior vantagem da técnica de discriminação de fase, o ângulo de fase entre os dois efeitos deve ser maximizado. O ponto de trabalho P, na Fig. XXI.06 deve ser escolhido de maneira a fornecer um ângulo de fase ótimo. Para um dado material e bobina indutora, isto pode ser atingido variando a freqüência de excitação do sistema.

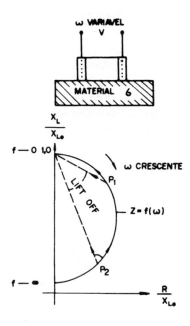

Figura XXI.07

## XXI.50 - CURVA DE FREQÜÊNCIA

A profundidade de penetração do campo magnético alternado, que gera as correntes parasitas, depende da freqüência excitadora. A pro-

ENSAIOS E CONTROLES COM CORRENTES PARASITAS **755**

fundidade de penetração é maior para baixas freqüências e menor para altas freqüência, fenômeno este conhecido como "efeito pelicular". Assim, em geral, a profundidade de penetração decresce com o aumento da freqüência para um dado material. Pelo fato de o campo magnético primário ser responsável pela geração das correntes parasitas, a impedância medida depende da freqüência. Esta dependência é esquematizada na figura 3.6. Para freqüência zero, inexistem correntes parasitas. Por isso, a reatância da bobina e a resistência não são alteradas. Quando a freqüência aumenta, dois efeitos são observados:

1) a profundidade de penetração decresce e, portanto, a densidade das correntes parasitas aumenta. O campo magnético secundário oposto diminui $X_L$.

2) as perdas de correntes parasitas aumentam, portanto, R também aumenta.

Isto prossegue até R alcançar um valor máximo. Acréscimos adicionais de freqüência reduzem a penetração, resultando na diminuição de $X_L$, mas R também diminui devido a um menor volume ativo de correntes parasitas. Para freqüências tendendo ao infinito, a penetração aproxima-se de zero. A curva resultante é a "curva de freqüência" de forma similar à "curva de condutividade".

Variações de freqüência permitem mover o ponto de trabalho P para um dado material e para um dado sistema detector. Isto é muito favorável visando uma separação otimizada entre os sinais de defeito e de "lift-off". Como pode-se deduzir da Figura XXI.06, a posição P1 não é muito adequada para discriminação de fase entre os dois componentes do sinal, devido à pequena variação de fase. Aumentando a freqüência, o ponto de trabalho desloca-se para P2, onde se obtém uma melhor variação da fase. Com este procedimento, as condições de medição podem ser otimizadas de acordo com o problema a ser resolvido.

### XXI.60 - TIPOS DE SONDAS E BOBINAS

Toda a informação sobre o material que é ensaiado é obtida através de uma sonda ou bobina de teste, portanto é um dos componentes de grande importância num sistema de ensaios por correntes parasitas.
As bobinas podem ser classificadas como:
**Sondas** - usualmente utilizadas na inspeção manual de superfície planas
Figuras XXI.08 e XXI.09.

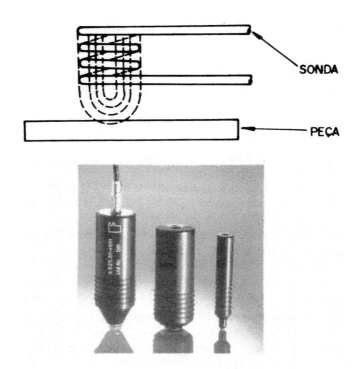

Figura XXI.08

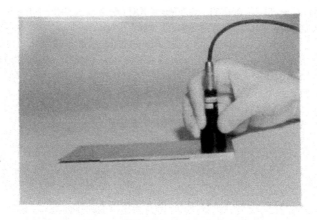

Figura XXI.09

XXI.10. **Bobinas Externas:** (ou Envolventes) ilustrada na Figura

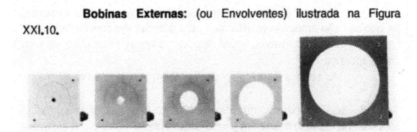

**Figura XXI.10**

**Bobinas Internas:** ilustradas na Figura XXI.11.

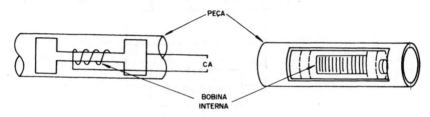

**Figura XXI.11**

Figura XXI.12 mostra a distorção do fluxo de correntes parasitas na presença de uma descontinuidades num tubo, quando usamos bobinas externas e internas.

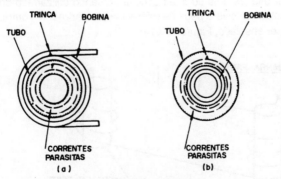

**Figura XXI.12**

**Figura XXI.12** - Distorção do fluxo de correntes parasitas com bobinas externas e internas.

Na detecção de descontinuidades em barras, tubos e arames, as bobinas são amplamente utilizadas para detectar descontinuidades longitudinais, que são a maioria, e para detectar as transversais utiliza-se uma sonda rotativa.

As sondas e bobinas podem também ser classificadas como:

Simples - onde o mesmo enrolamento utilizado para induzir as correntes parasitas no material é também usado para captar a mudança na impedância.

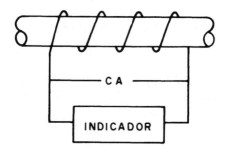

Figura XXI.13 - Ensaio com uma bobina simples (absoluta).

Estas bobinas são, às vezes, utilizadas na diferenciação de materiais quanto à composição química, dureza, tratamentos térmicos, etc., podendo ser usadas uma ou duas bobinas. Quando utilizam-se duas bobinas, uma delas envolve a peça de referência (ou padrão) e a outra, o material que irá ser ensaiado, Figura XXI.14

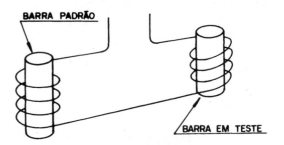

ENSAIO COM DUAS BOBINAS SIMPLES (ABSOLUTAS)

Figura XXI.14 - Ensaio com duas bobinas simples(absolutas).

ENSAIOS E CONTROLES COM CORRENTES PARASITAS 759

Duplas - onde há dois enrolamentos: o primário, pelo qual circula a corrente de excitação, e o secundário, que capta a mudança no fluxo de correntes parasitas no material, Figura XXI.15

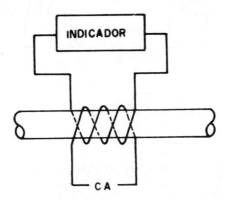

Figura XXI.15 - Ensaio com uma bobina dupla (absoluta).

As bobinas simples e duplas podem também ser classificadas como absolutas ou diferenciais. As bobinas duplas absolutas Figura XXI.15, são principalmente utilizadas na diferenciação de materiais quanto à composição química, dureza, tratamentos térmicos, etc. A maior limitação deste tipo de bobinas no caso de detecção de descontinuidade, é que elas são também sensíveis à variações localizadas (ou pontuais) do diâmetro e da espessura da peça.

As bobinas duplas diferenciais eliminaram este problema, Figura XXI.16.a, desde que o secundário tem dois rolamentos em série e em oposição, que examinam e comparam duas seções do material. Se ambas seções do material apresentam as mesmas características, as impedâncias serão iguais, e, desde que os enrolamentos são opostos, a saída é zero Fig. XXI.16.a. Se existe uma diferença (ou descontinuidade) numa das duas seções do material existirá uma diferença de impedância e, portanto, uma indicação no instrumento Figura XXI.16.b

As bobinas duplas diferenciais podem ter várias configurações de enrolamento secundário, no caso de detecção de descontinuidades. As Figs. XXI.17 e XXI.18 ilustram algumas destas alternativas com as respectivas saídas.

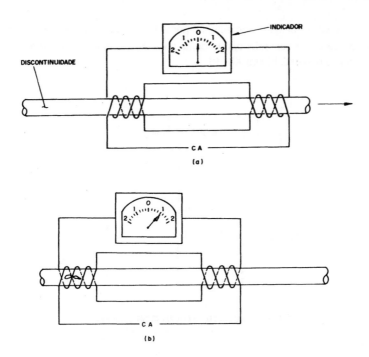

Figura XXI.16 - Bobinas duplas diferenciais.

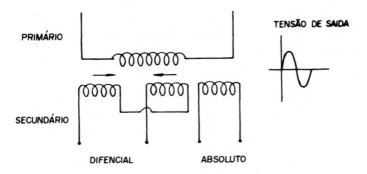

Figura XXI.17 - Bobina dupla diferencial (secundário formado por três enrolamentos).

# ENSAIOS E CONTROLES COM CORRENTES PARASITAS

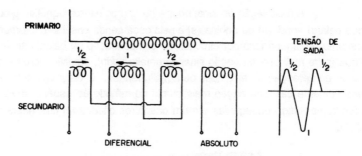

Figura XXI.18 - Bobina dupla diferencial (secundário formado por quatro enrolamentos).

## XXI.70 - SISTEMA TÍPICO DE TESTE POR CORRENTES PARASITAS

Na Figura XXI.19 mostramos o diagrama de blocos de um típico sistema de testes por correntes parasitas:

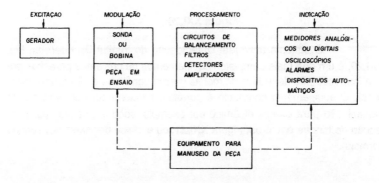

Figura XXI.19 - Funções principais dos sistemas de ensaio por correntes parasitas.

Um gerador é usado para excitar as bobinas de teste. A fim de se adaptar à condutividade do material, sua freqüência pode ser variada, geralmente em passos. Para uma típica classe de problemas de teste, há uma banda típica de freqüência de testes. Por exemplo, cobre e tubos de latão são testados com freqüência entre 1 e 30 kHz.

A modulação do sinal ocorre no campo eletromagnético produzido pela(s) sonda(s) ou bobina (s) e pela peça sendo ensaiada. O processamento do sinal é feito por circuitos de compensação ou balanceamento, filtros (para melhorar a relação sinal de defeito/ruído), amplificadores e circuitos de detecção de amplitude ou amplitude/fase. O diagrama colocado visa somente dar uma noção mais ampla do método ao usuário; maiores informações são conseguidas em um dos livros citados no final deste capítulo.

Figura XXI.20

O sistema universal Defectoscop do Institut Dr. Foerster, Fig. XXI.20, é um dos mais completos equipamentos de correntes parasitas para a inspeção não destrutiva de metais (ferromagnéticos e não-ferromagnéticos). O equipamento compacto é portátil e funciona com um sistema de transmissão para exame dinâmico por exemplo, sondas rotativas para detecção de trincas em furos, Figura XXI.21, ou estático por exemplo, sondas normais).

Figura XXI.21

ENSAIOS E CONTROLES COM CORRENTES PARASITAS 763

O gráfico abaixo é o registro do teste de um tubo de 18 mm de diâmetro com 2,7 mm de espessura de parede. Note que a amplitude da indicação do sinal de defeito aumenta em função da profundidade do mesmo.

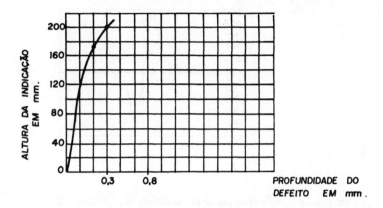

Figura XXI.22 - Amplitude da indicação do sinal em função da profundidade do defeito.

As sondas podem ser divididas em absolutas e diferenciais de acordo com o arranjo dos enrolamentos.

As figuras XXI.23.a, b, c e d indicam a geometria e o sinal de uma sonda absoluta e outra diferencial respectivamente:

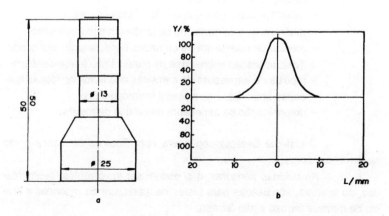

Figura XXI.23 a e b - Sonda absoluta de baixa freqüência (ref. 2.830.01 - 2011).

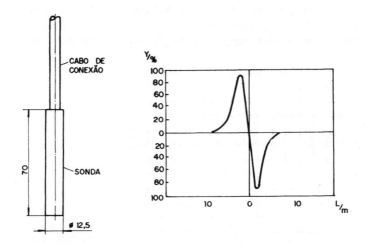

Figura XXI.23 c e d - Sonda diferencial de alta freqüência (ref. 2.895.01 - 1301).

Os testes descritos abaixo são alguns dos quais podem ser executados pelo Defectoscop:

- detecção de trincas durante inspeção em atividade de manutenção de aeronaves
- determinação de condutividade elétrica de metais
- determinação do conteúdo de ferrite em aço austenítico
- medida de espessura de camadas eletricamente não condutivas, aplicadas sobre base de material não ferromagnético
- medida de espessura de camadas não ferromagnéticas aplicadas sobre base de material ferromagnético
- determinação de espessura de parede de metais.

O sistema Defectoscop opera com Bobinas ou Sonda como sistemas sensores.

As bobinas sensoras, que podem ser envolventes, segmentadas, ou internas, são usadas para testes de tubos, barras redondas e arame de material ferroso e não ferroso.

No exemplo abaixo foi testada uma barra de 19 mm de diâmetro com bobina redonda envolvente.

ENSAIOS E CONTROLES COM CORRENTES PARASITAS

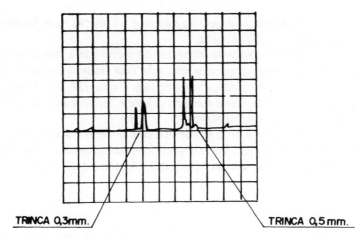

Figura XXI.24 - Registro gráfico de defeitos de 0,3 mm de largura com 0,3 e 0,5 mm de profundidade, respectivamente.

## XXI.80 - EXEMPLOS PRÁTICOS DE APLICAÇÃO

**Exemplo I** - Detecção de trincas de fadigas em furos revestidos por embuchamento

Na manutenção de estruturas de aeronaves, os furos são freqüentemente superdimensionados, o qual é executado após a detecção de trincas de fadiga, ranhuras profundas ou outras descontinuidades no diâmetro interno do tubo.

A resistência à fadiga em tais posições críticas de partes feitas de alumínio é geralmente renovada pela instalação de guia de aço no tubo, Figura XXI.25

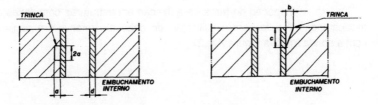

Figura XXI.25 - Tipos de descontinuidades comuns em furos.

A grande vantagem do método é a inspeção da evolução das trincas sem a remoção da bucha. Durante o acompanhamento da resistência à fadiga, os furos foram periodicamente inspecionados, após uma indicação inicial de existência de trinca, os testes foram prolongados durante 500 e 1000 horas de vôo, e somente então, com o aumento da indicação, a peça foi desmontada e investigada microscopicamente.

Uma outra peça apresentou uma primeira indicação de trinca com 21000 horas de vôo. Foi acompanhada a sua evolução e, após 22500 e 23000 horas de vôo, quando foi substituída Figuras XXI.26 a e b

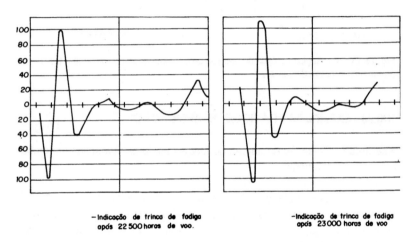

— Indicação de trinca de fadiga após 22 500 horas de voo.

—Indicação de trinca de fadiga após 23000 horas de voo

Figura XXI.26

**Exemplo II** - Inspeção rápida e segura de furos para fixação em partes de aeronaves

A inspeção de furos para fixação em estruturas complexas de multicamadas é feita com a utilização do cabeçote rotativo em conjunto com a sonda rotativa Figura XXI.27

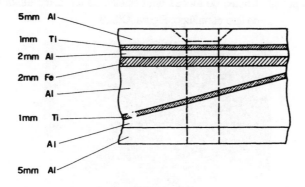

**Figura XXI.27** - Furo de fixação em estrutura complexa multicamada.

O sistema Defectoscop, através do seu plano de impedância, permite identificar diferentes sinais de trincas localizados nas diferentes camadas

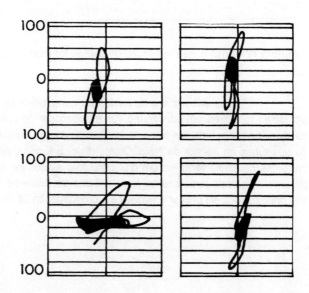

**Figura XXI.28** - Diferentes sinais de trincas localizadas nas diferentes camadas.

**Exemplo III** - Ensaio de trincas em palhetas de um compressor de turbina do tipo centrífugo, Figura XXI.29

**Figura XXI.29**

**Exemplo IV** - Ensaio de espessura de parede de tubos trocadores de calor.

Todos sabemos que, devido às características de montagem em feixes tubulares em condensadores e trocadores de calor, a utilização de técnicas convencionais torna-se inviável devido às condições de acesso aos tubos no interior do feixe. Diante disto, a técnica de inspeção por correntes parasitas torna-se um dos principais aliados no controle da espessura de parede tanto interna como externa em tubos de latão. Com esse controle, pode-se prever a vida útil e a programação de sua substituição.

Figura XXI.30 a

**Exemplo V** - Detecção de trincas e Pontos de Dureza localizados em cilindros de laminação.

Mesmo com a evolução nas técnicas de fabricação e uso de cilindros, os acidentes de laminação ocorrem com certa freqüência. As perdas de cilindros ou de camadas superficiais devido à trincas ou lascamentos, atingem ainda relações de 30 a 70% de perdas, ou seja, perdas por acidentes atingem até 70% de vida dos cilindros, 30% restantes são gastos na laminação propriamente dita e nas retificações.

Um dos problemas mais freqüentes e que constitue o principal problema de sucatamento e perdas de vida útil, diminuindo sensivelmente o problema dos cilindros, são os lascamentos ou spalling em cilindros de laminação a frio.

O mecanismo de formação desta quebra na maioria dos casos está indicado na figura XXI.31

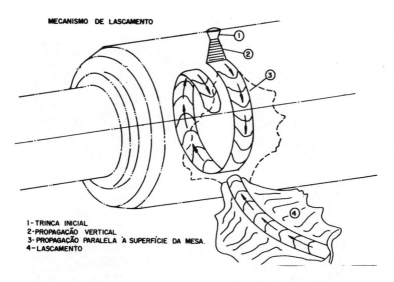

**Figura XXI.31**

Um outro problema não menos importante são as micro trincas superficiais nos cilindros de laminação a frio. Elas sempre ocorrem devido a um acidente localizado, provocado por algum tipo de acidente de laminação ou mesmo por retificação inadequada.

As Figs. XXI.32 mostram a curva de dilatação de um aço usado em cilindros onde um aumento de temperatura ocasionou uma retêmpera e o caso onde houve apenas um revenido. Dependendo da gravidade do acidente de laminação e da resistência a trincas térmicas do material, poderemos ter uma área na superfície do cilindro termicamente afetada, cuja dureza será superior ou inferior a dureza original do cilindro (normalmente aproximadamente 90 shore C), apresentando ou não trincas superficiais.

Os cilindros de laminação são muito sensíveis a superaquecimentos localizados e, quando usados sem eliminar as trincas formadas, os lascamentos serão inevitáveis.

Diante deste fato, é recomendado fazer uma inspeção rigorosa na superfície da mesa destes cilindros.

Muitos métodos até hoje utilizados nesta inspeção não provaram sua eficácia, dentre eles podemos citar o uso de líquidos penetrantes e o mais comum deles, a utilização de ultra-som com cabeçote de ondas superficiais. Tal método, além de ser moroso, não detecta micro trincas muito

# ENSAIOS E CONTROLES COM CORRENTES PARASITAS

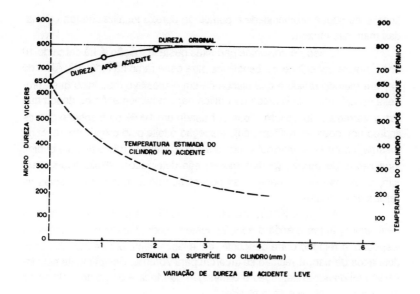

Figura XXI.32 a - Variação de dureza em acidente leve.

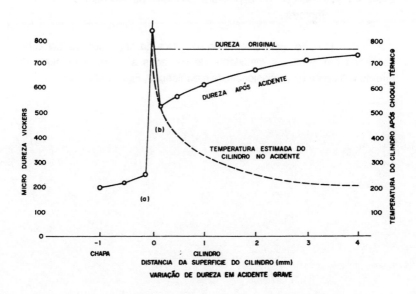

Figura XXI.32 b - Variação de dureza em acidente grave.

# TÉCNICAS DE MANUTENÇÃO PREDITIVA

finas e de pouca profundidade e pontos de dureza localizados (as chamadas manchas moles).

O uso de correntes parasitas nesta inspeção já há cerca de 10 anos, trouxe consideráveis benefícios para esse ramo da indústria. Além de ser um método rápido e que dispõe de um dispositivo mecânico que aproveita os próprios movimentos da retífica para movimentação da sonda que faz a varredura do cilindro. Pode ser usado em 100% da inspeção dos cilindros em todas as retíficas, cuja inspeção é feita pelo próprio operador da mesma, contudo, a principal vantagem é que qualquer micro trinca e pontos localizados de dureza (pontos moles) são detectados, eliminando-se, assim, as perdas por acidente e as por retirada de camadas excessivas na retífica dos cilindros.

A Figura XXI.33 mostra a evolução de performance em uma Siderúrgica, antes e após a adoção deste método. Observe que, antes da inspeção, a relação entre desgaste real e lascamento era de 30/70%; após dois anos de uso, a relação se inverteu para 70/30%. Basicamente esta inversão foi devido à detecção e eliminação da trinca e do ponto mole antes que o cilindro voltasse ao laminador.

**Exemplo VI -** Medição de espessura de camadas em eixo comando de motores.

No acompanhamento do desgaste da espessura de camadas de peças em geral, os medidores de camadas são um instrumento de grande valia para os profissionais de manutenção, Figura XXII.34

# ENSAIOS E CONTROLES COM CORRENTES PARASITAS

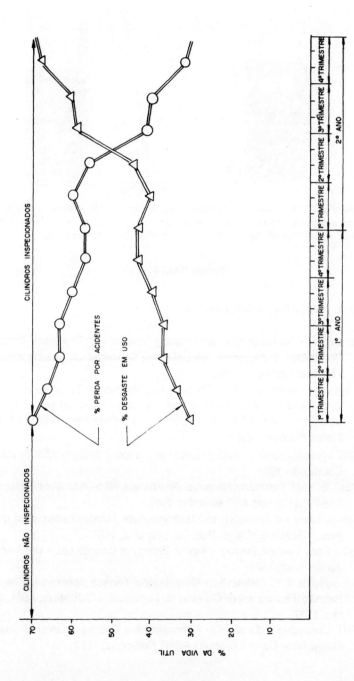

**Figura XXI.33**

Isometer S 2.320 – Medição de espessura de camadas eletricamente não condutivas sobre materiais base não ferromagnética.

Monimeter S 2.310 – Medição de espessura de camada não-magnéticas sobre materiais base ferromagnética.

Figura XXI.34

## XXI.90 - LEITURA RECOMENDADA

Foerster, F. - An Electromagnetic Sorting System with Completed Sorting Possibilities and Absolute Record of the Characteristic Testing Values - Material Testing 14, 1972

Foerster, F. - Measurement of Physical and Mechanical Technological Material Properties with Nondestrutive Methods - Paper presented at the Conference of the German Society for Nondestructive Testing - Freilassing/Salzburg, 1973

ASNT - Nondestructive Testing Handbook - Second Edition - ASNT - vol. 4 Columbus - 1986

ABENDE - VII Seminário Nacional de Ensaios Não-Destrutivos - Rio de Janeiro, 31 agosto a 02 setembro 1987

Hugh L. Libby - Introduction to Electromagnetic Nondestructive Test Methods - Robert E. Krieger Pub. Co. Hampton, 1985

AEC - Eddy Current Testing - Atomic Energy of Canada Ltd. - Vol. I Academic Press, 1984

B. Jusenicius e F. Dialetavhi: - Contribuição Técnica Apresentada na 2º Reunião Técnica sobre Cilíndros de Laminação - COLAM da ABM, Junho, 1987

ASNT Continuing Education in Nondestructive Testing - Level III Study Guide: Eddy Current Method - ASNT Columbus, 1983

# XXII.0 Procedimentos e Técnicas não Convencionais

**L.X. Nepomuceno**

O desenvolvimento da tecnologia deu origem ao aparecimento de diversas técnicas de ensaios não-destrutivos pouco conhecidos em nosso meio, assim como certas técnicas e procedimentos foram introduzidos na indústria, permitindo maior confiabilidade e segurança na operação e funcionamento de máquinas e equipamentos. Um dos pontos de maior importância é a verificação da vida útil residual que um componente genérico apresenta quando existe uma descontinuidade numa região qualquer. A avaliação da vida residual de componentes e estruturas é uma categoria de análise de sistemas em base a interpretação dos resultados observados com os ensaios não-destrutivos, assim como dos dados obtidos com a avaliação não destrutiva das dimensões e posicionamento das descontinuidades.

Como se trata de técnicas bastante especializadas, nosso estudo será essencialmente descritivo, assim como bastante resumido, visando fornecer tão somente dados básicos para que os interessados possuam conhecimento do que existe na atualidade. Obviamente, serão verificados tão somente os aspectos que interessam à manutenção.

## XXII.10 - ENSAIO BASEADO NA RESSONÂNCIA MAGNÉTICA NUCLEAR

As técnicas de ressonância magnética nuclear, assim como as técnicas de ressonância do spin dos elétrons são procedimentos isentos de contacto visando medir e verificar as propriedades de um material qualquer. No passado recente essas técnicas eram limitadas aos laboratórios de Física e visavam executar medidas em amostras de tamanho bastante reduzido, para fins tipicamente especulativos. Diversos laboratórios estudaram e desenvolveram tais técnicas para um estudo detalhado para compreender os fenômenos fundamentais dos processos nucleares e químicos das substâncias.

# 776 TÉCNICAS DE MANUTENÇÃO PREDITIVA

O método da ressonância magnética é baseado na maneira como os núcleos atômicos reagem aos campos magnéticos. Observou-se que a reação ou resposta depende exclusivamente do ambiente envolvendo o átomo. Esta propriedade ou característica torna possível detetar de maneira seletiva um determinado material, assim como medí-lo, na presença de outros materiais, que podem inclusive conter elementos atomicamente semelhantes. Como o ambiente atômico local apresenta diferenças na presença de moléculas de materiais diferentes, ter-se-ão freqüências de ressonância diferentes e que são associadas a tais condições.

A ressonância magnética é produzida pelas forças entre o momento magnético dos núcleos em seu movimento de spin (ou electrons que não estejam em pares) e um campo magnético aplicado externamente. A freqüência da ressonância é proporcional à intensidade do campo magnético externo e a uma constante fixa para eléctrons e para cada espécie de núcleo. Assim sendo, para um campo magnético de intensidade fixa, as ressonâncias dos electrons e dos diversos tipos de núcleos ocorrem em freqüências diferentes; tais freqüências ocorrem de maneira típica na faixa elevada de rádio freqüência para ressonância magnética nuclear e na faixa de micro ondas para a ressonância dos spin de eléctrons. É perfeitamente possível executar a deteção da ressonância por meio dos métodos de medida dos campos eletromagnéticos. Normalmente o material ou item que interessa é posicionado num campo magnético estático e as ressonâncias são detetadas através de um campo magnético produzido por radiofreqüências aplicada externamente. Como são necessários tão somente um campo magnético e um campo de radiofreqüência para a deteção, o método é basicamente isento de contacto e pode ser usado para detetar materiais inclusive embalados desde que o meio intermediário utilizado na embalagem possa ser atravessado pelos campos mencionados.

Desde o início da década dos cinquenta que estão sendo realizados estudos e pesquisas para o desenvolvimento da instrumentação necessária à execução das medições envolvidas, particularmente apresentando grande variedade de modos e sempre com exigências e requisitos bastante especiais, principalmente no que se refere a medição e controle. Existe atualmente um número apreciável de instrumentos destinados a medições quantitativas bastante precisas de constituintes determinados, tal como umidade, numa variedade de produtos e matéria prima. Existe atualmente sistema aptos a executar medições e identificações em volumes da ordem de cem mil centímetros cúbicos, assim como sistemas capazes de executar medições em circulação através de áreas retas de 36x61 cm. Existem, inclusive, sistemas aptos a medir, pela ressonância magnética

# PROCEDIMENTOS E TÉCNICAS NÃO CONVENCIONAIS

nuclear para verificar a parte externa de estruturas fisicamente apreciáveis, como determinar o grau de umidade em lages de pontes de concreto.

Como exemplo podemos citar a aplicação da ressonância magnética nuclear para medir, com grande vantagem, a percentagem de umidade em alimentos e outros produtos que contenham hidrogênio entre seus constituintes. Pela diferença nas características da resposta entre o sinal do hidrogênio num líquido daquele quando num sólido, é possível a sua diferenciação imediata. É ainda possível, em vários casos, separar o sinal do hidrogênio de um composto daquele hidrogênio num outro composto no mesmo estado físico, como os óleos contidos na água, os sólidos explosivos daqueles não explosivos, tais como plásticos. Tal característica permite examinar de maneira totalmente não destrutiva e sem contacto, o conteúdo de cartas, envelopes e pacotes enviados pelo correio; caso contenham plástico em seu interior, possivelmente explosivo, a mesma é imediatamente identificada e separada para as providências cabíveis, valendo para toda bagagem.

Um outro exemplo é a aplicação da ressonância magnética nuclear na medida quantitativa do fluxo de carvão, com medição da composição, nível de umidade e conteúdo calorífico.

Os esforços aplicados no assunto, permitiram que a ressonância magnética nuclear avançasse do estágio de ferramenta de laboratórios ao de técnica de medição e avaliação prática em várias aplicações industriais, comerciais, militares, segurança patrimonial e seguros normais e aplicações ambientais. A vasta experiência catalogada até o presente deu como resultados um avanço apreciável no campo da ciência pura e da tecnologia, possível pela criatividade dos grupos envolvidos com o problema.

## XXII.20 - ENSAIO PELA ALTERAÇÃO DO CAMPO MAGNÉTICO

Foi desenvolvido recentemente pelo Southwest Research Institute um método destinado a detetar a deterioração dos vergalhões de aço nas estruturas de concreto. O método consiste na aplicação de um campo magnético constante no componente sendo ensaiado e varrendo toda a extensão (comprimento) do componente com um sensor magnético. Tal varredura deve ser essencialmente paralela a cada elemento da armação do concreto (vergalhão) para detetar as eventuais alterações no campo magnético aplicado, alterações essas causadas por anomalias, tais como deterioração do aço ou outros tipos de descontinuidades ou falhas.

Há mais de um quarto de século que vários componentes estruturais são constituídos por "concreto protendido", sendo comum o seu

# TÉCNICAS DE MANUTENÇÃO PREDITIVA

uso em pontes, túneis de vias subterrâneas (metrô) e túneis ferro e rodoviários. Ultimamente o concreto protendido ampliou enormente suas aplicações, existindo uma variedade enorme de configurações estruturais à disposição dos interessados. Normalmente, de um ponto de vista básico, os componentes protendidos são de dois tipos: pré-tensionados e pós-tensionados. Os primeiros são habitualmente fabricados numa instalação determinada, onde existem facilidades de fabricação e ferramental necessário à produção. Quando se trata do material pós-tensionado, são colocados dutos metálicos nos locais específicos com a configuração adequada ao concreto, antes da colocação do mesmo concreto no estado pastoso. Depois da operação de derrame do concreto, sua acomodação nos locais específicos e sua cura, os elementos metálicos (tarugos, barras ou vergalhões) são tensionados. O vazio que aparece entre o duto e o material de reforço é cheio com argamassa.

Como a capacidade de resistir as várias cargas no caso de membros estruturais de concreto protendido pré- ou pós-tensionado depende essencialmente dos reforços de aço, seja barras, vergalhões, tarugos ou treliças, a integridade do aço é de importância primária e fundamental. Existem evidências conclusivas que a deterioração dos elementos de aço devido a corrosão ocorre comumente e tal deterioração afeta, de maneira criticamente elevada a resistência da estrutura. A maioria das inspeções que são realizadas comumente são baseadas fortemente em manchas de ferrugem, rachaduras e entumecimento do concreto; tais observações indicam a presença de um problema no aço de reforço. Observe-se que a deterioração, assim como a fratura do aço de reforço pode ocorrer sem ser precedida de evidências visuais nas superfícies externas dos componentes de concreto.

As equipes do Southwest Research Institute citam o seguinte exemplo como uma das aplicações do método, com vantagens indiscutivelmente favoráveis. Numa ponte na cidade de Salt Lake City, contendo 192 vigas existia cerca de 21 barras que estavam com suspeita de fraturas. A presença de fraturas e corrosão nas barras pós-tensionadas foi determinada por somente duas evidências:

a) Uma das barras ao fraturar originou um barulho bastante intenso, percebido por várias pessoas que se encontravam na área.

b) A existência de barras soltas e porcas que tensionavam as barras, durante uma inspeção visual de rotina.

Foram executadas algumas inspeções utilizando uma escolha arbitrária na ponte e detetou-se não somente falhas no aço de reforço como

# PROCEDIMENTOS E TÉCNICAS NÃO CONVENCIONAIS

ainda que as configurações utilizadas na realidade nas vigas e longarinas não coincidam com as estabelecidas nos desenhos do projeto. Com isso, observa-se que o método é não somente promissor no que diz respeito a deteção da corrosão e fratura nos vergalhões de aço, como ainda constitue um método com potencial apreciável na determinação do posicionamento correto do aço de reforço na constituição do concreto armado.

O dispositivo de inspeção desenvolvido pelo Southwest Research Institute pesa aproximadamente 200 Kg e realiza a inspeção numa viga de 19 m em aproximadamente 20 minutos. A resolução é tal que é possível detetar anomalias quando as barras estão separadas por distâncias tão curtas quanto 4 mm a profundidades no concreto de até 100 mm.

## XXII.30 - ENSAIO ATRAVÉS DA PERTURBAÇÃO DA CORRENTE ELÉTRICA

Normalmente o método de inspeção magnética implica que o material sendo ensaiado apresente propriedades ferromagnéticas satisfatórias. Não cabe, na prática diária, inspecionar materiais não magnéticos como cobre, alumínio etc., pela observação de alterações no campo magnético. A técnica de ensaio através da perturbação da corrente elétrica nada mais é que fazer uma corrente elétrica percorrer o material sob ensaio e detetar o fluxo magnético produzido por perturbações neste fluxo devido a inhomogeneidades tais como inclusões, trincas, fissuras etc. A Figura XXII.01 ilustra o princípio básico de funcionamento do método de ensaio pela perturbação da corrente elétrica. À esquerda está ilustrado um caso onde a corrente circula sem perturbação, com o campo magnético nas proximidades da superfície. À direita está ilustrado um material onde existe uma descontinuidade. Neste caso, a distribuição das densidades da corrente é perturbada, aparecendo a correspondente alteração no campo magnético nas proximidades da superfície externa. A descontinuidade é posicionada através da movimentação do sensor magnético que mede as alterações do fluxo magnético à medida que é deslocado ao longo da superfície.

Foi feito um estudo em nível de laboratório, experimentando diversas amostras constituídas por discos de Incoloy 901, uma liga de ferro e nickel. A corrente que atravessava os discos era introduzida por meio de contatos aplicados nos lados opostos do disco. Foi utilizado um sensor diferencial, constituido por dois magnetômetros separados por uma distância reduzida, visando detetar o sinal originado por uma descontinuidade. O método mostrou-se apto a detetar fissuras de fadiga em discos de turbinas

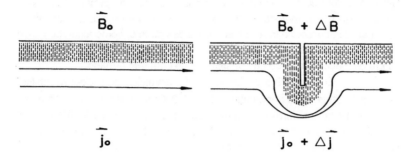

Figura XXII.01

a gás. Nestes últimos discos, as fissuras superficiais apresentavam comprimentos entre 0,5 e 2,0 mm aproximadamente.

Este ensaio apresenta a possibilidade de detetar trincas, fissuras e outras descontinuidades nas camadas subseqüentes à primeira nos componentes multicamadas, sendo o único com tal habilidade. As fissuras de fadiga que aparecem nos orifícios de parafusos ou rebites constituem a principal causa de falhas estruturais nas aeronaves e veículos aeroespaciais. Esta configuração está ilustrada esquematicamente na Figura XXII.02.

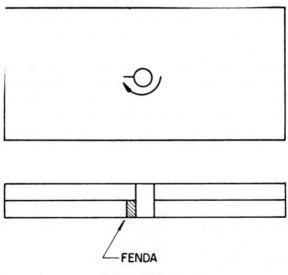

FENDA

Figura XXII.02

A figura ilustra o ensaio em pedaços de asa de aeronave, apresentando ambas as camadas (chapas) uma espessura da ordem de 4 mm, com uma linha de orifícios com 4,0 mm onde são aplicados parafusos cônicos de titânio com 4,5 mm com cabeça escariada. Uma segunda secção apresentava chapas com espessura de 6 mm com dupla linha de orifícios de 6 mm onde são introduzidos parafusos de titânio com cabeça escariada. As linha são separadas por 30 mm com espaçamento entre elas de 4 mm.

Foi executada uma varredura linear com o sensor percorrendo a viga multicamadas com uma velocidade de 5 mm/s, obtendo-se o gráfico da Figura XXII.03. O fluxo de corrente foi introduzido por meio de parafusos de bronze fixados em ambos os extremos da viga. Posteriormente a prática indicou ser mais adequado produzir o fluxo de corrente por meio de indução, fazendo a bobina de indução percorrer a viga acompanhando a varredura linear do sensor. Com a varredura mantendo o sensor a cerca de 6 mm do extremo do orifício, recebem-se sinais apreciáveis devidos ao canal de 5 mm no orifício 11 e do canal de 2,5 mm no orifício 4. O mais importante é observar que deteta-se também um sinal bastante significativo do canal (fissura) de 5 mm do orifício 8 e que é orientado em sentido oposto ao orifício em relação a varredura. Tais dados mostram, de maneira clara, que o método oferece capabilidade de detetar trincas e fissuras nas camadas além da primeira nas asas de aeronaves e certamente em construções e dispositivos análogos.

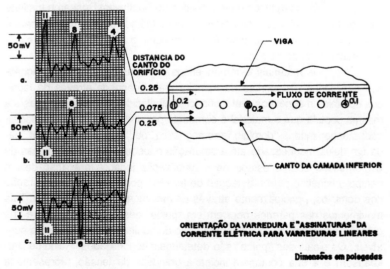

Figura XXII.03

# 782 TÉCNICAS DE MANUTENÇÃO PREDITIVA

## XXII.40 - DETEÇÃO DAS TENSÕES RESIDUAIS NOS MATERIAIS

As tensões que a operação introduz nos elementos constituintes das diversas estruturas utilizadas em máquinas, equipamentos e instalações industriais, constituem um dos fatores que formam a base dos estudos iniciais dos engenheiros projetistas e construtores de tais dispositivos. Embora de importância capital, as tensões residuais passaram a ocupar lugar proeminente somente há poucas décadas, possivelmente pelos acidentes havidos devido a não consideração adequada de seus efeitos. Na fase de projeto, os encarregados devem levar em consideração o fato que as tensões residuais e as tensões de trabalho se somam e, assim sendo, é importantíssimo considerar todos os fatores envolvidos com tais tensões. Há, obviamente, necessidade premente de um método não destrutivo que meça e estabeleça quais as tensões residuais num componente arbitrário. Entretanto, tal ensaio não existe até o presente. Não se conhece um método que possa ser utilizado em campo, que seja não destrutivo, e que forneça informações adequadas sobre a situação de um componente qualquer. Os métodos de relaxamento das tensões é destrutivo e o método de difração de raios X são os disponíveis atualmente. O primeiro introduz danos no componente e o segundo fornece tão somente as tensões superficiais, nada informando sobre as tensões internas.

Vários estudos desenvolvidos no Southwest Research Institute e em outras instituições procuraram aplicar o método de Barkhausen para a avaliação das tensões superficiais, assim como a bi-refrigência para medir as tensões internas no aço.

Os materiais ferromagnéticos tem suas propriedades magnéticas explicadas e descritas da maneira mais adequada através da teoria dos domínios magnéticos. Tal teoria foi estabelecida há muitas décadas e a mesma postula que o material é composto por uma série de regiões localizadas denominadas "domínio ferromagnético" ou "magneto elementar", cada um deles magnetizado até a saturação e todos dispostos em linhas de conformidade com o estado de magnetização local. A aplicação de um campo magnético para a detecção de tensões pode alterar a configuração dos domínios, principalmente através da movimentação das paredes. Tais movimentos das paredes ocorrem em "pulos" descontínuos, sendo a sua deteção perfeitamente possível por meio de bobinas magneticamente sensíveis. Os sinais dos "pulos" são detetados e denominados "Ruído de Barkhausen" e a sua contagem indica a grandeza da tensão, representada pela amplitude de um sinal. O processo está sendo estudado com grande

PROCEDIMENTOS E TÉCNICAS NÃO CONVENCIONAIS **783**

interesse, uma vez que mostra-se promissor como indicador das tensões internas de materiais ferromagnéticos.

Quando duas ondas mecânicas transversais se propagam na mesma direção e ambas com a vibração do material formando ângulos diferentes com a direção da tensão, as mesmas executarão seus percursos com velocidades diferentes, havendo o assim denominado fenômeno da "bi-refringência".

É fato conhecido da Física que a velocidade de propagação de uma onda mecânica, sônica ou ultra-sônica, é determinada pela constante elástica e pela densidade do material. A constante elástica e consequentemente a velocidade de propagação da perturbação sônica depende ligeiramente das tensões ou da deformação existente no material. O efeito da tensão na velocidade de propagação da onda sônica em qualquer material é bastante reduzido, da ordem de poucas partes por milhão nos casos típicos, sendo detetável somente na direção da vibração do material ou movimentação das partículas para a formação da onda. Por tal motivo é que são utilizadas ondas transversais para a medição das tensões normais à direção de propagação de ondas ultra-sônicas.

A grande vantagem deste método é a sua capabilidade de medir tensões residuais no interior do material, não sendo limitado a tensões na superfície. Como as medições são também sensíveis aos efeitos da orientação preferencial dos grãos no interior do material, o método apresenta maior efetividade e confiabilidade quando se trata de materiais policristalinos.

A variação máxima na tensão é da ordem de 14 MPa ou menos. Na amostra estudada com detalhes, os resultados foram comparados com quatro outras escolhidas arbitrariamente, mantidas na condição de "como recebida". Observe-se que todos os espécimens ensaiados apresentaram a mesma alteração com a variação da tensão mas, apesar disso, as variações nas propriedades do material base limita o método a comparações qualitativas. Possivelmente, no futuro próximo, seja possível a obtenção de dados quantitativos com maior confiabilidade.

## XXII.50 - TÉCNICAS DE EMISSÃO ACÚSTICA

Verificaremos algumas aplicações pouco convencionais da Emissão Acústica, em complementação ao estudo e descrição do capítulo XX. Como foi exposto, a emissão acústica revela tão somente descontinuidades que estão em fase de evolução, ou seja, descontinuidades estacionárias, "encruadas" na linguagem popular, não são detetadas, por não emitirem sinal algum. A Figura XXII.04 ilustra esquematicamente uma bateria de três reatores operando em cascata, nos quais foram detetadas descontinuidades através de ensaios convencionais. Foram fixados doze transdutores receptores em cada reator, como ilustrado na Figura XXII.05, em grupos de três sensores, todos eles monitorados por um único equipamento. Quando o instrumento dá o alarme, o operador pode acionar as chaves e selecionar entre os conjuntos de três sensores para verificar qual deles detetou o evento. O conjunto específico é então monitorado visando a deteção de eventos adicionais de emissão acústica devido ao aumento de uma possível descontinuidade, fissura ou trinca na maioria dos casos. Durante tal verificação, uma eventual emissão acústica detetada por outro grupo de sensores é armazenada em dispositivos de memória que podem periodicamente ser acionados visando verificar se estão ocorrendo outros eventos de emissão acústica.

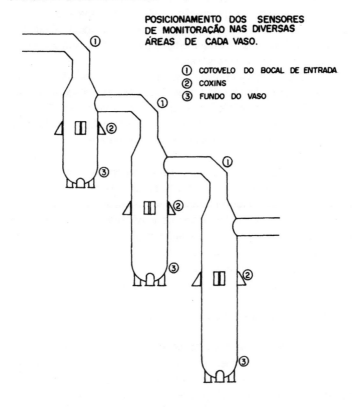

**Figura XXII.04**

# PROCEDIMENTOS E TÉCNICAS NÃO CONVENCIONAIS 785

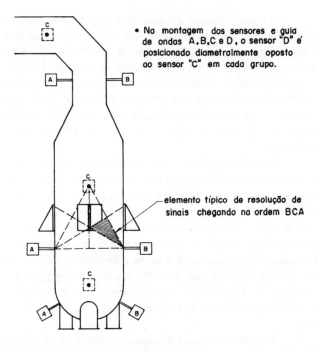

Figura XXII.05

Este sistema detetou com sucesso uma trinca que estava evoluindo num dos vasos reatores, fornecendo serviço de alto valor, por permitir que os dispositivos convencionais fossem utilizados na inspeção e verificação de diversos componentes. Durante a operação do reator o instrumento de controle detetou emissão acústica numa área onde não era admissível a existência de fissuras. Baseando-se nesta informação e em irregularidades de operação indicadas pela instrumentação da instalação, os reatores foram desativados e a área foi investigada com grande detalhe. Observou-se que um depósito de catalizador havia sido rompido e o material caído até o fundo do reator e estava sendo removido ao longo da saída do material, sendo encontrado em grande quantidade na tubulação de saída.

Um estudo desenvolvido no Southwest Research Institute implicava na aplicação de choques térmicos num cilindro de grande tamanho constituído por aço forjado A-508. Foram colocados sensores de emissão acústica e "strain gauges" na superfície externa. Observou-se correlação íntima entre os sinais de emissão acústica, as leituras dos instrumentos de strain gauges e o aparecimento de trincas na superfície.

786 TÉCNICAS DE MANUTENÇÃO PREDITIVA

Um outro estudo desenvolvido pelo mesmo Southwest Research Institute refere-se ao desgaste que um extrusor estava apresentando. O item fundamental consistia em detetar, posicionar e avaliar a severidade do desgaste e dos danos nas máquinas de extrusão. Para isso, foram registrados os sinais de emissão acústica com o equipamento em operação e analisados concomitantemente. Os resultados foram excelentes, aconselhando a monitoração permanente para a deteção e avaliação permanente e contínua da ocorrência de danos no equipamento, assim como a sua avaliação.

No início da década dos setenta, a Nippon Steel Corporation iniciou a complementação de um programa de diagnóstico do estado real de máquinas e equipamentos. Esta nova técnica de manutenção de dispositivos em suas instalações passou a ser aplicada em larga escala por volta de 1977, estando hoje espalhada em todas as instalações da Companhia, apresentando resultados simplesmente espetaculares. Dentre as técnicas desenvolvidas, é interessante o trabalho apresentado por Toyota, Maekawa, Suzuki, Yokota e Yamada em 1982 que, entre várias técnicas, descreve a aplicação da emissão acústica no monitoramento e deteção de anomalias em eixos e alongas de laminadores, assim como em cadeiras dos mesmos.

Os mesmos autores estudaram a aplicação da emissão acústica, EA, nos fornos siderúrgicos, uma vez que é bastante comum o aparecimento de trincas e fissuras na cobertura externa, devido as tensões anormais e cíclicas que se apresentam. O estudo visou complementar as inspeções executadas normalmente através dos ultra-sons, medida permanente da temperatura, etc., dadas as dificuldades da obtenção de um monitoramento satisfatório pela origem interna das fissuras e áreas excepcionalmente grandes.

Foram instalados então sensores de EA na blindagem dos fornos, arranjados de tal maneira que foi levada em consideração a área e estrutura da blindagem, atenuação do material nas vibrações de EA, etc. Os transdutores foram dispostos de maneira a formar uma rede com separação de 2 metros entre linhas ou colunas. Para cada área existem quatro transdutores, dispositivo de cálculo da EA, dispositivo para o cálculo da energia de excitação, etc., sendo os dados coletados durante 24 horas.

Uma estimativa do significado da EA é executada durante determinados períodos, em base à expressão que dá o índice de concentração $C_i$,

$$C_i = \frac{n}{v_i^2} \qquad \text{(i)}$$

PROCEDIMENTOS E TÉCNICAS NÃO CONVENCIONAIS **787**

A expressão indica quantos pulsos de EA são gerados num círculo de raio $V_i$ m, fornecendo a densidade de energia da EA. O cálculo da energia acumulada proveniente da EA, $E_i$, em unidades de $V^2$, é realizado da maneira seguinte: O valor de pico do sinal de EA recebido, PV, é transformado no valor de pico, $PV_0$ junto à fonte emissora, utilizando uma curva distância-atenuação pré-determinada. Esta energia do pulso liberada é definida pela expressão

$$E_{oj} = PV_{oj}^2 \qquad \text{(ii)}$$

e o valor de $E_i$ é obtido pela integração, somatório, do número de pulsos que ocorreram,

$$Ei = \sum_{j=1}^{n} E_{oj} = \sum_{j=1}^{n} PV_{oj}^2 \qquad \text{(iii)}$$

Partindo da densidade de energia da EA e da energia liberada, chega-se ao valor padrão do significado, S, através da equação fundamental

$$S = 20 \log_{10} \left[ \left( \frac{C_i}{C_0} \right) \left( \frac{E_i}{E_0} \right) \right] \qquad \text{(iv)}$$

Os valores de $C_0$ e $E_0$ são valores de referência, obtidos a partir de um componente perfeito do equipamento. Exemplificando, tem-se que é comum o valor $C_0$=1600 pulsos/$m^2$ e $E_0$=3.000 m$V^2$. O significado é classificado em níveis A, B, C e D de conformidade com o valor de S.

Os laminadores foram estudados com detalhes por Toyota e seu grupo de colaboradores. Este equipamento está sujeito a tensões repetitivas elevadas, que são cumulativas durante a operação severa dos mesmos. A deteção de uma trinca é conseguida via de regra somente quando o seu estágio de desenvolvimento é grande, tornando difícil a execução do reparo ou a tomada de providências que dêm origem a uma solução duradoura. Há, então, conveniência de que seja estabelecido um processo de deteção e monitoramento de trincas e fissuras num equipamento essencial como o laminador.

O grupo competente da Nippon Steel Corporation desenvolveu um sistema de monitoramento esquematizado na Figura XXII.06. O monito-

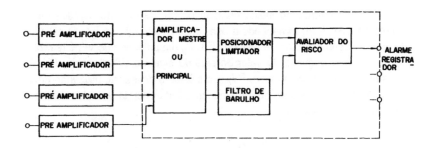

Figura XXII.06

ramento é realizado por meio de quatro sensores dispostos nos cantos de uma área que envolve uma eventual trinca que deve ser monitorada. É verdade que existe uma quantidade apreciável de ruído de fundo devido a operação do laminador mas tais fontes de ruído são utilizadas de maneira altamente positiva, pelo seu relacionamento com as tensões originadas pela carga. Os sinais de EA são separados por um dispositivo eletrônico que filtra espacialmente os sinais provenientes da uma área A delimitada pelos quatro transdutores e a área B fora de tal delimitação, como ilustra esquematicamente a Figura XXII.07

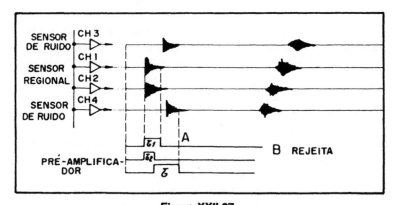

Figura XXII.07

A Figura mostra que os sensores são instalados nas proximidades da área a ser monitorada, indicados por $CH_1$ e $CH_2$ enquanto que

PROCEDIMENTOS E TÉCNICAS NÃO CONVENCIONAIS **789**

os sensores $CH_3$ e $CH_4$ são instalados a distâncias grandes, na direção do ruído que se propaga. A deteção do sinal A obedece a lógica

$$D = r_1 (CH_1 \cdot CH_2) \cdot r_2 (CH_3 \cdot CH_4) \cdot r_3 (CH_3 \cdot CH_4) \qquad \text{(v)}$$

e os demais sinais são agrupados como sinais B. A diferenciação entre os dois é feita em base à diferença de tempo entre a chegada dos sinais dos respectivos sensores. Da equação (v) chega-se ao valor da atividade da EA indicada por S, pela expressão

$$S = \frac{A}{B} \qquad \text{(vi)}$$

A partir dos valores obtidos com cargas pequenas chega-se a $S_0$ e a avaliação do risco é estabelecido pela fórmula

$$m = \frac{S}{S_0} \qquad \text{(vii)}$$

O critério adotado baseou-se em experiência anterior acumulada, sendo estabelecido o valor $m=3$ e, toda vez que $m \geqslant 3$, é acionado um alarme que informa aos envolvidos no problema que algo está acontecendo, visando evitar situações eventualmente catastróficas.

Como exemplo, pode ser citado o caso da trinca numa cadeira de laminador, conforme ilustração da figura XXII.08. A trinca foi detetada durante uma parada programada e posicionada num dos cantos superiores da cadeira, conforme ilustração da figura, sendo a cadeira produzida pela Blaw-Knox em 1972. A profundidade da trinca foi determinada como de 175/180 mm. Observou-se que o reparo da trinca daria origem a problemas de produção e do processo e, por tal razão, foi programado um reparo de emergência. Tal reparo consistiu em limar a trinca até uma profundidade da ordem de 75 mm, encher com solda e instalar tiras de reforço, reiniciando-se a operação do laminador mantendo um nível de carga da ordem de 60% da carga normal. Concomitantemente a propagação e evolução da fissura foi monitorada continuamente utilizando técnicas de EA, vibrações, "strain gauges", alterações do campo elétrico e líquidos penetrantes. Uma semana após o reparo de emergência, detetou-se atividade de EA. O exame UT revelou que havia uma trinca na região limada e cheia com solda. Foi novamente executado um reparo de emergência e a operação do laminador foi

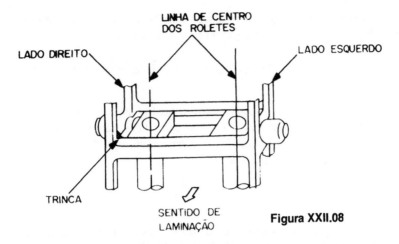

Figura XXII.08

reiniciada com um nível de carga mais reduzido. O gráfico da Figura XXII.09 ilustra o processo utilizado para avaliação do risco. A propagação da trinca depois de uma semana mostra que o nível de controle foi excedido mas que, depois disso, manteve-se estável e abaixo do nível de controle. Foram desenvolvidos estudos visando remover as limitações referentes à carga, resultando num reforço da estrutura instalada, o que permitiu que a operação retornasse ao valor de 100% da carga. O monitoramento via EA permaneceu e o equipamento foi desenvolvido, sendo hoje modelo padrão de monitoramento de laminadores.

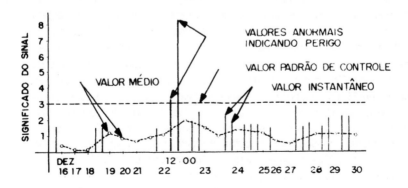

Figura XXII.09

# PROCEDIMENTOS E TÉCNICAS NÃO CONVENCIONAIS

No caso de cadeiras de laminadores, a instalação e fixação de sensores de EA é bastante simples e fácil. Entretanto, no caso de eixos e alongas rotativas, há necessidade de alguns refinamentos técnicos no processo de EA, para que sejam obtidas unidades mais compactas e aptas a transmitir os sinais de maneira confiável. O princípio de medida é praticamente o mesmo mas a configuração do sistema é bastante diferente. A Figura XXII.10 ilustra uma configuração destinada ao monitoramento de fissuras e trincas em eixos que operam de maneira contínua. O sinal é levado ao emissor de FM e transmitido a um receptor que se encarrega de avaliar o risco.

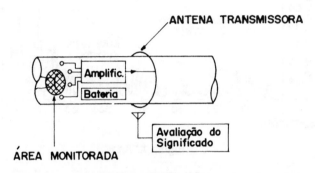

**Figura XXIL10**

O sistema monitor apresenta as características seguintes

| Peça sendo Monitorada | Eixos de $\varnothing$ ≥ 200 mm |
|---|---|
| Tamanho do dispositivo fixado no eixo | Amplificador & Filtro<br>150 x 200 x 70 mm    1,4 Kg<br>Baterias<br>160 x 200 x 70 mm    2,3 Kg |
| Unidade receptora-avaliadora no solo | 430 x 38 x 200 mm    14,0 Kg |
| Consumo<br>Unidade posicionada eixo | 1,3 W - Baterias substituídas a cada 50 horas |
| Unidade receptora-avaliadora | 10 W AC 110 V |

Como é amplamente sabido, a propagação de trincas em eixos é exemplo típico de fadiga cíclica ou repetitiva. O processo é cíclico e para cada nova formação de fratura, há a abrasão e alisamento da fratura em sucessão. Trata-se, portanto, de ciclos de elevada atividade de EA seguida de ciclos de inexistência de atividade na EA. O gráfico da Figura XXII.11 ilustra o comportamento da EA num eixo tomado como amostra e sujeito a um teste de fadiga por torção cíclica.

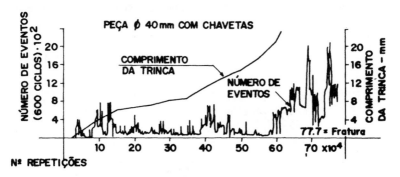

Figura XXII.11

Em princípios de 1980 foi detetada uma trinca no acoplamento a engrenagens de um laminador horizontal na instalação de Hirohata. Visando evitar a propagação da trinca, foi usinado um orifício de "parada", reiniciando-se a operação com uma carga no nível de 75/85% do valor original, monitorando-se continuamente a alonga com EA. Não foi possível, até o presente, estabelecer um padrão para este tipo de equipamento, mas espera-se consegui-lo nos próximos dois anos.

## XXII.60 - AVALIAÇÃO DA VIDA ÚTIL RESIDUAL DE COMPONENTES DIVERSOS

Quando se utilizam as diversas técnicas de ensaios não-destrutivos, obtém-se uma série de informações sobre o componente ensaiado, informações essas que devem ser analisadas visando permitir conclusões definitivas sobre o próprio componente. Os sistemas de análise utilizados para avaliar os resultados obtidos dão origem a uma técnica denominada **avaliação da vida útil estrutural** do componente. Tal técnica constitue uma classe de análise que se mostra cada dia mais importante no

## PROCEDIMENTOS E TÉCNICAS NÃO CONVENCIONAIS 793

meio industrial desenvolvido tecnicamente. Em última análise, o processo permite verificar qual o tempo que um dado componente contendo uma descontinuidade pode operar em seu estado real sem risco de uma falha inesperada. Esta técnica tornou-se uma metodologia bastante efetiva porque permite predizer qual a vida restante de um dado componente em base a informações do momento. Tais informações incluem não somente dados quantitativos obtidos por ensaios não destrutivos mas complementados por informações referentes ao material, tensões e condições ambientais. O sistema de análise é utilizado largamente mas, na maioria dos casos, é um processo complexo e comumente implica em códigos de computador em larga escala. Verificaremos tão somente uns poucos casos simples.

O desenvolvimento dos sistemas de avaliação da vida útil residual de componentes e estruturas foi motivado por uma série grande de razões as mais diversas; entretanto, a mais importante de todas foi o aparecimento de falhas e panes com custos apreciáveis, incluindo perda de vidas humanas. Além do mais, tais falhas muitas vezes envolvem estruturas que podem apresentar custo elevadíssimo para sua substituição, além de perdas apreciáveis devido a seu malfuncionamento. Entre os componentes críticos podemos citar os existentes nas fábricas de papel, instalações químicas e petroquímicas, usinas siderúrgicas, plataformas de prospecção de petróleo, usinas termo- ou hidroelétricas, minas subterrâneas e a céu aberto, etc. Os proprietários e operadores dessas instalações, assim como as empresas seguradoras responsáveis por tais estruturas, componentes e sistemas há muito que exigem providências e métodos que limitem os prejuízos produzidos pelas falhas que originam paradas com custos elevados. Nesse particular, as agências de seguros são as que apresentam maior interesse nos estudos relacionados com a avaliação da vida útil residual dos componentes, uma vez que as mesmas são as responsáveis pelos custos envolvidos numa parada originada por uma falha num componente estrutural; é claro que os operadores e responsáveis pelo funcionamento de fábricas e instalações, assim como os fabricantes de equipamentos, têm grande interesse em tais estudos, visando evitar interrupções ou paradas não-programadas. Inclusive há grande interesse das autoridades governamentais (ou pelo menos deveria haver) tendo em vista a opinião pública que exerce pressão em base ao receio de perdas de vidas devido a falhas e rupturas em estruturas ou componentes.

Como é natural, foram desenvolvidos métodos para a avaliação da vida útil residual de estruturas e sistemas de grande porte, contendo componentes de custo elevado e cuja ruptura ou falha dá origem a prejuízos elevados caso exista estragos ou falhas. Um número apreciável de

**794** TÉCNICAS DE MANUTENÇÃO PREDITIVA

reatores de aeronaves foram retirados de serviço justamente devido ao fato da análise da vida residual mostrar pouco tempo de uso, associado a um projeto complexo e dispendioso. Inclusive há o problema de turbinas a vapor cuja vida útil residual tem sido estudada com detalhes, dado o número elevado de falhas e a conveniência de aumentar o período de parada entre inspeções. Vários problemas de plataformas "off-shore" estimulou um reestudo da capabilidade dessas estruturas visando obter dados concretos quanto a vida útil, evitando perda de vidas humanas e interrupções de produção. O mesmo método de análise tem sido aplicado comumente em estruturas bem menos sofisticadas, como guindastes, elevadores, gruas e estruturas construídas em minas profundas, vasos de pressão em indústrias de papel, instalações químicas e petroquímicas etc. No caso da indústria de papel, algumas falhas apreciáveis em digestores levaram os operadores e empresas seguradoras a considerar com grande cuidado a análise estrutural de tais dispositivos.

A análise da vida de uma estrutura arbitrária é baseada em algumas idéias bastante simples e de uso praticamente diuturno:

a) As falhas ou descontinuidades num componente qualquer podem aumentar, partindo de dimensões diminutas até atingir tamanho apreciável.

b) Quando as descontinuidades crescem, atingem dimensões suficientemente grandes para originar uma ruptura.

c) A ruptura pode ser evitada caso a descontinuidade seja detetada e o seu gradiente de crescimento estabelecido através de cálculo.

Então, a principal finalidade da análise da vida útil residual de um componente é simplesmente **predizer a vida útil residual, traduzida em número**. Tal número poderá ser em tempo de operação, número de ciclos ou outro parâmetro que dependerá do equipamento ou estrutura.

A Figura XXII.12 ilustra um trabalho de análise da vida útil de uma estrutura referente a um elevador instalado numa mina, no qual foi detetada uma trinca no suporte da roldana do cabo de aço. O cálculo mostrou que o elevador poderia operar nas condições normais durante 50 dias, sem perigo de ruptura. A análise das tensões e a predição da fratura mecânica indicaram a possibilidade de operar 100 ciclos por dia durante 50 dias. A predição executada com relação ao crescimento da trinca foi acompanhada diariamente por meio de ensaios não destrutivos.

# PROCEDIMENTOS E TÉCNICAS NÃO CONVENCIONAIS

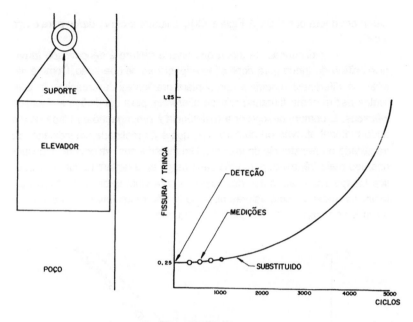

**Figura XXII.12**

Observe-se que o estudo da vida útil de uma estrutura se inicia com a análise da própria estrutura. Tal análise indica as áreas de tensões elevadas, áreas potencialmente sujeitas a estragos devido a corrosão, desgaste, etc., assim como regiões onde podem aparecer trincas e fissuras induzidas por usinagem ou falhas de processo, como inclusões, incrustações etc. Após tal análise e identificação das áreas mencionadas, executa-se um ensaio não destrutivo nas mesmas, visando detetar eventuais descontinuidades. Evidentemente a natureza, orientação, dimensões e posicionamento das descontinuidades eventualmente detetadas devem ser determinadas e registradas. Em base aos dados observados, é feito o cálculo da vida útil residual através da avaliação do tempo que deve transcorrer para que a descontinuidade se propague até atingir dimensões de ruptura. Tal avaliação é baseada na propagação pré-medida da descontinuidade em função do material que constitue o componente. Em alguns casos a precisão da predição pode ser melhorada através da calibração por meio de peças constituídas pelo mesmo material. O gradiente de crescimento de uma trinca é comumente indicado através da curva relacionando o crescimento de uma trinca de comprimento a e o número de ciclos n, da/dn em micra por ciclo. A Figura XXII.13 ilustra a curva da/dn para o aço Mo-Cr.

A dimensão da trinca que leva a ruptura é denominado **tamanho crítico** da trinca para condições específicas de operação. Como é natural, os diferentes materiais apresentam gradientes de crescimento diferentes assim como tamanho críticos diferentes para condições ambientais idênticas. É comum descrever a resistência à propagação de trinca de um dado material através do número $K_{1C}$ que é na realidade um indicador da fragilidade ou resistência do material. Um material com valores de K pequenos são mais frágeis e, para uma dada carga apresentam ruptura catastrófica inesperada muito antes dos materiais com valores de K elevados. Portanto, os materiais com valores altos de K são resistentes e as descontinuidades se propagam com gradiente pequeno.

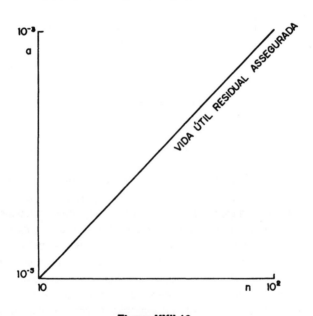

Figura XXII.13

As técnicas de cálculo e avaliação da vida residual de componentes são utilizadas várias vezes durante a vida de um elemento arbitrário. É comum utilizar tais técnicas para determinar a freqüência com que as inspeções deve ser executadas. A técnica permite garantir que entre duas inspeções sucessivas a descontinuidade não crescerá até o ponto de rup-

# PROCEDIMENTOS E TÉCNICAS NÃO CONVENCIONAIS

tura. Quando as margens de segurança são muito estreitas, como nos casos onde há perigo de vidas, o intervalo entre inspeções é mais curto que o tempo estimado para ruptura por um fator de dois ou três, algumas vezes até maiores, visando estar garantido um número grande de oportunidades de avaliar e detetar uma fissura antes que a mesma possa aumentar até atingir o tamanho crítico.

A título de exemplo da utilidade do sistema de avaliação da vida residual, vamos verificar a sua aplicação no caso de eixos de rotores de turbinas a vapor. No passado recente, mesmo quando não fosse detetadas fissuras ou trincas em rotores, os mesmos deveriam ser retirados e substituídos por novos. Tal recomendação era estabelecida pelos fabricantes das turbinas, originando grandes perdas aos usuários das mesmas. Temos de reconhecer que a substituição de rotores constitue uma providência excelente para evitar falhas em muitos casos, mas existem vários casos amplamente documentados onde os rotores que foram retirados foram submetidos a testes destrutivos, não sendo observado sinal algum de degradação. Na realidade as incertezas que eram associadas às técnicas de ensaios não destrutivos às incertezas quanto ao material empregado e no ciclo de trabalho das turbinas não permitiram que, no passado, a vida útil do rotor fosse avaliada de maneira adequada. Por tais motivos, tanto os usuários das turbinas quanto as seguradoras eram praticamente obrigadas a seguirem as recomendações dos fabricantes. Com o desenvolvimento das técnicas e sistemas de avaliação da vida útil residual dos componentes tais limitações foram totalmente eliminadas.

Em muitos casos a fissura se inicia a partir de irregularidades nas proximidades do orifício central do rotor, propagando-se devido a fadiga proveniente do ciclo térmico lento. Existe tradicionalmente alguns locais onde as trincas se iniciam e que são associadas a segregação de óxidos que apàrecem ou se consolidam nas proximidades da região próxima ao orifício central durante a solidificação do lingote que será usinado para formar o rotor. Tais áreas, estando no interior profundo do rotor, não são rompidas e deslocadas durante a operação de forjagem, havendo potencialmente grande probabilidade que tais inclusões se transformem em fissuras que crescem e se transformam em descontinuidades com tamanho crítico. Em alguns casos, quando tais trincas crescem, as mesmas se unem entre si ou com outras inclusões, fazendo com que as dimensões da descontinuidade cresçam rapidamente.

O cálculo da vida útil residual dos rotores é baseado no número de ciclos necessários para que a trinca cresce até atingir o tamanho crício, sendo cálculo simples no cso de trincas isoladas. O cálculo exige tão somente a integração do gradiente do crescimento cíclico da trinca em base aos dados coletados referentes ao material que constitue o rotor. Existe hoje em dia processos complexos de cálculos via computadores, sistema bastante sofisticado, que permite verificar, através do cálculo, qual a variação cíclica das tensões térmicas em função do modo cíclico de operação. Com tais processos, a vida residual é calculada em base a tamanho bem determinados de trincas.

Existem alguns casos simples de avaliação da vida residual de componentes, que permitiram a operação de peças contendo descontinuidades durante tempo mais que suficiente para que fosse obtida uma substituição adequada. Verificaremos alguns de tais casos simples.

A Figura XXII.14 ilustra a evolução de uma trinca de eixo de compressor de grande porte. O problema apresentado à Acústica e Sônica foi o seguinte: Uma indústria química possuía um compressor de grande porte, acionado por motor elétrico de 350 HP, análogo aos existentes em sua matriz no exterior. Um dos compressores instalados na matriz apresentou um problema bastante grave, felizmente sem outras conseqüências além de prejuízos materiais. O eixo possue um volante pesando cerca de 8 ton fixado no extremo e sobre o mesmo estão as correias em 'V" que operam o próprio compressor. Apareceu uma fissura que não foi detetada, fissura essa que cresceu até atingir o tamanho crítico, rompendo-se o eixo na região trincada. Com isso, o volante soltou-se, atravessou o corredor da fábrica, derrubou o muro, atravessou o jardim, derrubou o muro que dá para a calçada, atravessou a rua, derrubou o muro da construção em frente e parou engastado na parede da instalação vizinha. Ninguém foi atingido e os

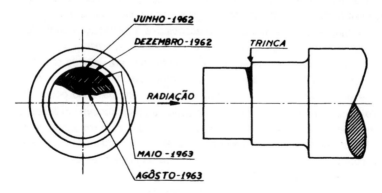

**Figura XXII.14**

# PROCEDIMENTOS E TÉCNICAS NÃO CONVENCIONAIS

danos foram limitados aos prejuízos materiais descritos, além do susto. A casa matriz determinou que todos os eixos fossem inspecionados com processos seguros e aptos a informar, dentro de margem de segurança aceitável, qual o tempo que um eixo fissurado resistiria até ser substituído. A inspeção feita em nosso meio, utilizando ultra-sons, mostrou que existia uma fissura com área pequena, da ordem de 2% da secção reta do eixo na região. O encarregado da instalação informou que transcorreria cerca de oito meses até que um eixo novo chegasse do exterior e que a parada do compressor significaria parada da fábrica. Foi proposto que a trinca tivesse sua evolução monitorada e que, quando a área trincada atingisse cerca de 15% da secção reta o eixo deveria ser retirado. Tal dado foi obtido pela comparação com diversos eixos operando de maneira assemelhada e que se romperam quando a área fissurada atingiu valores entre 15% e 18% da secção reta na região da fissura. Não havia informações sobre o material que constituía o eixo de modo que não havia possibilidade de avaliação mais detalhada. O acompanhamento da evolução da trinca foi aceito pelo interessado e a figura ilustra qual o gradiente de propagação. Depois de 14 meses a área fissurada havia atingido cerca de 14% e recomendamos a substituição do eixo, uma vez que o novo já estava na instalação. A substituição foi feita e o monitoramento permitiu que a fábrica operasse, dentro de segurança plenamente aceitável, durante o período de quatorze meses, sem interrupção da produção.

A inspeção rotineira de uma série de eixos ferroviários revelou que um eixo especial de uma locomotiva importada apresentava uma fissura com área da ordem de 1% em 10/01/76. Não havia eixo sobressalente havendo necessidade de encomendá-lo num fabricante nacional.

Por motivos que não cabem aqui discutir, o fabricante informou que entregaria o eixo somente depois de um ano, dado seu programa de fabricação. A única solução consistiu em monitorar a evolução da trinca e avaliar a vida útil residual através de dados comparativos.

Isto foi possível por se saber que o eixo era constituído por aço ASTM A-383 e construiu-se uma série de blocos padrão de tal material que foi sujeito a teste destrutivo cíclico, visando comparar a evolução da área fissurada com o número de ciclos. Isto porque a área era o único dado que os ultra-sons forneceria e o número de ciclos era conhecido através da operação da locomotiva. Foi traçada a curva área fissurada versus tempo e a evolução da área fissurada em função do tempo foi lançada na mesma curva, como ilustra a Figura XII.15. O eixo encomendado foi entregue em maio de 1977 e em junho foi feita a substituição. O ensaio ultra-sônico informou que a área da fissura era da ordem de 15,6% da secção reta na re-

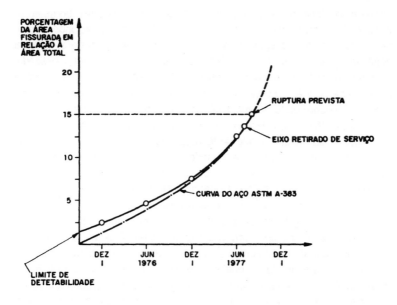

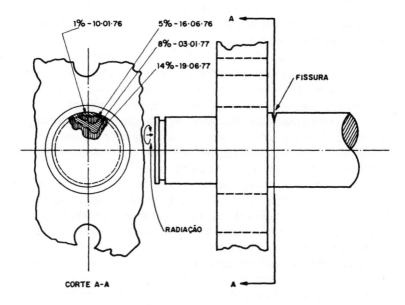

**Figura XXII.15**

gião mas o eixo foi rompido por choque e a medida física revelou uma área fissurada de 14% da secção, resultado amplamente satisfatório. O importante é que o monitoramento permitiu que a locomotiva operasse durante cerca de dezoito meses sem apresentar problemas e com fator de segurança amplamente satisfatório.

A Figura XXII.16 ilustra um caso bem mais crítico. Uma aeronave apresentou, no ensaio ultra-sônico, uma fissura na longarina, entre duas cavilhas e, no caso, a longarina deveria ser substituída. Entretanto, a longarina substituta ficaria pronta somente após cerca de quatorze meses. O fabricante foi informado e realimentou a informação que a fissura deveria ser monitorada a cada seis meses, informando-o da evolução. Tal foi feito, baseando-se no dado que, quando o eco atingisse 350% do eco do bloco padrão, a longarina romper-se-ia, recomendando a substituição quando atingisse o eco cerca de 300% do eco do bloco padrão. O monitoramento foi feito com informações periódicas ao fabricante da aeronave. Cerca de dezoito meses depois a longarina foi substituída, e com o monitoramento foi possível manter operando, com plena segurança de vôo, uma aeronave que, sem tal providência permaneceria parada todo esse período.

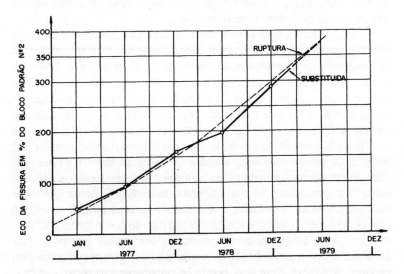

Pelo exposto, da mesma maneira que é possível predizer quando um rolamento vai se romper através do espectro das vibrações, o quanto um rotor de ventilador ou exaustor ou dispositivo análogo poderá

**802** TÉCNICAS DE MANUTENÇÃO PREDITIVA

ainda operar sem problemas, os ensaios não-destrutivos, quando empregados de maneira adequada, dentro das especificações e com ensaio executado por inspetor devidamente habilitado e qualificado, é também possível prever o período de ruptura de um componente que apresente fissura ou trinca. O monitoramento da evolução da trinca permite através de cálculos simples de engenharia, avaliar o quando ocorrerá a situação crítica, seja em termos de horas de funcionamento seja em volume de produção.

## XXII.70 - DISPOSITIVOS OPERANDO EM BASE A TENDÊNCIA DA VARIÁVEL

Vimos, quando estudamos o monitoramento permanente de máquinas, equipamentos e dispositivos, que as peças de alta responsabilidade são equipadas com sensores nos pontos críticos, operando um dispositivo de alarme quando o valor do parâmetro excede determinado valor pré-fixado. Nessas condições, existem dispositivos que acionam um alarme ou mesmo desligam o equipamento quando o nível de vibração estabelecido é ultrapassado, a temperatura excede um valor dado, etc. Com o uso de tais dispositivos, o equipamento permanece protegido contra valores excessivos do parâmetro sendo controlado.

Com o desenvolvimento da tecnologia, apareceram dispositivos que operam não à base de um valor determinado mas sim em função da **tendência** que o equipamento apresenta de atingir tal valor. Exemplificando, a operação e proteção em base a tendência é muito superior aquela baseada num valor fixo. A título de exemplo, suponhamos que um dispositivo de grande porte, uma turbina por exemplo, tenha a temperatura de seu mancal controlada por meio de um termômetro associado a um circuito que desliga o equipamento no momento que uma determinada temperatura $S_t$ é atingida. Considerando que há o fenômeno da inércia térmica, há necessidade de considerar um certo tempo para que a temperatura elevada no seu ponto de origem atinja o sensor e acione o dispositivo. É comum que quando o equipamento é desligado, a temperatura continue subindo devido ao problema da inércia térmica e, assim sendo o ponto sendo "protegido" atingirá uma temperatura certamente muito superior aquela pretendida pela proteção. Existe a possibilidade de regular o sensor para operar numa temperatura mais baixa. Com isso, ocorrerão certamente muitas paradas desnecessárias, com prejuízos evidentes. Seja como fôr, a proteção pretendida é bastante relativa, sendo problemática.

Este tipo de controle por tendência é utilizado para não somente proteger máquinas e equipamentos contra eventuais excessos de

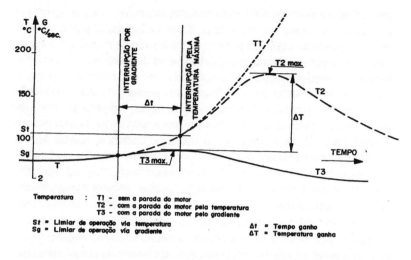

Temperatura : T1 - sem a parada do motor
T2 - com a parada do motor pela temperatura
T3 - com a parada do motor pelo gradiente

St = Limiar de operação via temperatura
Sg = Limiar de operação via gradiente

Δt = Tempo ganho
ΔT = Temperatura ganha

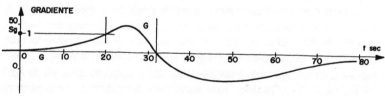

algum parâmetro como ainda na manutenção da poluição ambiental abaixo de determinados níveis. Exemplificando, nas usinas siderúrgicas existem moinhos de carvão que dão origem a um pó que permanece em suspensão atmosférica, oferecendo grave risco à saúde do pessoal. Existem dispositivos que interrompem a operação dos moinhos no momento que o particulado na atmosfera tende a atingir valores que ponham em risco a saúde do pessoal. Existem, inclusive, alguns de tais equipamentos instalados em nosso meio.

## XXII.80 - CONCLUSÕES GERAIS - RECOMENDAÇÕES

Admitamos, no caso geral, que uma instalação foi erigida com obediência aos requisitos habituais, ou seja, foi contratada uma firma para fazer a inspeção e o aceite de materiais, peças, componentes, foi contratada uma montadora idônea, contratou-se ainda uma firma especializada em

**804** TÉCNICAS DE MANUTENÇÃO PREDITIVA

ensaios não-destrutivos e foram executadas inspeções nas soldagens, peças, eixos, componentes, montagens, ficando a instalação pronta e entregue sem problema algum do ponto de vista técnico de montagem e inspeção. Cabe a pergunta: Está tal instalação isenta de problemas? Foram obedecidas as recomendações de fixação resiliente das máquinas e equipamentos, foram tomadas as providências adequadas para que a instalação não apresente problemas de vibrações excessivas, rompimento de tubulações devido a excesso de vibrações e ressonâncias de trechos ou componentes? Os níveis de barulho, com a instalação operando, satisfaz às exigências impostas pela legislação em vigor? Foi fornecida a "assinatura" de cada peça de equipamento? Foram entregues os "Instruction and Operation Manual" de cada máquina? A instalação possue pessoal evidentemente habilitado e em condições de operá-la? Duvidamos que, uma única instalação em nosso meio apresente respostas satisfatórias a essas perguntas. Em nossa vida profissional, encontramos alguns casos de indústrias que, ao pretenderem se instalar, encomendaram levantamento dos níveis de barulho local e exigiram programas e projetos tais que, após a erecção da instalação, os níveis não fosse alterados a valores superiores aos exigidos pela legislação. Inclusive, houve casos onde o acompanhamento foi praticamente total, iniciando-se em medições de vibrações no terreno, recomendações para acoplamento estacas-pilares até tratamento completo da edificação, incluindo-se projetos para ancoragem adequada de cada peça de equipamento. Inútil dizer que em tais instalações, cujas máquinas, equipamentos e dispositivos foram inspecionados e aceitos somente após o aprove-se, não apresentaram problemas e, além do mais solicitaram que fosse dado treinamento a vários encarregados, visando estabelecer programas de manutenção preditiva.

Entretanto, tais casos são bastante raros e, em nosso meio, praticamente todas as instalações encontram-se diante de uma situação de fato, qual seja, equipamentos apresentando rupturas e paradas com elevados custos e prejuízos e mais uma série apreciável de problemas, que vão desde excesso de vibrações e as conseqüências deletérias das mesmas até problemas de insalubridade por excesso de barulho. Tais problemas poderiam ser evitados, caso estivessem previstos por ocasião da decisão da implantação da instalação e consequente estudo e projeto, quando ainda em planta. Não o foram e o problema atual consiste em o que fazer para minorar os problemas da situação atual.

A idéia de nossa exposição foi, exatamente, mostrar aos responsáveis pela Manutenção, que a mesma constitue uma parte integrante da instalação e que o sistema inteiro deve operar como um todo homogê-

## PROCEDIMENTOS E TÉCNICAS NÃO CONVENCIONAIS 805

neo. Assim sendo, os encarregados das Compras devem atender às especificações e recomendações do pessoal da Manutenção que, por sua vez devem ouvir os responsáveis pela Segurança e Higiene do Trabalho, uma vez que além dos problemas relacionados com tóxicos, poeira, iluminação, umidade, etc., existe também o problema de excesso de barulho e vibrações que são, também, elementos insalubres. Os materiais que forem adquiridos devem ser inspecionados, sendo a solução ideal exigir a inspeção no local de fabricação ou remessa. Com isso, não serão embarcados materiais, peças ou componentes defeituosos, economizando-se o transporte e, além disso, recebendo unicamente material isento de descontinuidades e satisfazendo as especificações. O custo de tal inspeção, que deve ser executada por grupo devidamente habilitado e qualificado, compensa de sobejo os transtornos e despesas envolvidas com o recebimento de material que, após a usinagem será transformado em sucata.

Devemos reconhecer que os envolvidos na Manutenção não precisam ser experts em Administração, Finanças, Compras, Técnicas de Marketing, Gerenciamento e assuntos correlatos. Entretanto, todos os elementos responsáveis pela operação de uma instalação devem ter, no mínimo, idéias bem claras de como cada Departamento funciona e quais as relações entre eles. Inútil repisar que um humanista que desconheça a segunda Lei da Termodinâmica ou a Primeira Lei de Newton é tão ignorante quanto um Engenheiro que desconheça Shakespeare, Goethe, Kayan ou outros clássicos.

Deve ser ainda considerado que os responsáveis pela Manutenção são obrigados, pelas funções que exercem, desmontar e montar máquinas, equipamentos e mesmo conjuntos operando em tandem ou não. Na montagem, aparecem problemas de alinhamento, balanceamento e diversos outros problemas de ajustes que exigem pessoal não somente habilitados mas bastante experimentado no assunto. Embora os envolvidos na Manutenção não possa ser considerados como especialistas em montagens, os mesmos devem ter conhecimentos sólidos sobre o assunto, para não aceitar serviços que não obedeçam as noções mais elementares da técnica, caso comum em nosso meio. Nos casos de balanceamento, é comum o envio de peças para firmas especializadas, assim como os ensaios não-destrutivos são também executados por empresa que se dedicam a tal atividade. O mesmo se passa com relação à solução de problemas de barulho e vibrações, uma vez que é inviável à grande maioria das empresas, mesmo de grande porte, possuirem especialistas em todos os campos de Tecnologia. Entretanto, se os responsáveis não "sabem fazer", devem pelo menos saber "como se faz" para evitar aceitar trabalhos que normalmente

# 806 TÉCNICAS DE MANUTENÇÃO PREDITIVA

seria rejeitados . Convenhamos que, muitas vezes, um grupo de máquinas exige um alinhamento tal que a sua execução e atendimento é possível somente através de raios Laser. É claro que deverá ser chamada uma empresa especializada. Quais das empresas estabelecidas em nosso meio tem condições de possuir o equipamento e o pessoal habilitado em tal técnica? E, mesmo que tenha, estará em condições de manter o pessoal e o investimento para trabalhar raras vezes por ano? Em casos como este as empresas especializadas constituem a solução, apresentando a vantagem de ter alguém responsável pelos resultados obtidos.

Naturalmente, várias empresas e grupos empresariais pretendem implantar um programa de manutenção que permita predizer o que está acontecendo e o que vai acontecer com um equipamento, máquina ou dispositivo de sua instalação, permitindo que sejam tomadas providências corretas em tempo hábil, para que a intervenção seja executada no "momento adequado". O como proceder? Temos conhecimento de algumas instalações que iniciaram seu programa de manutenção preditiva com a aquisição de equipamento complexo e de alta sofisticação, uma vez que tais instrumentos forneciam informações "as mais completas possíveis". O resultado, como não poderia deixar de ser, foram péssimos. Temos conhecimentos de vários equipamentos de elevada precisão e custo apreciável, que estão parados em armários por não haver ninguém na instalação que saiba sequer operá-los, e muito menos interpretar os resultados fornecidos. Isto porque o pessoal envolvido na manutenção não tinha a menor idéia do que é manutenção preditiva, permanecendo como "consertadores de máquinas" que eram, e não foi oferecida oportunidade de tomar conhecimento das técnicas modernas aplicáveis ao caso.

Por tais motivos insistimos que a Manutenção Preditiva exige, em primeiro lugar, pessoal devidamente qualificado e com conhecimento daquilo que irão fazer, com treinamento prático associado a conhecimentos ligados aos procedimentos que devem ser seguidos. O pessoal deve ter conhecimento da importância e influência de cada parâmetro e como interpretar as variações de cada um deles, sabendo exatamente o significado de cada variação. Assim sendo, deve ser seguido o procedimento indicado na figura 14 para que a implantação do método forneça resultados adequados. Após um conhecimento expositivo, deve ser iniciado o treinamento prático, iniciando-se com verificações e monitoramento de anomalias relativamente simples (rolamentos, balanceamento, desalinhamento, etc.), passando para casos mais complexos até atingir a monitoração integral com diagnósticos precisos e bastante evoluídos. Com tal procedimento, será possível a qualquer instalação possuir, dentro de período relativamente

# PROCEDIMENTOS E TÉCNICAS NÃO CONVENCIONAIS

curto, equipes habilitadas e treinadas, conseguindo manter a instalação operando sem praticamente problemas de paradas ou interrupções inesperadas. Note-se que é essencial que a manutenção possua pessoal apto e habilitado em executar ensaios não-destrutivos, pessoal esse que deve estar subordinado às necessidades da manutenção e não "emprestado" de outras secções. Tal fato é bem pouco observado em nosso meio industrial, uma vez que tais ensaios normalmente são poucos utilizados na manutenção geral.

Pelo exposto, o assunto é bastante complexo e demanda bastante trabalho e organização. Não nos alongaremos devendo os interessados recorrer à literatura indicada na Bibliografia.

## XXII.90 - LEITURA RECOMENDADA

Bar-Tikva, D. - An Experimental Method for Stress Intensity Factor Calibrattion - Report AFWAL-TR-80-4001, 1980

Berge, S. and O.I. Eide - Residual Stress and Stress Interaction in Fatigue Testing of Welded Joints - ASTM Special Publication STP-776, 1982

Clark, W.G. - Fracture Toughness and Slow-Stable Cracking - ASTM Special Publication STP-559, 1974

Coudray, P. et M. Guesdon - Surveillance des Machines - Étude 15-J-041, Section 471, Rapport Partiel nº 09 - CETIN, 1982

Coudray, P. et M. Guesdon - Surveillance des Machines - Étude 15-J-041 Section 471, Rapport Partiel nº 07 - CETIN, 1983

Det norske Veritas - Rules for the Desing, Construction and Inspection of Offshore Structures - 1977

Haibach, E. and C. Matschke - The Concept of Uniform Scatter Bands for Analysing S-N Curves of Unnotched and Notched Specimens in Structural Steel - ASTM Special Publication STP-770, 1982

Hoffmann, C., D. Eylon and A.J. McEvily - Influence of Microstructure on Elevated-Temperature Fatigue Resitance of a Titanium Alloy - ASTM Special Publication STP-770 1982

Hiley, M.E. - Residual Stress Measurements by X-Ray Diffraction SAE Trans. J784a, 2nd - 1971

Lautzenheiser, C.E. - Seminar on Nondestructive Testing of the Quality Assurance Group - Southwest Research Institute 1984

Lautzenheiser, C.E. - Comunicação Privada - Southwest Research Institute, 1984

Mordfin, L. and H. Berger - NDE Standards for Nuclear Power Systems: An NBS Perspective - in Nondestructive Evaluation in Nuclear Industry

Conference - American Soc. of Metals Conference Proceedings, 1981 - 303/318

Nelson, D.V. - Effects of Residual Stress on Fatigue Crack Propagation - ASTM Special Publication STP-770, 1982

Ouset, Y. - Methode de Calcul pour Synthese Experimentale de Structures - Étude 11-E-261, Section 445, Rapport Final CETIN 1980

Rémondière, A, Editor:- Fiabilité & Maintenabilité/Reliability & Maintenability - 3rd International College d'Agence Spatiale Europeéne - Toulousse October 1982 - 18/21

Ruud, C.O. - Nondestructive and Semidestructive Methods of Residual Stress Measurements - ASTM Special Publication STP 776 - 1982

Stubbington, C.E. - Alloy Desing for Fatigue and Fracture Resistance - AGARD Conference Proceedings nº 185 - Brussells, 1975

Shiva, T.R. and W.A. Willard - Mechanical Failure - Definition of the Problem - Proc. 20th Meeting of Mechanical Failures Prevention Group - National Bureau of Standards Washington, D.C. - 1974

Underwood, J.H., L.P. Pook and J.S. Sharples:- Flaw-Growth and Fractures - ASTM Special Publication STP-631, 1977

Wundt, B.M. - Effect of Notches on Low-Cycle Fatigue - ASTM Special Publication STP-490, 1972

*Apêndices*

# APÊNDICE

### APÊNDICE A

## A. 1.0 - GRANDEZAS E UNIDADES. ESCALAS DE MEDIÇÃO.

As grandezas, unidades e quantidades utilizadas nor malmente na Técnica, encontram-se bastante desorganizadas por par te dos usuários. Embora exista uma normalização e especificação bastante explícita quanto ao caso, tanto no âmbito da ISO quanto em âmbito regional, o sistema utilizado comumente é bem pouco or todoxo. Tanto é verdade que o sistema de unidades varia de autor a autor, sendo comum os diferentes autores misturarem conceitos e definições para uma mesma grandeza, sendo ainda comum misturar cam po magnético com intensidade de fluxo, definir o módulo de Young em quilogramas por milímetro quadrado e definir a rigidez em new tons por centímetros, etc. havendo uma total mistura entre os sistemas MKS, MKSA, CGS e ocasionalmente usando o sistema SI com unidades de outro sistema. Não pretendemos consertar uma situação que será consertada com o tempo, mas tão somente fornecer alguns conceitos fundamentais com relação as técnicas de medição e o que se está medindo. Será utilizado o sistema SI, estabelecido pe la ISO e em implantação no nosso meio através da ABNT.

Embora o assunto seja bastante conhecido, julgamos o-portuno rever alguns conceitos e o significado das relações utili zadas comumente na Física. Quando aparece uma equação arbitrária, a mesma é constituída por um conjunto de símbolos que indicam uma conexão ou um relacionamento entre as grandezas que intervêm num processo. Cada um dos símbolos pode representar ou significar:

i) uma unidade
ii) um número ou
iii) uma grandeza.

Com tal conceito, a equação que descreve matematica-mente uma relação física pode ser escrita de três maneiras distin tas, cada uma delas com um significado próprio e com campo de a-plicação limitado. Exemplificando,

i) Uma equação numérica representa as quantidades envolvi-das pelo seu valor numérico e a mesma é válida somente para um sistema coerente de unidades, como

# 812 TÉCNICAS DE MANUTENÇÃO PREDITIVA

$$F = 3,5.10^{-3} \, B \, \ell \, i$$

Se estabelecermos que B é dado em volts.segundo/metro$^2$, $\ell$ em metros e i em amperes tal fato não nos informa em que unidade é dada a força F. Tais equações, embora práticas, não dão esclarecimentos quanto a unidade referen te ao resultado final.

ii) Podemos escrever a equação de unidades seguinte:

$$\frac{F}{N} = k \, \frac{B}{gauss} \cdot \frac{\ell}{cm} \cdot \frac{i}{amperes}$$

Embora se tenham as vantagens da equação numérica, a re presentação é complexa, tornando-se pouco cômoda.

iii) Quando se tem uma equação de grandezas, cada símbolo ou número significa uma "grandeza" e como toda e qualquer grandeza é o produto de um número por uma unidade, a ri gor deveriamos escrever a unidade entre colchetes e a grandeza entre parênteses,

grandeza           $W = 3.m.N$
unidade de W       $(W) = 3$
número de W        $|W| = 3$

Então, o rigorosamente correto seria escrever

$$W = |W| \cdot (W)$$

A grande vantagem das equações de grandezas é dar ime diatamente o valor numérico e a unidade em que a grandeza é medida. Tais fatos são corriqueiros e a grande maioria dos envolvidos no assunto escrevem as equações de grandezas sem atentar para aquilo que realmente as mesmas significam fisicamente, limitando-se a ob servar os resultados conseguidos com operações matemáticas.

Quando uma grandeza qualquer apresenta um campo de variação muito grande, é bastante comum na Técnica o uso de esca las logarítmicas ou escalas de relação de grandezas. As relações representando grandezas lineares, como correntes, tensões, pres sões, etc. são denominadas fatores, como por exemplo o fator de re

# APÊNDICE 813

flexão, fator de sintonização, etc. Quando as grandezas são quadráticas, tais como potência, energia, etc., a relação é denominada grau, como grau de diretividade, grau de eficiência, etc. Quando se toma o logarítmo de um grau tem-se o chamado índice, como o índice de diretividade, índice de atenuação, índice de conversão, eletro-acústica etc. É comum o uso de índices quando os limites de variação são muito amplos, como no caso do amortecimento em linhas de transmissão, o comportamento do ouvido em função da intensidade ou da frequência, etc. Enquanto que nas escalas lineares é seguida uma série aritmética, no caso de relações logarítmicas é seguida uma série geométrica. Neste caso de notação logarítmica, as variações são relativas e dois termos consecutivos arbitrários diferem entre si por um fator constante.

É bastante comum o uso de escalas em decibels nas Comunicações, Eletrônica, Eletrotécnica, Acústica e outros ramos da Tecnologia. É também comum o uso de escalas logarítmicas em trabalhos usuais, sendo de uso diário os papéis log-log, log-lin, etc., quando os valores que devem ser apresentados cobrem uma faixa muito ampla entre seus extremos. Entretanto, existe uma crença generalizada que o decibel é uma unidade de medida em Acústica, e tal crença é muito comum entre aqueles que não estão diretamente envolvidos com problemas tecnológicos usuais, e ouvem falar em decibel quando se trata de barulho, poluição sonora, tráfego etc. Procuraremos dar uma visão de como o decibel surgiu e qual é, realmente, o seu campo de aplicabilidade.

No início do século, com o desenvolvimento explosivo das comunicações telefônicas, apareceram fábricas de equipamentos telefônicos, com seus acessórios, incluindo linhas de transmissão, que deveriam ser utilizadas entre cada aparelho e uma central. Na década dos vinte apareceu a válvula eletrônica, com os circuitos eletrônicos correspondentes, aumentando bastante a complexidade do problema, já que haviam amplificadores, pré-amplificadores, limitadores e mais uma plêiade de dispositivos destinados a tornar a comunicação mais clara e inteligível, a par de condições econômicas mais vantajosas. Apareceu o problema de verificar não somente os equipamentos mas também as linhas de transmissão. Isto porque cada fabricante apresentava uma "linha padrão de uma milha" para teste, fornecendo os dados sobre a mesma. Tais dados eram os mais disparatados possíveis, não existindo, na ocasião, um processo, método ou especificação para verificar as vantagens ou desvantagens de uma dada linha. Em fins da década dos vinte, uma reunião

**814**                                              TÉCNICAS DE MANUTENÇÃO PREDITIV/

internacional dos fabricantes de telefones e companhias que explo ravam os serviços de telefonia estabeleceu um método de medida.

O método consistia em injetar, num extremo da linha dada, um sinal com uma energia estabelecida $W_e$, e medir a energia disponível na saída da linha, ou seja, no outro extremo. Os valo res das energias dos sinais de entrada e saída foram levados a u- ma relação e extraído o logarítmo de tal relação,

$$B = \log \frac{W_s}{W_e}$$

a relação foi denominada bel. Trata-se de uma relação e não de uma unidade. Tal fato é evidente, uma vez que estamos dividindo duas grandezas, o que só pode resultar num número, cujo logarítmo é também um número.

Como não poderia deixar de ser, a escala ganhou am pla aceitação não somente na telefonia mas também em campos corre latos, principalmente em Eletrônica, Acústica, Eletrotécnica etc. Nesses casos, como a energia é dada por relações quadráticas de grandezas lineares, houve um desenvolvimento amplo do assunto. No início da década dos vinte, a Bell Telephone Laboratories estava interessadíssima em estudar o como o ouvido percebe os sons, em que frequências se localiza e inteligibilidade etc., contratando dois cientistas para estudar profundamente o assunto, Fletcher e Munson. No trabalho publicado na ocasião, 1924/25, os autores es colheram uma escala vertical com divisão logarítmica, já que não existia a escala em dB na ocasião. Quando da segunda edição do trabalho, já as curvas todas eram referidas em dB na escala verti cal ou seja, a Acústica tomou emprestado da Telefonia/Eletrotécni ca uma escala que a mesma havia desenvolvido.

Pelo exposto, uma escala em bels nada mais é que uma relação dada pelo expoente da base 10, ou seja, $10^x$, onde x é o número de bels. Logo no início, foi observado que o bel era uma escala com divisão muito grande, aparecendo comumente expoentes fracionários. Por tal motivo, foi introduzido o decibel, igual a um décimo de bel, ou seja

$$dB = 10 \log \frac{W_s}{W_e}$$

Observe-se que tanto o bel quanto o decibel foram de

# APÊNDICE 815

finidos e estabelecidos para energias, ou seja, para grandezas quadráticas. Quando se quer estabelecer uma energia ou potência, ter-se-á o produto de duas grandezas lineares, em qualquer campo de Física. Especificamente, no caso de energia elétrica,

$$W_e = I_e^2 R = \frac{E_e^2}{R} = E_e I_e$$

$$W_s = I_s^2 R = \frac{E_s^2}{R} = E_s I_s$$

Observe-se que as medidas, tanto de tensões quanto de correntes devem ser realizadas em impedâncias iguais. Ter-se-á

$$dB = 10 \log \frac{\frac{E_s^2}{R}}{\frac{E_e^2}{R}} = 10 \log \frac{E_s^2}{E_e^2} = 10.2.\log \frac{E_s}{E_e}$$

$$= 20 \log \frac{E_s}{E_e}$$

Analogamente,

$$dB = 20 \log \frac{I_s}{I_e}$$

No caso, a referência, ou seja, o nível zero é energia, tensão ou corrente de entrada, que é tomada como referência. As medidas são, então, referidas a um nível zero que é tomado como referência. É imprescindível estabelecer qual é a referência, sem o que a simples indicação de um determinado número de dB nada significa. Observe-se que quando a grandeza é igual ao valor tomado como referência, a relação é a unidade, cujo logaritmo é zero. Portanto, o nível zero dB significa que a grandeza tem seu valor igual ao valor tomado como referência e não valor nulo.

Dada a amplidão e a facilidade de manuseio das escalas em dB, várias empresas fabricantes de instrumental elétrico/eletrônico, aparelhos para medidas em Acústica e Vibrações, etc. publi-

**816** TÉCNICAS DE MANUTENÇÃO PREDITIVA

caram tabelas em dB, com separação em degraus de 1 dB e até mesmo em degraus de 0,1 dB havendo tabelas para dB de intensidade, onde a relação é 10 log(a/b) assim como colunas para dB de grandezas lineares (tensão, corrente, pressão, velocidade, etc.) onde a relação 20 log (a/b). A aplicabilidade de escala invadiu a Mecânica, Optica, Acústica, Hidráulica, etc., sendo comum a expressão de várias grandezas em termos de dB. Existem inclusive, calculadoras de bolso que fornecem o valor em dB para uma dada relação, assim como a operação inversa.

Uma das vantagens da escala em dB é que os valores repetem-se a cada duas décadas, ou seja, a cada 20 dB os valores são repetidos multiplicados ou divididos pelo fator 10 ou 100. Os logarítmos são de Briggs, cujas tabelas são encontradas comumente e as medições apresentam características altamente vantajosas. No caso de energia, grandezas quadráticas, ter-se-á

$$N \ dB = 10 \ \log \frac{W_1}{W_r}$$

onde $W_1$ é a energia em questão e $W_r$ a referência. Caso a energia $W_1$ seja dobrada, ou seja

$$X \ dB = 10 \ \log \frac{2W_1}{W_r} = 10 \ \log \frac{W_1}{W_r} + 10 \ \log 2$$

$$= N + 10.0,3 = N + 3 \ dB$$

Portanto, dobrando-se a energia aumenta-se 3 dB no nível, tomando-se a mesma referência. Analogamente, quando se trata de grandezas lineares (tensões, correntes, pressões, etc.) ter-se-á $N = 20 \ \log(V_1/V_r)$

$$X \ dB = 20 \ \log \frac{2V_1}{V_r} = 20 \ \log \frac{V_1}{V_r} + 20 \ \log 2 = N + 20.0,3$$

$$= N + 6 \ dB$$

Portanto, dobrando-se a amplitude de grandeza linear, o nível resultante será 6 dB acima do nível original. Tais fatos permitem saber que, num mostrador ou tela de osciloscópio, no momento que a amplitude cair pela metade, houve uma queda de 6 dB caso a

# APÊNDICE 817

grandeza seja linear ou de 3 dB caso a grandeza seja quadrática. Po de-se, ainda, saber o quanto deverá ser aumentada ou diminuída a amplitude para que se obtenha um valor desejado de maneira arbitrária. Uma variação de 10 dB significará uma alteração de 3,16 se a grandeza for linear ou de 10,0 se a grandeza for quadrática e 20 dB significa uma alteração de 10 vezes no caso de grandezas lineares e de 100 vezes no caso de grandezas quadráticas.

A título de ilustração prática, vejamos alguns exemplos de computação com leituras em dB. Como se trata de relações logarítmicas, é inviável executar somas diretas, havendo necessidade de executar a soma logaritmicamente, como é óbvio. Suponhamos, por exemplo que se quer saber qual o valor da relação, ou seja, quantas vezes uma dada grandeza é maior que a referência quando a relação apresenta o valor de 70 dB, que não consta da tabela. O procedimento é exatamente aquele descrito em 7.50.10. Subtrae-se tantas vezes 20 dB quantas necessárias, até que o valor cai a um número não superior a 20. Ter-se-á

$$70 \text{ dB} = 20 + 20 + 20 + 10$$

Como a relação referente a 10 dB é 3.16 (grandezas lineares) ou 10,0 (grandezas quadráticas) ter-se-á

$$70 \text{ dB} = 3,16 \times 10 \times 10 \times 10 = 3160 \text{ grandezas lineares}$$
$$70 \text{ dB} = 10 \times 100 \times 100 \times 100 = 70.000.000 \text{ grandezas quadráticas.}$$

O mesmo raciocínio vale no caso de atenuação, ocasião em que o dB se apresenta negativo. Um valor de - 70 dB significa que a grandeza é $10^{-7}$ vezes menor que a referência (quadrática) ou $3,16.10^{-4}$ (linear).

Os exemplos práticos poderiam prosseguir de maneira indefinida mas acreditamos que o exposto é o suficiente.

Observe-se que há necessidade, sempre, de que seja estabelecido um valor referente ao zero, que é tomado como referência. Em base a tal referência, é possível executar todas as medições com precisão e valor reproduzível a qualquer instante. Tais níveis de referência encontram-se padronizados e estabelecidos em âmbito universal, sendo utilizados em todas as técnicas. Resumidamente, tem-se as

# 818                          TÉCNICAS DE MANUTENÇÃO PREDITIVA

referências seguintes para as diversas grandezas, referências essas que constituem o nível zero de cada uma delas:

Pressão sonora (no ar)          $P_{ref} = 20.10^{-6}$ N/m$^2$ = 20 µPa

Pressão sonora (outros
meios que não o ar)            $P_{ref} = 1.10^{-6}$ N/m$^2$ = 1 µPa

Intensidade                  $I_{ref} = 10^{-12}$ W/m$^2$ = 1 Picowatt/m$^2$

Potência                    $W_{ref} = 10^{-12}$ Watts = 1 Picowatt

Potência Sonora - Audio
técnica - dBm             $W_{ref} = 10^{-3}$ Watts = 1 miliwatt

Força Eletromotriz -
Volts - dBV               $E_{ref}$ = 1 volt

Corrente elétrica - Ampe-
res                        $I_{ref} = 10^{-3}$ A = 1 mA

Aceleração                $a_{ref} = 1\ g_{rms}$

                              $a_{ref} = 10^{-6}$ m/s$^2$ = 1 µm/s$^2$

Força                       $F_{ref} = 10^{-6}$ N = 1 µN

Velocidade              $V_{ref} = 10.10^{-9}$ m/s = 10 nm/s = $10^{-8}$ m/s

Densidade de Energia       $J_{ref} = 10^{-12}$ Joules/m$^3$ = 1 pJ/m$^3$

Densidade espectral da
energia                 $DE_{ref} = 1\ g^2/Hz$

Energia                   $I_{ref} = 10^{-12}$ J = 1 pJ

Unidade de Volume (Sono
ro) VU                  $VU_{ref} = 10^{-3}$ W = 1 mW

Nível de Ruído - dBrn        $R_{ref} = -90\ dBm$ (1 KHz)

      Observe-se que as referências acima contém grandezas lineares (pressão, força eletromotriz, corrente elétrica, aceleração, velocidade) nas quais o fator multiplicativo da expressão é 20. As demais são grandezas quadráticas, nas quais o fator multiplicativo é 10.

# APÊNDICE

Chamamos a atenção para os valores constantes na tabe la acima, todos eles no sistema SI. É comum encontrar na literatura ainda em uso, a indicação de referências diferentes, sendo comum o uso de referências misturadas. Exemplificando, é comum encontrar co mo nível de referência da pressão sonora como $20.10^{-5}$ dines/cm$^2$, $2.10^{-5}$ N/m$^2$ e para a intensidade $10^{-16}$ W/cm$^2$ e potência $10^{-13}$ W. Na atualidade, os valores que devem ser mencionados e aceitos são aque les constantes da tabela anexa, sendo todos os demais obsoletos e, como tal, não são recomendados.

Como detalhe, chamamos a atenção com relação a vários vendedores e promotores de venda de dispositivos que garantem que, com seus produtos, consegue-se uma redução de 50% no nível de baru lho ou 60% no nível de vibrações. O que tais dados, realmente, sig nificam? O número realmente é impressionante. Reduz-se à metade o valor atual. Se considerarmos o nível em dB, observa-se que uma re dução de 50% significa tão somente uma redução de 6 dB no nível de pressão ou de 3 dB no nível de intensidade. Caso o nível seja de 100 dB, a redução a 50% significa que o nível cairá a 94 dB em pres são ou 97 dB em intensidade. Em outras palavras, embora seja verda de que caiu 50%, a queda nada significa. Analogamente, no caso das vibrações, onde uma redução de 50% em termos de leituras em dB pou co ou nada significam. Tem-se que, com relação em porcentagens, as relações em dB são as seguintes:

| Redução do nível em dB | Redução do valor em % | |
|---|---|---|
| | Intensidade | Pressão/aceleração,etc. |
| - 1,25 dB | 25% | 13% |
| - 3,0 dB | 50% | 25% |
| - 6,0 dB | 75% | 50% |
| - 10,0 dB | 90% | 60% |
| - 20,0 dB | 99% | 90% |

De maneira geral, é possível obter a porcentagem de atenuação através do número de dB pelas expressões:

Grandezas Lineares

$$\% = 100.10^{\pm \frac{dB}{20}}$$

Grandezas Quadráticas

$$\% = 100.10^{\pm \frac{dB}{10}}$$

Conversamente, se sabemos a porcentagem podemos veri-

# 820  TÉCNICAS DE MANUTENÇÃO PREDITIVA

espectro. Explicitando a equação (7) obteremos, para este caso,

$$
\begin{vmatrix} X(0) \\ X(1) \\ X(2) \\ X(3) \end{vmatrix} = \begin{vmatrix} W^0 & W^0 & W^0 & W^0 \\ W^0 & W^1 & W^2 & W^3 \\ W^0 & W^2 & W^4 & W^6 \\ W^0 & W^3 & W^6 & W^9 \end{vmatrix} \cdot \begin{vmatrix} x_0(0) \\ x_0(1) \\ x_0(2) \\ x_0(3) \end{vmatrix}
\tag{8}
$$

Exatamente neste ponto é que aparece o problema fundamental da avaliação direta da Transformada de Fourier Discreta. Para calcular a equação (8), há necessidade de levar em consideração 16 números complexos (observe-se que W é complexo), multiplicá-los e executar as operações de soma. De modo geral, no cálculo de N amostras (ou N pontos), a Transformada Discreta de Fourier necessitará de $N^2$ operações de multiplicação e soma de números complexos. Tais fatos tornam o processo de digitação não somente ineficiente como ainda excessivamente dispendioso. Tais fatos mostram que embora o cálculo direto da Transformada Discreta de Fourier seja possível, uma vez que existe uma solução, tal solução raramente seria usada pela inadequacidade do processo.

Pelo exposto, o processamento digital da Transformada de Fourier sempre foi evitado pela sua inadequacidade. Entretanto, em 1965 Cooley e Tukey desenvolveram um algoritmo para o processamento digital da Transformada Rápida de Fourier e o publicaram, observando-se uma alteração revolucionária do processamento digital da Transformada Discreta de Fourier. Trata-se de um método alternativo de cálculo da Transformada Discreta de Fourier, método esse que oferece uma redução espetacular no número de operações necessárias ao processamento. O método pode ser considerado como a fatoração da matriz $W^{nk}$ da equação (7), fatoração tal que o número de operações envolvidas com as multiplicações com a matriz $X_0(k)$ é apreciavelmente reduzido.

Quando se utiliza a Transformada Rápida de Fourier, é conveniente que se escolha o número de pontos amostrados (N) de tal modo que os mesmos sejam uma potência exata de dois. Na equação (8), $N = 2^2$ e, então a FFT pode ser aplicada. O procedimento consiste em escrever cada termo $W^{nk}$ na equação (8) de modo que $W^{mk \bmod N}$ e, como N=4, ter-se-á

APÊNDICE                                                              **821**

ficar qual o número de dB através das expressões:

Grandezas Lineares                    Grandezas Quadráticas

$$dB = 20 \log \left(\frac{\%}{100}\right)$$        $$dB = 10 \log \left(\frac{\%}{100}\right)$$

    A apresentação feita, embora não exaustiva, tem  por finalidade mostrar as bases do sistema de medição e seu uso típico e serve como uma revisão do assunto àqueles não habituados a operar com tais medições, passando a dispor de ferramenta bastante versátil  nos mais variados trabalhos.

REFERÊNCIAS APÊNDICE A

Nepomuceno, L. X. - Acústica Técnica - Etegil, São Paulo - 1968.

Stevens, S.S. - Decibels of Light and Sound - Physics Today January 1955 - 12/17.

Green, E.I. - The decilog, a unit of Logarithmic Measurement - Electr. Engrg. 73, 597/599 - 1954.

Wallot, W. - Groessengleichungen, Einheiten und Dimensionen -  John Berth, Leipzig - 1953.

Harris, C.M. - Handbook of Noise Control - McGraw-Hill, New York, 1957.

# APÊNDICE B

## A TRANSFORMADA DE FOURIER, A TRANSFORMADA DISCRETA DE FOURIER E A TRANSFORMADA RÁPIDA DE FOURIER (FFT)*

Arne Grondahl e Roger Upton.

A transformada de Fourier é definida através do par de expressões:

$$X(f) = \int_{-\infty}^{\infty} x(t) \exp(-j2\pi ft)dt \qquad (1)$$

$$x(t) = \int_{-\infty}^{\infty} X(f) \exp(j2\pi ft)df \qquad (2)$$

Desde que a concepção de transformada apareceu, no início do século dezenove, a mesma tornou-se uma ferramenta praticamente indispensável nos trabalhos da Física e da Engenharia. Isto porque as duas equações permitem transferir do domínio do tempo para o domínio da frequência e vice-versa à medida que as conveniências assim aconselharem. Entretanto, no caso de amostras de uma forma de onda qualquer ou quando um sistema deve ser analisado num computador digital, as equações clássicas acima não podem mais ser utilizadas. As expressões representam funções contínuas, sendo inadequadas para o processo digital. Apareceu, então, o problema de como essas equações poderiam ser utilizadas com as modernas técnicas de processamento digital.

A resposta fundamental a este problema é óbvia: as equações (1) e (2) devem ser convertidas de sua forma contínua numa forma discreta adequada. Se prestarmos atenção à equação (1) isoladamente, um possível método de digitação é substituir a integral por um somatório e, concomitantemente, limitar a variação em frequência dentro de valores discretos determinados. Logo, se da forma de onda forem retiradas N amostras durante o tempo T, ter-se-á

------------------------------------------------------------

Traduzido de: A.Grondahl and R.Upton: The Fast Fourier Transform, and the Use of the Computer Type 7504 and the Digital Event Recorder Type 7502 as a Fast Fourier Transform Analyzer - Bruel & Kjaer Application Note, com a devida autorização.

# APÊNDICE

823

$$X(fn) = \Delta T \sum_{k=0}^{N-1} x(t_k)\exp(-j2\pi f_n t_k) \qquad (3)$$

$$n = 0, \pm 1, \pm 2, \ldots \pm \frac{N}{2}$$

A equação (3) pode ser simplificada se observarmos que $\Delta T = T/N$ e $\Delta f = 1/T$ e, pondo-se $t_k = k \, \Delta T$ e $f_n = n \Delta F$ obtem-se

$$X(n) = \Delta T \sum_{k=0}^{N-1} x(k)\exp(-j2\pi \, \frac{nk}{N} ) \qquad (4)$$

$$n = 0, 1, 2, \ldots, N-1$$

De maneira análoga, para a equação (2) obteremos

$$x(k) = \Delta f \sum_{n=0}^{N-1} x(n)\exp(j2\pi \, \frac{nk}{N}) \qquad (5)$$

$$k = 0, 1, 2, \ldots, N-1$$

O conjunto de equações (4) e (5) foram o par de Transformadas Discretas de Fourier (DFT). Dadas N amostras da forma de onda, a equação (4) fornece N amostras do espectro e, dadas N amostras do espectro, a equação (5) fornece N amostras da forma de onda. Nessas condições, o problema de digitação da Transformada de Fourier aparentemente está resolvido.

Se considerarmos $W = \Delta T \exp \left| - (\frac{j2\pi}{N}) \right|$ a equação (4) será representada na forma

$$X(n) = \sum_{k=0}^{N-1} x(k) \, W^{nk} \qquad (6)$$

que podemos escrever de modo mais conveniente na forma de matriz,

$$|X(n)| = |W^{nk}| . |X_0(k)| \qquad (7)$$

Suponhamos agora que N seja igual a 4, ou seja, que extraimos 4 amostras da forma de onda uma vez que queremos 4 amostras do

# 824 TÉCNICAS DE MANUTENÇÃO PREDITIVA

$$
\begin{vmatrix} X(0) \\ X(1) \\ X(2) \\ X(3) \end{vmatrix} = \begin{vmatrix} 1 & 1 & 1 & 1 \\ 1 & W^1 & W^2 & W^3 \\ 1 & W^2 & W^0 & W^2 \\ 1 & W^3 & W^2 & W^1 \end{vmatrix} \cdot \begin{vmatrix} x_0(0) \\ x_0(1) \\ x_0(2) \\ x_0(3) \end{vmatrix} \tag{9}
$$

Podemos fatorar a equação acima, obtendo

$$
\begin{vmatrix} X(0) \\ X(1) \\ X(2) \\ X(3) \end{vmatrix} = \begin{vmatrix} 1 & W^0 & 0 & 0 \\ 1 & W^2 & 0 & 0 \\ 0 & 0 & 1 & W^1 \\ 0 & 0 & 1 & W^3 \end{vmatrix} \cdot \begin{vmatrix} 1 & 0 & W^0 & 0 \\ 0 & 1 & 0 & W^0 \\ 1 & 0 & W^2 & 0 \\ 0 & 1 & 0 & W^2 \end{vmatrix} \cdot \begin{vmatrix} x_0(0) \\ x_0(1) \\ x_0(2) \\ x_0(3) \end{vmatrix} \tag{10}
$$

Se observarmos que $W^0 = -W^2$, o cálculo da equação (10) e
xige 4 multiplicações e 8 adições complexas. Se compararmos com a 16
multiplicações e adições complexas no caso da equação (8), verifica-
se que há, realmente, uma economia considerável no número de operações que devem ser executadas.

De maneira mais geral, o algorítmo de Cooley-Tukey efe
tivamente fatora uma matriz NxN em a.(NxN) matrizes, sendo $N=2^a$. Quan
to maior N maior a economia que se obtém no número de operações para
o cálculo direto da Transformada Discreta de Fourier. A economia de
tempo num computador que se obtém com uso deste algorítmo é aproximadamente da ordem de a/N. Então, para o cálculo de uma FFT referente a
$2^{10}$ amostras a economia representa um tempo de uso cerca de 100 vezes
menor que quando utilizando o cálculo direto. Os interessados encon-
trarão informações mais detalhadas na bibliografia.


Bilbiografia:

Brigham, E.O. and R. E. Morrow: "The Fast Fourier Transform" - IEEE
Spectrum - December, 1967.

Bergland, G.D. - "A Guided Tour of the Fast Fourier Transform" IEEE
Spectrum - July, 1969.

Cooley, J. W. and J.W. Tukey - "An Algorithm for the Machine Calcula
tion of Complex Fourier Series" - Math. Comput. vol. 19 297/301 -
April, 1965.

# APÊNDICE 825

ANÁLISE FFT. SELEÇÃO DA LARGURA DE FAIXA. ESCALAS DE AMPLITU-
DE E FREQUÊNCIA*

Prof. Jens Trampe Broch

## Análise FFT

O algorítmo FFT é um meio **extremamente** eficiente para calcular a assim chamada Transformada Discreta de Fourier (DFT) que, como é óbvio, é discreta, constituindo nada mais que uma proximação à Transformada de Fourier. As equações para a transformação direta são aquelas descritas pelas equações (4) e (5) anteriores.

Sabemos que as equações da Transformada de Fourier são constituídas por integrais infinitas de funções contínuas e, assim sendo, as equações mencionadas são somas finitas mas, por outro lado, apresentam propriedades semelhantes com as integrais que formam a operação. Por ocasião da transformação da função, a operação consiste em multiplicar pelo vetor rotativo unitário e.exp($\pm$j2πn/N) que gira (de maneira discreta, em saltos para cada incremento do tempo n) numa velocidade proporcional à velocidade do parâmetro de frequência n.

No caso, existem três "inconfiabilidades, "inadequacidades", "incertezas", "pitfalls" ou mesmo "handicaps" que são introduzidos pela natureza finita e discreta da DFT. São eles:

a) Assunção, Suposição ou Indicação devido ao processo de amostragem do sinal temporal, o que significa que a retirada de amostras em altas frequências pode dar origem ao aparecimento de frequências mais baixas (como ocorre comumente na estroboscopia). Tal "inadequacidade" pode ser eliminada pela filtragem do sinal com filtro corta-baixas antes da retirada das amostras, para se assegurar que o sinal não contém frequências superiores à metade da frequência de amostragem (este procedimento é também necessário quando se está procedendo a uma filtragem digital).

------------------------------------------------------------

Tradução dos itens 7.1.3 e 7.14 da publicação: "Mechanical Vibration and Shock Measurements" Bruel & Kjaer Special Publication, 1980 com a devida autorização do editor.

# 826 TÉCNICAS DE MANUTENÇÃO PREDITIVA

b) Efeito da Janela, devido ao comprimento finito do registro do sinal. Como o espectro final é calculado em frequências discretas separadas por tempos de $1/T$, onde T é o comprimento do registro, o tempo de registro é tratado implicitamente pelo analisador como referente a um período de um sinal periódico de período T. O tempo de registro pode ser considerado como sendo inicialmente multiplicado por uma "função temporal de janela" com comprimento T e o segmento resultante conectado a um elo. Caso a janela temporal seja retangular (ou plana) e o sinal original é mais longo que T, pode aparecer uma descontinuidade desconhecida na conexãocom o elo, dando origem a componentes espúrias, inexistentes no sinal original. Na realidade, a multiplicação no tempo corresponde a uma convolução em frequência utilizando a transformada de Fourier da janela temporal que, nessas condições, passa a operar como um filtro, já que adquiriu as características deste dispositivo. O problema pode ser resolvido utilizando funções mais "lisas" na janela temporal, que tenha o valor zero nos extremos e com um gradiente (ou inclinação) adequado, visando eliminar a descontinuidade.
Uma escolha bastante comum consiste na janela de Hanning (um período da função coseno) cujas características "filtrantes" são comparadas com aquela de uma janela retangular, na figura B-01. A figura mostra que os lobos laterais característicos da janela de Hanning apresentam uma queda bem mais pronunciada que a da janela retangular, apresentando uma inclinação muito maior. Obtém-se, dessa maneira, uma característica global superior, embora com um aumento de cerca de 50% na largura de faixa.
Quando se trata de transitórios ou funções transitórias, é comum o uso de janelas retangulares, desde que as mesmas "caibam" dentro da distância de registro T. O valor em cada extremo será nulo em qualquer caso, não aparecendo descontinuidade devido a união de um segmento com um elo. Na realidade, seria detrimental utilizar uma janela com função de forma muito suave para analisar um transitório curto, uma vez que tal função daria um peso diferente nas diferentes secções e, dessa maneira, modificando o resultado. Quando se trata de sinais estacionários cujas propriedades não variam durante o registro, tal problema não existe.

# APÊNDICE

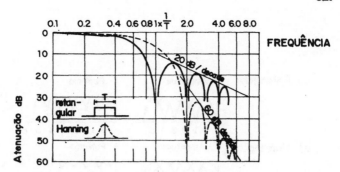

c) Efeito do Gradeado - Tal efeito é resultante do processo de amostragem do espectro no domínio da frequência. Podemos imaginar que o espectro seja amostrado através de uma cerca constituída por ripas verticais, sendo visto por meio dos espaços entre as ripas da cerca e, assim sendo, não são necessariamente vistos todos os picos. O erro resultante do processo dependerá da superposição das características dos filtros adjacentes, como ilustra a figura B-02 e tal detalhe não existe unicamente na análise em FFT. O mesmo fenômeno ocorre toda vez que se usam filtros discretos, como no caso típico dos filtros de terças. O mesmo é diminuído através de uma superposição maior entre os filtros adjacentes. No caso da janela de Hanning, o máximo é de 1,4 dB que é bem menor que o valor de 3,4 dB referente a uma janela retangular. O erro pode ser diminuído quando se sabe que há somente uma componente em frequência que cae entre duas linhas espectrais, utilizando-se, por exemplo, um sinal de calibração. A figura B-03 ilustra o caso onde o efeito de cerca, ou gradeado, é bastante pronunciado, qual seja o das amostras do espectro cairem nos zeros entre os lobos laterais, fazendo com que pelo efeito de janela as componentes se tornem invisíveis. Esta situação corresponde à coincidência entre um número exato de períodos inteiros no tempo de registro T, de ocorrência difícil na prática porque as frequências em questão deveriam apresentar uma precisão de 1 parte em $10^6$ aproximadamente. Na figura B-03, I se refere ao espectro contínuo de um "burst" sem elo; II as linhas espectrais correspondentes a um "burst" envolvido num elo; III o espectro contínuo de um "burst"

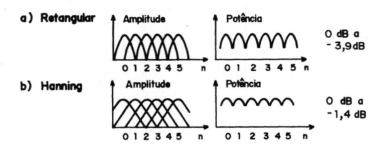

não envolvido por elo e com separação de l/T entre os zeros dos lobos e IV o espectro de linhas de um "burst" contido num elo e com os lobos laterais amostrados em pontos zero. Observa-se que quando há um número inteiro de períodos no comprimento do registro, ou seja, uma repetição periódica, não dá origem a descontinuidade alguma, o que explica a ausência de lobos laterais.

Seleção da Largura de Faixa. Escalas de Amplitude e Frequência.

De maneira geral, sabemos que o tempo de análise é governado por uma expressão do tipo BT ≥ K, uma constante na qual T é o tempo necessário para cada medida que apresenta uma largura de faixa B. Dessa maneira, torna-se imperativo selecionar uma largura de faixa que seja consistente com a obtenção de uma solução adequada ao problema em tela, não somente pelo fato de ser o tempo necessário à análise por largura de faixa proporcional a 1/B como ainda o número de larguras de faixa necessárias para cobrir a faixa total, à custa de um resultado elevado ao quadrado.

É inviável fornecer uma regra geral que seja válida para a seleção da largura de faixa adequada, mas tão somente indicar algumas linhas gerais, como as seguintes:

Para sinais estacionários e determinísticos e, em particular, para sinais periódicos que contenham componentes discretos e

# APÊNDICE

igualmente espaçadas, a finalidade consiste em separar as componentes adjacentes, o que pode ser executado mais adequadamente pelo uso de um filtro com largura de faixa constante e numa escala de frequências linear. Por exemplo, a largura escolhida pode ser de 1/3 do espaçamento mínimo esperado (vide Fig. B-04/a). Tal escolha admite uma característica muito boa do filtro, como um fator de forma 5 (Relação entre as larguras a -60dB e a -3dB) e, caso o fator de forma seja menor ou a separação deve ser superior a 50 dB, a faixa deverá ser menor.

Para sinais estacionários randômicos ou transitórios, a forma do espectro é mais adequadamente determinada por ressonâncias no percurso entre a fonte e o **transdutor** devendo a largura de faixa ser escolhida como da ordem de 1/3 da largura do pico de menor amplitude, como ilustra a figura B-04/b. Quando o amortecimento é constante, os filtros tenderão a apresentar um "Q Constante", ou seja as características de filtros de faixa percentual constante e, assim sendo, o processo mais adequado consiste num filtro de faixa percentual constante e uma escala logarítmica de frequência. Ocasionalmente é necessário escolher filtros com largura de faixa constante por razões práticas, visando a obtenção de uma faixa percentual suficientemente pequena num trecho arbitrário do espectro. Isto porque a faixa percentual mais estreita disponível se situa no entorno de 1% e os filtros digitais apresentam o limite inferior da ordem de 6% na prática (1/12 oitavas)

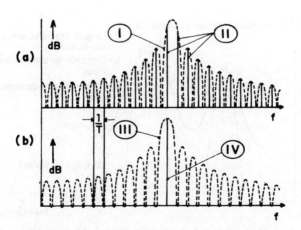

Como sabemos, normalmente é usada a escala linear em frequências quando os filtros são de largura constante e escala logarítmica quando os filtros têm características de faixa percentual, porque em ambos os casos tem-se uma resolução uniforme ao longo da escala. Por outro lado, a escala logarítmica é escolhida quando se pretende cobrir uma faixa de frequência muito grande e, nesses casos, o filtro de faixa percentual é de uso obrigatório. Entretanto, a escala logarítmica pode, ocasionalmente, ser escolhida para uso com filtro de faixa constante (embora dentro de faixa limitada de frequência) quando se pretende demonstrar uma relação que se apresenta como linear em escala log-log, como por exemplo as conversões entre aceleração, velocidade e deslocamento.

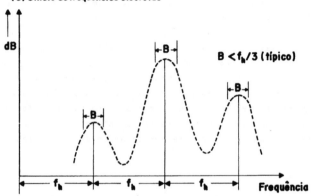

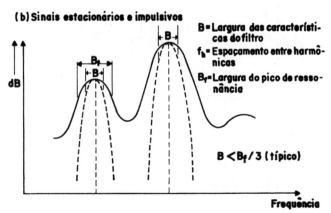

Note-se que a escala de amplitude deve sempre ser loga-

# APÊNDICE

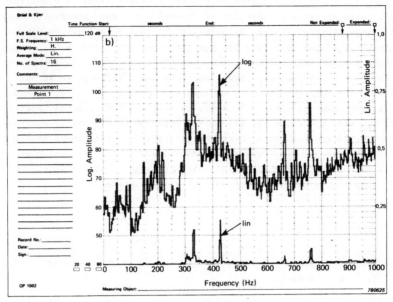

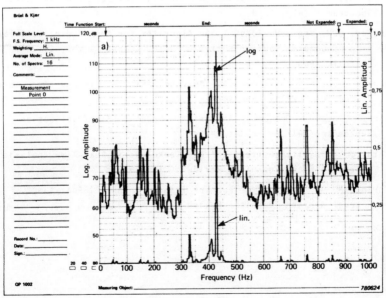

832 TÉCNICAS DE MANUTENÇÃO PREDITIVA

rítmica por uma série grande de razões. A escala linear é utilizada
tão somente quando o parâmetro sendo medido é o que interessa, como
é o caso do strain gauge. Normalmente, no caso de medidas de vibrações, as mesmas nada mais são que uma expressão indireta das forças
internas e então a escala logarítmica torna-se menos sensível às in
fluências aleatórias que podem ocorrer entre o percurso da anomalia
até o transdutor, tornando a medição mais confiável. A figura B-05 i
lustra o fenômeno para dois pontos de medição numa caixa de engrena
gens, sendo que ambos são plenamente representativos das condições in
ternas. Observa-se que a representação logarítmica de ambos os pon
tos são bastante semelhantes, enquanto que a representação linear é
não somente diferente como ainda não apresenta um número apreciável
de componentes que podem eventualmente ser importantes.

REFERÊNCIAS - APÊNDICE B

Brigham, E.O. and R.E. Morrow - "The Fast Fourier Transform"    IEEE
Spectrum - December, 1967.

Bergland, G.D. - "A Guided Tour of the Fast Fourier Transform" IEEE
Spectrum - July, 1969.

Cooley, J.W. and J.W. Tukey - "An Algorithm for the Machine Calculation of Complex Fourier Series" - Math. Comput. - vol. 19 297/301
- April, 1965.

Bendat, J.S. and A.G. Piersol - "Random Data Analysis and Measurement
Procedures" Wiley, New York - 1971.

Randall, R.B. - "Frequency Analysis" - Bruel & Kjaer Publication
September, 1977.

Roth, O. - "Digital Filters and FFT Technique in Real-Time Analysis"
- Bruel & Kjaer Technical Review nọ 1 - 1978.

Thrane, N. - "The Discrete Fourier Transform and FFT Analysis"
- Bruel & Kjaer Technical Review nọ 1 - 1979.

# APÊNDICE C

## BALANCEAMENTO EM CAMPO UTILIZANDO EQUIPAMENTO PORTÁTIL

John Vaughan
Bruel & Kjaer

### C - 1. INTRODUÇÃO

Muitos profissionais sentem-se desnecessariamente apreensivos quando se trata de efetuar, eles mesmos, seus processos de balanceamento dinâmico. Para ajudar a superar estes receios, demonstra-se a seguir, como pode ser simples e direto este processo, utilizando-se de equipamento adequado.

### C - 2. SÍNTESE DO PROCESSO DE BALANCEAMENTO DINÂMICO

#### C -21. INSTALAÇÃO

Primeiramente, fixar dois acelerômetros, um perto de cada um dos rolamentos do rotor que está sendo balanceado, para medir a vibração.

Montar um gatilho fotoelétrico para dar um impulso para cada revolução do rotor.

Ligar os acelerômetros, através de uma chave, a um medidor da vibração e, em seguida, ao canal "desconhecido" de um medidor de fase.

Ligar o gatilho fotoelétrico ao canal "conhecido" do medidor da fase (fig. C-1).

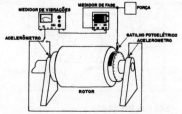

---

* Artigo reproduzido da revista MUNDO MECÂNICO de abril de 1980, com a devida autorização do Autor.

## C - 2.2. ESTABELECIMENTO DA CONDIÇÃO ORIGINAL

Acionar o rotor de ensaio.
Notar a amplitude indicada no medidor de vibração e o ângulo no medidor de fase para um dos planos (plano 1). Notar a amplitude e o ângulo indicados para o outro plano (plano 2).
Parar o rotor de ensaio (fig. C-2)

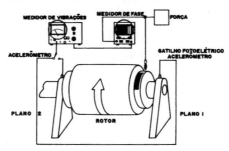

## C - 2.3. TESTE DE FUNCIONAMENTO 1

Fixar uma massa de ensaio conhecida ($M_1$), no rotor, no raio e no plano onde deverá ter lugar a correção da massa, mais próximo ao plano 1.
Voltar a acionar o rotor de ensaio.
Notar amplitude e fase para o plano 1.
Notar amplitude e fase para o plano 2.
Parar o rotor de ensaio.
Remover a massa de ensaio (Fig. C-3).

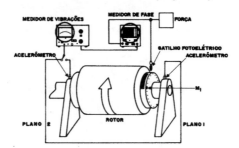

## C - 2.4. TESTE DE FUNCIONAMENTO 2

Fixar uma massa de ensaio conhecida ($M_2$) no rotor, no raio e no plano onde deverá ter lugar a correção da massa, mais próximo

# APÊNDICE

ximo ao plano 2.
> Voltar a acionar o rotor de ensaio.
> Notar a amplitude e a fase para o plano 1.
> Notar a amplitude e a fase para o plano 2.
> Parar o rotor de ensaio.
> Remover a massa de prova (fig. C-4)

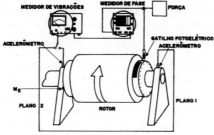

## C - 2.5  CÁLCULO

Registrar os seis valores medidos para os dois planos ' numa calculadora de bolso que foi programada com cartões magnéticos.

A calculadora dará, agora, as massas de correção  para os planos 1 e 2, e mais os ângulos aos quais as massas deverão   ser fixadas.

## C - 2.6 . CORREÇÃO

Instalar as massas de correção calculadas nos ângulos ' calculados.

Empregando-se uma instrumentação apropriada, todo o processo de medição e cálculo não precisará tomar mais de três minutos. Usando-se uma instrumentação suficientemente precisa (5%:1º),    uma repetição do processo de balanceamento para obtenção  de um balanceamento mais preciso provavelmente será desnecessário (fig. C-5).

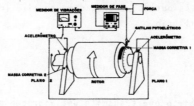

C - 3. DEFINIÇÕES PRELIMINARES.

Balanceamento primário - descreve o processo em que forças primárias, causadas por componentes de massa desequilibrados num objeto rotativo, podem ser determinadas em um plano e balanceadas acrescentando-se uma massa somente naquele plano. Uma vez que o objeto estaria agora completamente balanceado na condição estática (mas não necessariamente na dinâmica) dá-se geralmente a isto o nome de balanceamento estático.

Balanceamento secundário - descreve o processo em que forças primárias e pares de forças secundárias causados por componentes de massa descompensados em um objeto rotativo podem ser determinados em dois (ou mais) planos e balanceados acrescentando-se incrementos de massa nesses planos. Este processo de balanceamento é geralmente conhecido por balanceamento dinâmico, isto porque o desequilíbrio só se torna aparente quando o objeto está girando. Depois de ser balan

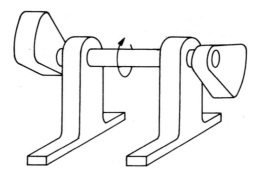

ceado dinamicamente, o objeto estaria completamente balanceado, tanto na condição estática quanto na dinâmica.

A diferença entre balanceamento estático e balanceamento dinâmico acha-se ilustrada na fig. C-6. Notar-se-á que, quando o rotor é estacionário (estático), as massas finais poderão equilibrar-se umas em relação às outras. Entretanto, em giro (dinâmico), notar-se-á um forte desequilíbrio.

C - 4. TEORIA BÁSICA.

. O objeto que transmite uma vibração aos seus rolamentos quando gira é definido como "desequilibrado". A vibração do rolamento é produzida pela interação de quaisquer componentes de massa desequili

# APÊNDICE

brados presentes com a aceleração radial devido à rotação e que, em conjunto, geram uma força centrífuga. A medida que os componentes de massa giram, a força gira também e procura movimentar o objeto em seus rolamentos ao longo de sua linha de ação. Consequentemente,qual quer ponto no rolamento experimentará uma força flutuante. Na prática, a força no rolamento consistirá de uma força primária devida a componentes de massa desequilibrados no ou perto do plano do rolamento, e uma força secundária devida a componentes de pares desequilibrados dos outros planos.

Quando um acelerômetro se acha montado na caixa do rolamento, a força vibratória flutuante pode ser detectada e um sinal elétrico emitido a um medidor de vibrações. O nível de vibrações indicado é diretemente proporcional à resultante das massas desiquilibradas.

A direção em que esta resultante age (isto é, o raio contendo a força centrífuga) pode ser determinada com precisão, comparando-se a fase do sinal flutuante que sai do medidor de vibrações com um sinal periódico padrão obtido de alguma posição referida no objeto rotativo.

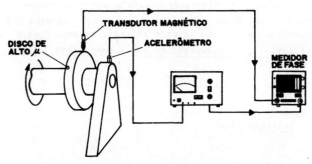

Atualmente, é possível definir o desequilíbrio no rolamento por meio de um vetor, cujo comprimento é dado pela magnitude da força desequilibrada (o nível vibratório medido), e cujo ângulo é dado pelo sentido da ação da força. Além disto, se a força desequilibrada resultante em um rolamento puder ser determinada em seus componentes primário (momentos de primeira ordem) e secundário (momentos de segunda ordem), será possível balancear o objeto.

Muitas peças rotativas que têm sua massa concentrada em ou muito perto de um plano, como é o caso de volantes, rebolos, rodas de carro, etc. podem ser tratadas simplesmente como problema de balanceamento estático. Isto simplifica consideravelmente os cálculos de vez que somente os componentes primários precisam ser levados

# 838 TÉCNICAS DE MANUTENÇÃO PREDITIVA

em consideração, podendo-se supor que todos os componentes secundá
rios são zero.

## C - 5. CONSIDERAÇÕES PRÁTICAS

O rotor a ser balanceado deve ser de fácil acesso, de
vendo ter um dispositivo para a montagem de massa de prova a vários
ângulos em seu redor. Para simplificar o cálculo, os pontos de mon
tagem devem, de preferência estar ao mesmo raio do eixo de rotação.
A posição de referência deve ser marcada no rotor de tal forma que
dispare um captor instalado ao seu lado numa peça estacionária de
máquina. Recomenda-se o uso de um captador do tipo não-contactante,
que provocará um distúrbio mínimo ao rotor.

O nível vibratório pode ser medio em termos de ace
leração, velocidade ou deslocamento. Todavia, uma vez que a maioria
das normas de balanceamento são escritas em termos de velocidade
'um legado dos dias em que a vibração era medida por transdutores '
mecânicos sensíveis à velocidade), geralmente o parâmetro escolhido
será a velocidade. O uso de níveis de aceleração tenderá a salien -
tar componentes de frequência mais elevada, ao passo que o desloca
mento salientará os componentes de baixa frequência.

## C - 6. INSTRUMENTAÇÃO

O dispositivo de medição básico, que se vê na fig.C-7
consiste de um acelerômetro, um medidor de vibrações e um meio pa
ra determinar o ângulo do desequilíbrio relativo à posição de refe
rência. O método mais eficaz para medir-se este ângulo consiste em
usar um medidor de fase, conforme mostrado na ilustração, mas o uso
de um estroboscópio também é possível (fig. C-8), ou ainda o ângu
lo pode ser deduzido dos resultados de várias medições. O transdutor
magnético emite uma pulsação toda vez que o disco de alto-μ passa, es
tabelecendo, assim, uma posição de referência sobre a circunferência
do rotor. Da mesma forma, a sonda do tacômetro fotoelétrico pode ser
afixada para sondar o rotor, para captar uma marca de disparo, por
exemplo um pedaço de fita adesiva ou uma marca pintada com reflexi-
bilidade (infravermelha) a contrastar com o fundo.

# APÊNDICE

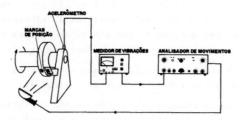

Uma pulsação é emitida para cada passagem de marca.

A sonda deve ser equipada com um suprimento de força de 6 a 10 volts de corrente contínua, como a disponível na unidade do tacômetro. A saída do transdutor é alimentada ao canal de referência (A) do medidor de fase. A saída do acelerômetro é alimentada ao medidor de vibrações que apresenta o nível vibratório. Um sinal tirado da saída do registrador do medidor de vibrações é alimentado ao canal B do medidor de fase.

Com a máquina em funcionamento, aparecerá um nível vibratório no medidor de vibrações e um ângulo no medidor de fase e que, juntos darão um vetor representando a massa desequilibrada e sua linha de ação.

Várias modificações e acréscimos podem ser feitos no conjunto de instrumentação mostrado na fig. C-7 a fim de melhorar a sensibilidade ou aproveitar os instrumentos que já se tem à mão. As figuras de C-8 a C-11 mais as de 5 a 17, ilustram algumas das possibilidades.

Um acréscimo muito útil ao conjunto de medição é o filtro de faixa regulável, o qual garante que as medições de vibração sejam feitas somente na frequência rotativa, e que o medidor de fase (ou estroboscópio) receba um sinal de entrada limpo. Recomenda se o uso do filtro em instalações onde, caso contrário, o sinal de disparo necessário ficaria encerrado no ruído, ou onde altos níveis vibratórios que ocorressem a diversas frequências causassem dificuldades na localização do sinal. Conforme se pode ver pela fig. C-10, o filtro de faixa é ligado como filtro externo ao medidor de vibrações, o que, na verdade, nada mais é do que o mesmo conjunto que se tem no analisador de vibrações.

O filtro tem duas larguras de faixa, 3% e 23%, que podem ser reguladas continuamente de 0,2 Hz até 20 KHz para ajus tar-se à velocidade rotatória da máquina. Ele pode, também, ser empregado para encontrar os níveis relativos de vibração aos diversos harmônicos, uma vez que, em certos processos, poderá haver necessidades de tentar equilibrar também os níveis de harmônicos.

A unidade de tacômetro não só alimenta a sonda fotoelétrica como ainda indica a velocidade giratória.

Em funcionamento, é preciso que o filtro de faixa seja regulado com extremo cuidado porque, se estiver ligeiramente desregulado e o sinal de vibração cair no ombro da curva do filtro, poderá ser introduzido um desvio de fase que virá falsificar as leituras do medidor de fase. Um método simples para evitar-se este efeito é regular a frequência desejada com a máxima precisão possível, usando a largura de faixa de 3%, e depois passar para a largura de faixa de 23% para aproveitar o pico mais largo na característica do filtro enquanto se procede às medições de fase.

Uma alternativa mais eficaz, que permite que se conserve a vantagem da faixa de 3% com maior rejeição externa, enquanto se está medindo os níveis de vibração e os ângulos de fase, emprega um comutador na ligação entre a sonda de disparo e o medidor de fase conforme se vê na fig. C-11. Este comutador permite que qualquer desvio de fase produzido pelo filtro de faixa seja eliminado das medições de fase. Ele é usado da seguinte maneira:

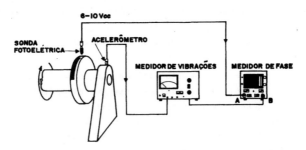

Primeiro, posicionar o comutador em "referência", para que o sinal de disparo apareça nos dois canais do medidor de fase. Posicionar os interruptores de inclinação do medidor de fase (em posição) de modo que as entradas em-fase apresentem uma leitura constante de 180º ou 3,14 radianos. Fazer funcionar a máquina enquanto o filtro é regulado, através da frequência giratória, até que o medidor de fase apresente uma leitura constante de 180º, o que indica que o filtro se acha devidamente regulado na frequência giratória. Posicionar os dois interruptores de inclinação do medidor de fase no mesmo sinal e o comutador em "medir" para passar o sinal do

# APÊNDICE

acelerômetro através do filtro, agora devidamente regulado, para o medidor de vibrações para medição.

O nível vibratório é indicado pelo medidor de vibrações, ao passo que o ângulo medido pelo medidor de fase é o ângulo real da fase da massa não-balanceada referida a uma posição de referência. Convém notar que esta posição não é a mesma que o plano do qual o medidor de fase obtém o sinal de disparo, porque o medidor de fase é disparado por um cruzamento zero, enquanto o medidor de vibrações mede RMS ou pico-a-pico. Nos cálculos o sinal de disparo será a referência empregada.

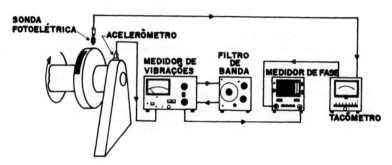

Para o melhor funcionamento possível do medidor de fase, o sinal de disparo deverá ser uma onda quadrada.

Isto é facil de conseguir quando se usa a sonda fotoelétrica e aplicando-se fita de marcação sobre metade da circunferência do eixo ou disco monitorado pela foto-sonda. Isto garante que o cruzamento zero do sinal filtrado será idêntico ao do sinal não-filtrado.

O sinal de disparo da onda quadrada tem outra vantagem no sentido de que um medidor de fase, funcionando com cruzamento zero, não estará sujeito a erro, mesmo com um sinal ruidoso, ao passo que basta uma pequena quantidade de ruído no sinal de pulsação ' para perturbar as medições.

Consequentemente, uma das unidades de disparo pode ser empregada com vantagens em conjunto com o tacômetro fotoelétrico, para produzir um sinal de onda quadrada simétrico quando dispara do por qualquer formato de onda que tenha uma frequência entre 1 Hz e 4 KHz. As duas versões contam com um indicador de erro de disparo e um nível de disparo regulável, para permitir que os pontos de disparo sejam elevados acima do nível do ruído. Um comutador como o que aparece na fig. C-11, acha-se também incçuído em ambas as versões, juntamente com um suprimento de força para a sonda fotoelétrica. Uma das unidades de disparo possui o seu medidor de fase embutido, capaz de medir o ângulo entre o sinal de vibração e o dado. O resultado é expresso em graus, que aparece num painel de leitura digital.

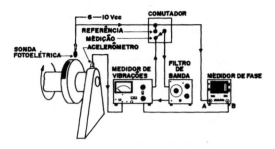

Um dispositivo de medição empregando uma unidade de disparo e medidor de fase separado, juntamente com o analisador de vibrações, aparece na fig. C-15. O dispositivo semelhante semelhante mostrado na fig. C-16, usando somente equipamento funcionando a baterias, pode ser encontrado como conjunto de balanceamento. O uso

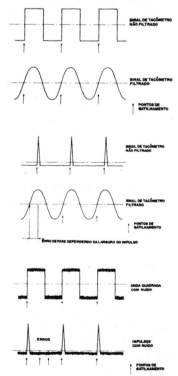

deste conjunto é especialmente conveniente porque todos os instrumen

# APÊNDICE

tos podem ser instalados na caixa portátil e, por ser movido a pilha. O conjunto de balanceamento pode funcionar praticamente em toda a parte. As ligações elétricas são as mesmas que as da fig. C-15,com a unidade de disparo e o medidor de fase conjugados na unidade de disparo. Outro tipo de conjunto balanceador é inteiramente portátil,tendo

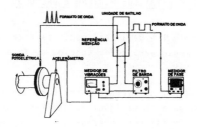

do todos seus instrumentos movidos a bateria instalados em uma caixa. Este conjunto pode ser considerado uma alternativa econômica, que usa uma disposição de instrumentos mais especificamente destinada à medição de balanceamento.

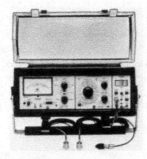

O dispositivo de medição grandemente simplificado que aparece na fig. C-17, também oferece resultados que podem ser usados no balanceamento de um rotor. O método não é exatamente igual ao dos outros dispositivos de medição, e será explicado mais adiante (exemplo 3). Uma vez que os métodos usados com os outros dispositivos são basicamente semelhantes entre si, não serão apresentados exemplos trabalhados para cada um deles.

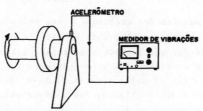

Todos os dispositivos de medição descritos e ilustrados aqui prestam-se tanto para balanceamento estático quanto dinâmico.

C - 7. BALANCEAMENTO ESTÁTICO; MEDIÇÃO E CÁLCULO.

Exemplo 1 - Balancear estaticamente um rotor usando um analisador de movimento para medir ângulos de fase com o dispositivo ilustrado na fig. C-8.

O medidor de vibrações foi comutado para medir "velocidade" das vibrações para obter igual ênfase tanto de baixas como de altas frequências. Os filtros internos no medidor de vibrações foram usados para restringir a gama de medições a frequência entre 10 Hz e 1000 Hz, para melhorar a proporção sinal/ruído. Foi escolhida a medição pico-a-pico com constante de tempo de 1 segundo a fim de que se pudesse obter um desvio de ponteiro grande e responsivo. Um sinal de corrente alternada da saída do registrador do medidor de vibrações foi alimentado a um dos terminais de entrada do analisador de movimento a ser usado como sinal de disparo. O analisador foi comutado para o modo "sincronizado externo" para que a lâmpada piscasse à frequência de rotação. Uma marca de posição foi feita no rotor, com outra ao lado da mesma, na parte estacionária da máquina.

A máquina foi acelerada à sua velocidade operacional (2 800 rpm) e um nível de velocidade vibratória de 15 mm/s indicado pelo medidor. Uma vez que o piscar da lâmpada estava sincronizado com a rotação, quando a máquina era observada pela luz, o rotor parecia estacionário. O virar do botão "desvio de fase" permitia que a marca da posição no rotor fosse alinhada com a marca estacionária na máquina. O controle de desvio de fase é graduado em graduações de 10°, de

# APÊNDICE
**845**

modo que foi possível avaliar um ângulo de fase de 55°, depois do que parou-se a máquina. Ao todo, o nível de velocidade e o ângulo de fase resultam em um vetor que representa o desequilíbrio original do rotor, $V_0$ na fig. C-18.

Um peso de prova de massa conhecida foi fixado a um raio conhecido numa posição angular arbitrária do rotor. Para a primeira prova, é preciso que se use uma massa com magnitude suficiente para produzir um efeito proncunciado sobre o rotor. No exemplo, uma massa de prova de 5 g foi fixada ao rotor na mesma posição angular que a marca de referência. A seguir, a máquina foi novamente acelerada à sua velocidade operacional.

O novo nível de velocidade vibratória foi de 18 mm/s. e quando as marcas de posição no rotor e na parte estacionária da máquina haviam sido alinhadas mutuamente pelo controle de desvio de fase, descobriu-se que o novo ângulo de fase era de 170°. Estes valores representam o efeito resultante do desequilíbrio inicial e dos 5 g de massa de prova, que aparece como vetor $V_1$ na fig. C-18.

Agora havia informações suficientes para se construir o diagrama de vetor da fig. C-18, com os comprimentos vetoriais proporcionais aos níveis de velocidade vibratória medidos, obtidos pelo medidor de vibrações, e sendo os ângulos aqueles indicados pelo analisador de movimento. Primeiro deve-se traçar o vetor $V_0$ e depois como o vetor $V_1$ é resultante do desequilíbrio inicial mais a massa de 5 g, pode-se encontrar o vetor $V_T$, que representa a massa de prova isoladamente. O comprimento de $V_T$ é proporcional aos 5 g de massa, de modo que o comprimento do vetor $V_0$ (o desequilíbrio inicial) pode ser determinado em unidades de massa.

A fase de $V_T$ dá o ângulo ao qual a massa de prova foi fixada de modo que é fácil determinar o ângulo que o desequilíbrio inicial faz com a posição da massa de prova. Consequentemente, é fácil encontrar a posição angular da massa compensadora.

O desequilíbrio original é representado por:

$$M_0 = \frac{V_0}{V_T} \times M_T$$

(com $V_0/V_T$ tomo fator de escalação).

$$= \frac{15}{29} \times 5 = 2,6 \text{ g}$$

# 846 TÉCNICAS DE MANUTENÇÃO PREDITIVA

Assim, a massa compensadora:

$$M_{comp} = 2,6 \text{ g}$$

E sua posição é dada por:

$$\measuredangle_{comp} = - <T + <0 + 180^o$$
$$= - 198^o + 55^o + 180^o$$
$$= + 37^o \text{ referido à posição da massa de prova.}$$

O ângulo positivo significa que a massa compensadora de verá ser fixada a $37^o$ da posição da massa de prova em sentido positi vo, ou seja, no sentido da rotação.

Depois que o rotor tiver sido balanceado por este sis tema, recomenda-se medir novamente o nível vibratório, a fim de con ferir o padrão de balanceamento obtido. Devido a não-linearidades ou imperfeições no sispositivo de medição prático, é possível que o ro tor não tenha sido suficientemente bem balanceado por uma aplicação do sistema de balanceamento. Quando o nível do desequilíbrio residu al é inaceitavelmente alto, todo o processo de balanceamento deverá ser reiterado, até que se atinja um nível aceitável.

Para simplificar estes sistemas gráficos, existem pro gramas para serem usados com calculadoras programáveis externamente, semelhantes às usadas para o balanceamento de dois planos.

Exemplo 2 - Balancear estaticamente uma máquina girató ria usando o dispositivo apresentado na fig. C-10 para medir níveis vibratórios e ângulos de fase.

A medição do nível de velocidade vibratória de pico-a-pico foi escolhida no medidor de vibrações, e uma largura de faixa de 3% no filtro de faixa. A máquina foi acelerada a sua velocidade de funcionamento normal (1 490 rpm no tacômetro), depois do que a fre quência central do filtro de faixa foi regulada de modo a dar o mais alto nível de velocidade vibratória indicada no medidor de vibrações. Foi registrado um nível vibratório de 3,4 mm/s, e, quando a largura de faixa foi alargada para 23%, o medidor de fase indicou $+116^o$.

Parou-se a máquina, afixando-se-lhe uma massa de prova de 2 g. Quando a máquina voltou a funcionar, percebeu-se que o nível

# APÊNDICE

**847**

de velocidade vibratória havia decrescido para 1,8 mm/s, ao passo que o ângulo de fase mudara para + 42°.

A posição e a magnitude da massa compensadora foram determinadas pelo diagrama vetorial que se vê na fig. C-19.

O desequilíbrio original é dado por:

$$M_0 = \frac{3,4}{3,35} \times 2 = 2,03 \text{ g}$$

Assim, a massa compensadora:

$$M_{comp} = 2,03 \text{ g}$$

e sua posição é dada por:

$$\not\prec = - \not\prec T + \not\prec 0 + 180°$$
$$= - 327° + 116° + 180°$$
$$= - 31° \text{ referido à posição da massa de prova.}$$

Como o ângulo indicado é negativo, a massa compensadora deverá ser fixada a 31° na direção negativa da massa de prova, que é o sentido oposto ao da rotação.

Exemplo 3 - Balancear estaticamente uma máquina rotativa usando apenas um medidor de vibrações e um acelerômetro no sistema conforme a fig. C-17.

Com este método, a instrumentação mais simples empregada deverá ser compensada por testes de funcionamento adicionais, sendo necessários quatro testes, cada qual com uma medição vibratória a ser tomada no rolamento. Faz-se necessária uma massa de prova que possa ser montada no mesmo raio em três condições diferentes, a 90° uma da outra, conforme se vê na fig. C-20.

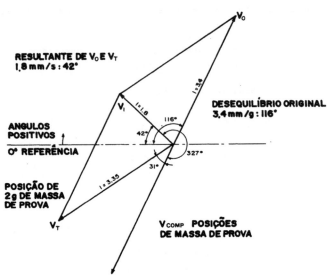

A máquina foi posta a funcionar para estabelecer o nível de velocidade vibratória causada pelo desequilíbrio original, e que mostrou ser de $V_0$ = 2,6 mm/s. Uma massa de prova foi fixada ao rotor na posição 1, voltando-se a fazer funcionar a máquina. Isto produziu um nível vibratório de $V_1$ = 6,5 mm/s devido ao efeito conjugado da massa de prova e da massa inicial desequilibrada. Antes do teste seguinte, a massa de prova foi movida em 180° em torno do rotor e fixada ao mesmo raio na posição 2. Fez-se funcionar a máquina, e o nível vibratório mostrou haver diminuído para $V_2$ = 1,9 mm/s.

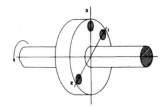

Era possível, agora, começar a traçar o digrama vetorial, porém só se conheciam os comprimentos, e não os ângulos do vetor. Entretanto, era possível traçar círculos em volta de um centro comum, cada um deles tendo um raio equivalente a um comprimento de vetor, isto é, o nível vibratório medido. Examinando o diagrama geométrico da fig. C-21, dois círculos foram traçados com raios proporcionais a

# APÊNDICE

$V_1$ e $V_2$, as duas resultantes do desequilíbrio original e a massa de prova fixada em duas posições a $180°$ uma da outra. Traçou-se ainda um raio a um ângulo arbitrário em cada círculo. Foram construídos paralelogramas idênticos, usando cada raio como diagonal, e levando a linha do centro dos círculos ao ponto central da linha que une os extremos de $V_1$ e $V_2$ como lado comum.

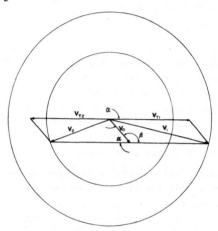

Ver-se-á agora que, se os ângulos de $V_1$ e $V_2$ podem ser dispostos de modo a produzir um lado comum com comprimento equivalente a $V_0$, o diagrama dará uma representação autêntica dos vetores, de modo que o outro lado em cada paralelogramo deve ser equivalente a $V_T$, a vibração causada pela massa de prova sozinha nas posições 1 e 2. Além disto, a seguinte relação existe:

$$V_2^2 = V_{T2}^2 + V_0^2 + V_0^2 - 2V_{T2}V_0 \cos \alpha$$

$$V_1^2 = V_{T1}^2 + V_0^2 - 2V_{T1}V_0 \cos \beta$$

e, como $\cos \beta = -\cos \alpha$

a equação para $V_1^2$ pode ser simplificada para:

$$V_1^2 = V_{T1}^2 + V^2 + 2V_{T1}V_0 \cos \alpha$$

de modo que $V_{T1} = V_{T2} =$

$$= \sqrt{\frac{v_1^2 + v_2^2 - 2v_0^2}{2}}$$

e

$$\alpha = \cos^{-1} \frac{v_1^2 - v_2^2}{4V_T V_0}$$

Entretanto, uma vez que $\cos\alpha = \cos(-\alpha)$, não se torna evidente, de imediato, se o vetor para o desequilíbrio original, $V_0$, está localizado acima ou abaixo do eixo $V_{T2} - V_{T1}$ (isto é, a linha que liga a posição 1 com a posição 2 da massa de prova). Portanto, foi necessário proceder a outro teste de funcionamento, com a massa de prova fixada na posição 3, para dar o vetor $V_3$. Estritamente, não houve necessidade de traçar este vetor.

Se o nível vibratório foi superior ao da massa de prova sozinha $(V_T)$, $V_0$ estaria situado acima do eixo $V_{T2} - V_{T1}$ (apresentado como uma linha cheia na fig. C-22). Se o nível vibratório fosse inferior a $V_T$, $V_0$ estaria situado abaixo do eixo $V_{T2} - V_{T1}$, mostrado como linha pontilhada na fig. C-22.

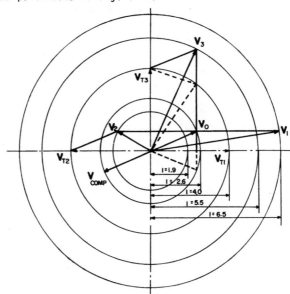

# APÊNDICE                                                                    851

Como resultado da montagem da massa de prova na posição 3, quando a máquina foi posta a funcionar registrou-se um nível de velocidade vibratória de $V_3 = 5,5$ mm/s, indicando como isto que o vetor do desequilíbrio original deveria estar situado acima do eixo $V_{T2} - V_{T1}$. Substituindo-se os valores vibratórios de $V_0$, $V_1$ e $V_2$:

$$V_T \sqrt{\frac{6,5^2 + 1,9^2 - 2 \times 2,6^2}{2}} = 4 \text{ mm/s}$$

E agora, usando a equação para a:

$$\alpha = \cos^{-1} \frac{6,5^2 - 1,9^2}{4 \times 4 \times 2,6} = \cos^{-1} 0,9288$$

$$= \pm 21,74^0$$

E tendo-se achado que $V_0$ está situado acima do eixo $V_{T2} - V_{T1}$, isto é, a $21,74^0$ da posição 1 rumo à posição 3, a massa de compensação deve ser fixada a $21,74^0$ abaixo da posição 2.

A magnitude da massa de compensação é encontrada como antes.

$$M_{comp} = M_0 = \frac{V_1}{V_0} \times M_T$$

$$= \frac{2,6 \times 10}{4}$$

$$= 6,5 \text{ g}$$

Exemplo 4 - Fazer as medições para balancear, tanto estática quanto dinamicamente, uma máquina tendo um rotor rígido apoiado em dois rolamentos, ou seja, um problema de balanceamento em dois planos.

O sistema de medição da fig. C-15 foi empregado neste exemplo, e o método básico usado pode ser ampliado de modo a resolver problemas de balanceamento em mais de dois planos.

O processo é o mesmo dos exemplos anteriores, encontrar o efeito de uma massa de prova conhecida fixada ao rotor, com exceção de que agora as medições terão de ser feitas em dois planos nos dois rolamentos (designados por planos 1 e 2). (fig. C-23). Podem ser usa_ dos dois conjuntos de instrumentos de medição, com um conjunto em cada rolamento, para determinar os níveis vibratórios e ângulo de fa_ se produzidos, de modo que todos os dados necessários poderão ser obtidos em apenas três testes de funcionamento. Por outro lado, pode -se também usar um só conjunto de equipamentos, deslocando-se o acelerômetro de um rolamento para outro, ou então o medidor de vibrações pode ser comutado entre dois acelerômetros, um em cada rolamento.

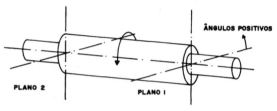

A fim de eliminar a ênfase especial dos componentes de alta ou baixa frequência, a velocidade vibratória foi escolhida como medida do nível vibratório no medidor de vibrações, e a largura de faixa de 3% foi escolhida no filtro de banda regulável. O limite má_ ximo de frequência do medidor de fase foi regulado para 2 kHz a fim de eliminar sinais indesejáveis de alta frequência, enquanto o limi_ te mínimo foi regulado para 2 Hz para aproveitar o tempo de média mais longo, para obter-se uma indicação de fase mais uniforme.

Como primeira providência, os níveis de velocidade vi_ bratória e os ângulos de fase tiveram de ser medidos em cada rolamen_ to para estabelecer a magnitude do desequilíbrio original. O comuta_ dor na unidade de gatilho foi regulado para "referência" de modo que o sinal de dado da fonte de gatilho foi dividido, passando uma parte diretamente para a entrada A do medidor e fase, enquanto a outra par_ te passava pelo filtro de faixa antes de alcançar a entrada B. Os interruptores de inclinação no medidor de fase foram dotados de "+" no canal A e "-" no canal B, a fim de oferecerem uma leitura estável de 180° para sinais em fase quando se media no alcance de 0 até 360°.

A máquina foi posta a funcionar, enquanto o filtro era regulado lentamente através da gama de frequênncias onde se esperava estivesse situada a frequência rotativa. Quando o ponteiro do medidor analógico parava de oscilar de um extremo a outro da escala, estabilizando-se em π no meio da escala, o filtro era regulado com pre_ cisão com ajuda de um mostrador digital até parecer uma leitura de 180° (3,14 de raio). Uma vez que a entrada e a saída do filtro ago-

APÊNDICE 853

ra estavam em fase, a frequência central do filtro havia sido regula
da com precisão à frequência rotativa da máquina, eliminando, assim,
quaisquer erros de fase. Os interruptores de inclinação no medidor
de fase eram ajustados ao mesmo sinal, sem alterar a regulagem do
filtro. "Medida" foi escolhida no comutador, de modo que o filtro fun
cionava com o sinal de vibração derivado do acelerômetro.

O nível vibratório (V) e o ângulo de fase (γ) eram me
didos nos dois rolamentos. A seguir, uma massa de prova conhecida e-
ra montada a um raio conhecido no rolamento do rotor plano 1, onde
as massas de balanceamento deveriam ser fixadas perto de um dos rola
mentos. Procedeu-se a um teste de funcionamento para descobrir o e-
feito da massa de prova, ambos no rolamento 1, e também no rolamento
2. Parou-se a máquina, transferindo-se a massa de prova para outro
plano de balanceamento usando, por questão de conveniência, o mesmo
raio e a mesma posição angular que para o primeiro plano. Procedeu-
se a outro ensaio para descobrir o efeito sobre os rolamentos da
massa de prova em sua nova posição.

| Massa de prova | Efeito medido da massa de prova | |
|---|---|---|
| Tamanho e localização | Plano 1 | Plano 2 |
| Nenhum | 7,2 mm/s 238° V 1,0 | 13,5 mm/s 296° V 2,0 |
| 2,5 g no plano 1 | 4,9 mm/s 114° V 1,1 | 9,2 mm/s 347° V 2,1 |
| 2,5 g no plano 2 | 4,0 mm/s 79° V 1,2 | 120,0 mm/s 292° V 2,2 |

TABELA C-1 - Níveis vibratórios e ângulo de fase
medidos para o exemplo 4

Os resultados foram aglomerados na tabela C-1, tendo-
-se incluído ainda uma notação vetorial para cada medição.

A notação representa o vetor completo, tanto nível vi
bratório (comprimento) como ângulo de fase, em um termo conveniente.
Indica ainda o plano no qual as medições foram efetuadas, e o plano
onde a massa de prova (quando houvesse) foi fixada. De modo que $V_{1,0}$
representa um nível vibratório V e um ângulo de fase γ medidos no
plano 1, sem massa de prova no rotor. $V_{1,2}$ representa um nível vi

bratório V e ângulo de fase medidos no plano 1 com uma massa de pro
va fixada ao plano 2, e assim por diante.

Os níveis vibratórios e ângulos medidos da tabela pode
riam ser usados para traçar diagramas vetoriais semelhantes aos que
aparecem na figura C-24.

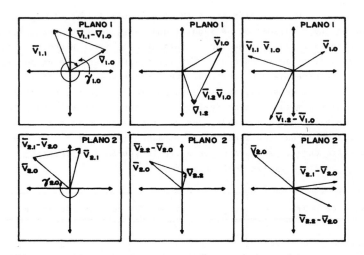

CÁLCULO DE BALANCEAMENTO DINÂMICO.

Exemplo 5 - Calcular as massas de balanceamento e suas
posições a partir dos dados da tabela 1, através de uma calculadora
programável externamente.

Usando este método de cálculo, um operador inexperiente pode, em pouco tempo, aprender a efetuar todo o programa.

O seguinte método aplica-se às calculadoras Hewlett-Packard HP-67 (fig. C-25) e HP-97. O programa pré-registrado acha-se armazenado num único cartão magnético.

1 - Ligar a calculadora.

2 - Ler o cartão do programa na memória da calculadora, conforme descrito no manual de instruções. (O cartão do programa precisa ser passado duas vezes pelo leitor, de vez que o programa preenche as duas pistas).

# APÊNDICE

3 - Inserir o cartão na fenda, acima das teclas definíveis pelo usuário.

4 - Digitar os dados da seguinte maneira (isto é, na ordem indicada na tabela 1):

velocidade 1,0
ENTER
Fase 1,0
f   A

Aguardar alguns segundos, até que a calculadora apresente uma leitura estável, depois digitar:

velocidade 1,1
ENTER
Fase 1,1
A

Digitar os valores restantes da mesma maneira usando as teclas definíveis pelo usuário B e C, conforme as designações no cartão do programa.

Os valores podem ser digitados em qualquer ordem, exceto $V_{2,2}$, que precisa ser digitado por último. Antes de digitar $V_{2,2}$, as variáveis podem ser alteradas ou corrigidas à vontade, digitando-se simplesmente os novos valores. Entretanto, uma vez que $V_{2,2}$ tenha sido digitado, a rotina de entrada de dados está completa e, desejando-se alterar qualquer das variáveis de entrada, todos os valores terão de ser digitados novamente.

5 - Digitar a massa de prova $(m_1)$ para o plano 1 e apertar f

D.

6 - Digitar a massa de prova $(m_2)$ para o plano 2 e apertar f E.

7 - Apertar D. A massa e o ângulo de balanceamento para o plano 1 estão calculados. O tempo de cálculos. A fig.26 mostra o programa, além dos dados mostrará primeiro a massa durante cerca de 5 segundos, depois o ângulo. A HP-97 imprimirá os dois valores.

8 - Apertar E. A massa e o ângulo de balanceamento para o plano 2 são calculados e apresentados para leitura como para o plano 1.

9 - Querendo voltar a ver os valores, apertar D ou E.

10 - Para efetuar cálculos para novos dados, digitar os dados conforme descrito a começar pelo item 4. Não há necessidade de limpar antes a máquina.

Exemplo 6 - Balanceamento dinâmico usando um computador para efetuar os cálculos.

Para os que têm acesso a um computador, pode ser utilizado um programa, em "Básico" para fazer os cálculos. A fig. 26 mostra o programa, além dos dados de entrada para um problema de balanceamento específico, os comprimentos vetoriais calculados e os ângulos de fase dos resultados.

A tabela C-2 contém os níveis vibratórios e ângulos de fase registrados para uma máquina que está sendo balanceada usando um dispositivo de medição semelhante ao da figura C-3.

Os dados para cálculo devem dar entrada no computador na seguinte ordem: $V_{1,0}$, $y_{1,0}$, $V_{2,0}$, $y_{2,0}$, $V_{1,1}$, $y_{1,1}$.

APÊNDICE 857

| Massa de prova | Efeito medido da massa de prova | |
|---|---|---|
| Tamanho e localização | Plano 1 | Plano 2 |
| Nenhum | 170 mm/s  112° V 1,0 | 53 mm/s  78° V 2,0 |
| 1,15 g no plano 2 | 185 mm/s  115° V 1,2 | 77 mm/s  104° V 2,2 |
| 1,15 g no plano 1 | 235 mm/s  94° V 1,1 | 58 mm/s  68° V 2,1 |

TABELA C-2 - Níveis vibratórios e ângulos de fase
medidos para o exemplo 6

$V_{2,1}$, $y_{2,1}$, $V_{1,2}$, $y_{1,2}$, $V_{2,2}$ e $y_{2,2}$. Os comprimentos vetoriais e ângulo de fase para cada plano aparecem na declaração 499 do programa. O tempo total transcorrido para digitar os dados e fazer o cálculo é, geralmente, da ordem de 2 minutos.

As massas de compensação para balancear o rotor foram calculadas como no exemplo anterior:

Plano 1 $M_{comp}$

$$= 1,721 \times 1,15 \text{ g}$$

$$= 1,98 \text{ g a } 236,2°$$

Plano 2 $M_{comp}$

$$= 0,931 \times 1,15 \text{ g}$$

$$= 1,07 \text{ g a } 121,8°$$

Depois que as massas com estes valores haviam sido fixos aos ângulos e raio corretos no rotor de ensaio, foram medidos novos níveis vibratórios:

- nível vibratório do plano 1 = 22 mm/s, uma melhora de 87%.

# 858                                TÉCNICAS DE MANUTENÇÃO PREDITIVA

```
DYNBAL WW 1326
LIST
10   DIM C(2,2),D(2,2),E(2,2),F(2,2),G(2,2),H(2,2),I(2,2),J(2,2)
12   DIM K(2,2),L(2,2),M(2,2),N(2,2),O(2,2),P(2,2),Q(2,2),R(2,2)
14   DIM S(2,2),T(2,2),U(2,2),V(2,2),X(2,2)
20   FOR Y= 1 TO 6
30   READ A(Y),B(Y)
35   LET B(Y)=B(Y)*ATN( 1)/ 45
40   NEXT Y
50   LET C( 1, 1)=A( 1)*COS(B( 1))
60   LET C( 1, 2)=A( 1)*SIN(B( 1))
62   LET C( 2, 1)=-C( 1, 2)
65   LET C( 2, 2)=C( 1, 1)
70   LET D( 1, 1)=A( 2)*COS(B( 2))
75   LET D( 1, 2)=A( 2)*SIN(B( 2))
80   LET D( 2, 1)=-D( 1, 2)
85   LET D( 2, 2)=D( 1, 1)
90   LET E( 1, 1)=A( 3)*COS(B( 3))
95   LET E( 1, 2)=A( 3)*SIN(B( 3))
100  LET E( 2, 1)=-E( 1, 2)
105  LET E( 2, 2)=E( 1, 1)
110  LET F( 1, 1)=A( 4)*COS(B( 4))
115  LET F( 1, 2)=A( 4)*SIN(B( 4))
120  LET F( 2, 1)=-F( 1, 2)
125  LET F( 2, 2)=F( 1, 1)
130  LET G( 1, 1)=A( 5)*COS(B( 5))
135  LET G( 1, 2)=A( 5)*SIN(B( 5))
140  LET G( 2, 1)=-G( 1, 2)
145  LET G( 2, 2)=G( 1, 1)
150  LET H( 1, 1)=A( 6)*COS(B( 6))
155  LET H( 1, 2)=A( 6)*SIN(B( 6))
160  LET H( 2, 1)=-H( 1, 2)
165  LET H( 2, 2)=H( 1, 1)
200  MAT I=E-C
205  MAT J=F-D
210  MAT K=G-C
215  MAT L=F-D
220  MAT M=H-D
225  MAT N=E-C
230  MAT O=D*I
235  MAT P=C*J
240  MAT Q=K*L
245  MAT R=M*N
250  MAT S=O-P
255  MAT T=Q-R
260  MAT U=INV(T)
265  MAT V=S*U
270  MAT I=C*M
275  MAT J=D*K
280  MAT K=I-J
285  MAT X=K*U
290  LET Y1=SQR(V( 1, 1)↑ 2+V( 1, 2)↑ 2)
300  LET Y2=SQR(X( 1, 1)↑ 2+X( 1, 2)↑ 2)
310  IF V( 1, 1)< 0 THEN 340
320  LET Y3= 0
330  GOTO 350
340  LET Y3= 180
350  IF X( 2, 2)< 0 THEN 380
360  LET Y4= 0
370  GOTO 390
380  LET Y4= 180
390  LET Y5=Y3+(ATN(V( 1, 2)/V( 1, 1)))/ATN( 1)* 45
400  LET Y6=Y4+(ATN(X( 1, 2)/X( 1, 1)))/ATN( 1)* 45
410  PRINT "MODULUS AND ARGUMENT OF Q1:",Y2,Y6
420  PRINT "MODULUS AND ARGUMENT OF Q2:",Y1,Y5
499  DATA 170, 112, 53, 78, 235, 94, 58, 68, 185, 115, 77, 104
510  END
RUN
MODULUS AND ARGUMENT OF Q1:    1.72127      236.17
MODULUS AND ARGUMENT OF Q2:    .930879      121.944
READY
```

# APÊNDICE

**859**

- nível vibratório do plano 2 = 8,5 mm/s, uma melhora de 84%.

Exemplo 7 - Cálculo das massas de balanceamento e suas posições apenas com ajuda de uma calculadora matemática de bolso não-programável. Tempo aproximado de uma hora, com prática.

Teoricamente, a aritmética pura ou uma régua de cálculo também poderiam ter sido usados, porém os tempos de cálculo teriam aumentado consideravelmente. Trabalhando com os resultados do exemplo 4, que foram traçados como diagramas vetoriais na fig. C-24, ver-se-á que em termos de notação vetorial:

$V_{1,1} - V_{1,0}$ é o efeito no plano 1 de uma massa de prova no plano 1;

$V_{1,2} - V_{1,0}$ é o efeito do plano 1 de uma massa de prova no plano 2;

$V_{2,1} - V_{2,0}$ é o efeito no plano 2 de uma massa de prova no plano 1;

$V_{2,2} - V_{2,0}$ é o efeito no plano 2 de uma massa de prova no plano 2.

Cada um dos diagramas vetoriais na figura C-24 é análogo aos diagramas vetoriais dos exemplos anteriores. Entretanto, quando uma massa desequilibrada (massa de prova) é aplicada em um plano de medição, ela afeta os dois planos. Portanto, para um equilíbrio completo do rotor, é preciso que as massas sejam acrescentadas em ambos os planos de balanceamento, de modo a produzir vetores vibratórios iguais em magnitude (comprimento para $V_{0,0}$ e $V_{2,0}$), mas que tenham ângulos de fase opostos. Matematicamente, o problema consiste em encontrar dois operadores vetoriais Q1 (com comprimento vetorial Q1 e ângulo de fase $\gamma^1$) e Q2 (Q2 e $\gamma^2$), que satisfazem às seguintes equações:

$$Q_1(V_{1,1} - V_{1,0}) + Q_2(V_{1,2} - V_{1,0}) = - V_{1,0} \qquad (1)$$

$$Q_1(V_{2,1} - V_{2,0}) + Q_2(V_{2,2} - V_{2,0}) = - V_{2,0} \qquad (2)$$

| V | V | $\gamma$ | a | jb |
|---|---|---|---|---|
| V 1,0 | 7,2 | $238^0$ | -3,82 | -6,12j |
| V 1,1 | 4,9 | $114^0$ | -2,0 | +4,48j |
| V 1,2 | 4,0 | $79^0$ | +0,76 | +3,93j |
| V 2,0 | 13,5 | $296^0$ | +5,92 | -12,13j |
| V 2,1 | 9,2 | $347^0$ | +8,96 | -2,07j |
| V 2,2 | 12,0 | $292^0$ | +4,5 | -11,13j |
| (V 1,1 - V 1,0) | | | +3,04 | +10,06j |
| (V 2,1 - V 2,0) | | | +4,58 | +10,05j |
| (V 1,2 - V 1,0) | | | -1,42 | +1,00j |

TABELA C-3 - Conversão de coordenadas no
exemplo 7.

---

Soma:

$$(a + jb) + (c + jd) = (a + c) + j (b + c)$$

Subtração:

$$(a + jb) - (c + jd) = (a - c) + j (b - c)$$

Multiplicação:

$$(a + jb) (c + jd) = (ac - bd) + j (bc + ad)$$

Divisão:

$$\frac{a + jb}{a + jd} = \frac{ac + db}{c^2 + d^2} + j \frac{bc - ad}{c^2 + d^2}$$

---

TABELA C-4 - Regras para aritmética de núme
meros complexos.

Os vetores nestas expressões podem ser convenientemente resolvidos através de aritmética de números complexos, que permi
te que as equações (1) e (2) sejam resolvidas como um par de equações com 2 desconhecidas $Q_1$ e $Q_2$. Primeiro encontra-se $Q_1$ em termos

APÊNDICE                                                                861

de $Q_2$:

$$Q_1 = \frac{-V_{1,0} - Q_2(V_{1,2} - V_{1,0})}{V_{1,1} - V_{1,0}} \tag{3}$$

e depois, resolvendo para $Q_2$:

$$Q_2 = \frac{V_{2,0}(V_{1,1} - V_{1,0}) - V_{1,0}(V_{2,1} - V_{2,0})}{(V_{2,1} - V_{2,0})(V_{1,2} - V_{1,0}) - (V_{2,2} - V_{2,0})(V_{1,1} - V_{1,0})} \tag{4}$$

Os valores medidos de nível vibratório e ângulo de fa se na tabela C-1 são as coordenadas polares para a quantidade veto rial V. Quando se usa um sistema de coordenadas cartesianas com com ponentes reais de imaginários onde:

$$\vec{V} = a + jb \tag{5}$$

pode-se calcular uma solução matemática para as equações (3) e (4).

As coordenadas polares podem ser convertidas em Carte sianas pelo uso das duas equações:

$$a = V \cos \gamma \tag{6}$$

$$b = V \sin \gamma \tag{7}$$

A seguir, os valores da tabela C-3 podem ser calcula dos aplicando-se novamente as regras da aritmética complexa (tabela C-4), por exemplo:

$$V_{1,1} - V_{1,0} = (-2,0 + 4,48j)-(3,82 - 6,12) = (+1,83 + 10,6j)$$

Subsituindo os valores reais e imaginários na equação (4):

$$Q_2 = \frac{(+5,92 - 12,13j)(+1,82 + 10,60j)-(-3,82 - 6,12j)(+3,04 - 10,06j)}{(+3,04 + 10,06j)(+4,58 + 10,05j)-(-1,42 + 1,00j)(+1,82 + 10,60j)}$$

862 TÉCNICAS DE MANUTENÇÃO PREDITIVA

o que (novamente por meio da aritmética dos números complexos) pode ser simplificado para:

$$Q_2 = +\,0,1598 - 1,1264j$$

o que pode ser convertido em coordenadas plares por meio das seguintes equações:

$$V = \sqrt{a^2 + b^2} \tag{8}$$

para $\quad a > 0 \;\; \gamma = \tan^{-1} \dfrac{b}{a} - 90^0 < \;\gamma < +\,90^0$ (9)

para $\quad a < 0 \;\; \gamma = 180^0 + \tan^{-1} \dfrac{b}{a} + 90^0 < \;\gamma < \;+\,270^0$ (10)

De modo que o comprimento vetorial $Q_2 = 1,1376$, e o ângulo de fase $\gamma_2 = 81,9^0$.

Agora, estes valores podem ser substituídos na equação (3), de modo que $Q_1$ pode ser encontrado:

$$Q_1 = \frac{-(-3,82 - 6,12j)-(+4,48 + 10,05j)(+0,1598 - 1,1264j}{(+1,82 + 10,6j)} \tag{11}$$

o que pode ser simplificado para:

$$Q_1 = +\,0,7468 \quad 0,9033j \tag{12}$$

e, usando as equações (9) e (10), o comprimento do vetor e ângulo da fase são encontrados:

$$Q_1 = 1,1720$$

$$q_1 = 50,4^0$$

Logo, as massas de balanceamento que contrabalançam o desequilíbrio original do rotor são como segue:

# APÊNDICE 863

$$\text{plano 1 } M_{comp} = 1,172 \times 2,5 \text{ g} \qquad (13)$$

$$= 2,93 \text{ g a } 50,4^{o} \qquad (14)$$

($50,4^{o}$ da posição da massa de prova, no sentido da rotação).

$$\text{plano 2 } M_{comp} = 1,1376 \times 2,5 \text{ g} \qquad (15)$$

$$= 2,84 \text{ g a } - 81,9^{o}$$

($81,9^{o}$ da posição da massa de prova em sentido contrário ao da rotação).

Massas com estes valores foram fixas nos respectivos planos do rotor aos ângulos calculados e no raio usado anteriormente para as massas de prova. Procedeu-se a um teste de funcionamento para avaliar a qualidade do balanceamento. Seus resultados foram os seguintes:

- nível vibratório do plano 1 = 0,5 mm/s, o que representa uma redução de 93% no nível da velocidade vibratória dos 7,2 mm/s originais;

- nível vibratório do plano 2 = 0,4 mm/s, o que representa uma redução de 97% no nível da velocidade dos 13,5 mm/s originais.

Como prova adicional, as duas massas de balanceamento foram deslocadas através um ângulo de $10^{o}$ para averiguar-se a importância da determinação do ângulo de fase. Quando a máquina voltou a ser colocada em movimento, o nível da velocidade vibratória no plano 1 foi de 1,8 mm/s e no plano 2 de 2,2 mm/s. Estes resultados ilustram o valor da determinação verdadeiramente precisa do ângulo de fase possível com o medidor de fase.

# TÉCNICAS DE MANUTENÇÃO PREDITIVA

APÊNDICE D

ESTRATEGIA DE MONITORAMENTO PARA DISCRIMINAR OS DIFERENTES TIPOS DE DEFEITOS EM MOTORES DE INDUÇÃO[*]

W.T. Thomson, N.D.Deans e A.J. Milne
Robert Gordon's Institute of Technology
Aberdeen AB9 1FR - Scotland

## 1.0 - INTRODUÇÃO.

Um levantamento recente (1) executado entre as empresas industriais que utilizam motores trifásicos de grande porte e do tipo gaiola, em instalações terrestres e "offshore", indicou que as falhas na gaiola podem originar panes no motor. As cargas pulsantes ou os efeitos indesejáveis de partida diretamente da linha podem dar origem a fraturas nas barras do rotor (2,3). Os mecanismos habituais de fadi ga dão origem a uma conexão eletro/mecânica inadequada, aparecimento de centelhas e arco elétrico, resultando usualmente em barra rompida. As pulsações de torque, variações e flutuações de velocidade e varia- ção de vibração aparecem como consequência, originando panes e que- bras nos rolamentos do rotor (1) ou prejuízos ao núcleo do estator. Por tais razões, aparece a necessidade e conveniência de se estabele cer uma estratégia para a monitoração durante a operação, que permite discriminar entre uma barra com alta resistência e as juntas finais do anel, número de barras quebradas ou rompidas e falhas no anel. O pre sente trabalho propõe uma estratégia de monitoramento baseada em três ou quatro tipos de sinais interrelacionados para o diagnóstico de ano malias, e apresenta maior credibilidade que os processos usuais, base ados num único sinal.

-------------------------------------------------------------------

Tradução de trabalho desenvolvido pelos autores no Robert Gordon's Ins titude of Technology : "Monitoring Strategy for Discriminating Between Different Types of Rotor Dects in Induction Motors", com a devida auto rização dos autores.

APÊNDICE 865

## 2.0 - RECAPITULAÇÃO DOS TRABALHOS ANTERIORES.

Gaydon (4,5) desenvolveu uma técnica instrumental para a deteção de anomalias em rotores, baseada na flutuação da velocidade do eixo, porém afirmou que "as assimetrias inerentes aos rotores podem dar origem a flutuações da mesma magnitude daquelas produzidas por uma barra em circuito aberto". Hargis (4) apresentou uma série de espectros de vibrações e de corrente para dois motores nominalmente idênticos, um com rotor normal e o segundo com três barras rompidas , mas é importante a deteção de uma barra rompida com a máxima antecedência, uma vez que isto permitirá evitar uma degradação futura. Pozanski (6) demonstrou que as medições acústicas do barulho indicam uma diferença de 1 dB a 3 dB para motores com o rotor sadio e com uma rompida. Entretanto, a aplicação da medida do barulho para a manutenção preditiva não constitue processo realmente adequado para instalações "offshore" ou para instalações terrestres que apresentem situações hostis (1). Jones (7) desenvolveu um circuito aberto numa fase do rotor e mostrou que a força eletromotriz induzida e os sinais de corrente aparecem na frequência de $|1 - 2s|f_1$ no enrolamento do estator. O modelo construído foi verificado experimentalmente para um motor com uma fase do rotor em circuito aberto. Vas (8) apresentou um procedimento assemelhado sem, no entanto, apresentar resultados experimentais. Williamson (9) calculou a variação nas correntes das barras de rotores com a barra rompida e com a barra sadia no anel final; entretanto, o motor utilizado para a verificação experimental da análise apresentava uma gaiola de alta resistência no núcleo do estator. A análise foi verificada através de testes experimentais nos casos de duas e três barras rompidas e falhas no anel final mas, infelizmente, o motor não era representativo dos motores típicos utilizados na indústria. A monitoração durante a operação através da medida da corrente das barras não é, obviamente, um método prático, tratando-se de proposição inadequada. Williamson aplicou o seu método de análise a um motor de gaiola de tamanho grande e predisse que pode ser difícil detetar uma única barra rompida em termos da componente da corrente na frequência $|1-2s|f_1$ ou na componente da frequência $2sf$, devida ao torque pulsante. A predição de Williamson necessita ainda de uma verificação experimental, não executada até o presente. Penmman (10) afirmou que a adoção da monitoração do fluxo axial apresentava resultados inconclusivos na deteção de falhas nas barras de rotores. Steele (11) monitorou a corrente visando detetar uma barra rompida em motores de pequena potência sem, no entanto, apresentar resultados para os casos de duas ou três barras rompidas. Caso se pretenda quantificar as anomalias e falhas na gaiola em termos de grandeza de componentes em

# 866 TÉCNICAS DE MANUTENÇÃO PREDITIVA

frequências específicas, ou pelo uso do Cepstrum ou análise Cepstral para identificar o conteúdo das faixas laterais no espectro, há necessidade de experimentação rigorosamente controlada.

## 3.00 - FUNDAMENTOS DO MÉTODO.

Por volta de 1965 Alger (12) demonstrou que a densidade de fluxo magnético no entreferro de motores de indução tipo gaiola é constituída por cinco campos rotacionais principais. Caso sejam incluídas as fundamentais correspondentes às harmônicas temporais, as componentes harmônicas nas ranhuras são dadas pela expressão geral

$$f_n = f_1(\frac{R}{p} (1 - s) \pm n)$$

Se for aplicada a análise de Jones (7) às frequências fundamental e terceira harmônica temporal do fluxo do estator, aparecem as faixas lateriais superior e inferior nos pontos

$$f_{lat} = (1 \pm 2s)$$

entorno da fundamental. As frequências harmônicas nas ranhuras para um rotor contendo assimetria posicionam-se em

$$f_n = f_1(n \pm \frac{R(1 - s)}{p} \pm 2sf_1$$

onde é $f_1$ = frequência fundamental; s = escorregamento; R = número de ranhuras no rotor; P = pares de pólos; n = 1,2, ......,n.

Os efeitos descritos acima podem ser detetados através dos espectros da corrente, fluxos do extremo dos enrolamentos e de perdas, tomando como sensor (pick up) uma bobina comum aplicada externamente. Como as forças magnéticas são proporcionais ao quadrado da densidade de fluxo, as faixas laterais ocorrerão entorno da frequência principal da componente harmônica da vibração. Estas faixas lateriais aparecem em quatro espectro interrelacionados (1) e podem ser utilizadas como a base fundamental para identificar diversos tipos de anomalias em rotores.

# APÊNDICE 867

## 4.0 - ARRANJO EXPERIMENTAL DO EQUIPAMENTO E RESULTADOS DOS TESTES.

Foi desenvolvido um arranjo experimental destinado a investigar os efeitos das anomalias na corrente, fluxo e espectra vibracional de determinada máquina. O arranjo continha um dinamômetro DC, motor de indução trifásico com 4 pólos e carregado com o dinamômetro, conjunto de transdutores para indicação da corrente, fluxos axial e de fuga e vibrações. Os sinais captados são amplificados e filtrados, após o que são analisados em seu espectro por meio de analisador espectral de alta resolução interposto como dispositivo periférico de um mini-computador. O mini-computador é controlado por um conjunto na forma numérica ou gráfica, a critério do experimentador. A figura 1 ilustra a montagem com os equipamentos de processamento dos dados.

Inicialmente, os testes experimentais foram executados utilizando dois rotores fundidos à pressão e de linha de produção industrial, com 28 ranhuras; o primeiro foi tomado como referência e no segundo foram usinadas anomalias (defeitos) conhecidos e controlados, visando verificar o efeito das mesmas. Para a experimentação com esses motores com rotores de 28 ranhuras, operou-se os mesmos no torque nominal máximo numa rotação de 1470 rpm. Tomou-se então os sinais dos transdutores e foi feita uma análise FFT das vibrações, fluxo nos finais dos enrolamentos e fluxo axial. As faixas laterais superior e inferior posicionara-se entorno várias componentes temporais do espectro quando o rotor com barras rompidas estava sob teste. As figuras 2 a 5 ilustram o "zoom" da análise das vibrações e do fluxo nos extremos dos enrolamentos. As figuras mostram que o rotor com anomalias apresenta um conteúdo apreciável na faixa lateral entorno a harmônica principal da ranhura. Foi então feito o Cepstrum ou análise Cepstral para obter um valor para o conteúdo da faixa lateral. As figuras 6 e 7 mostram que esta técnica permite que seja detetada inclusive uma única barra rompida. Foram então rompidas várias barras adjacentes à barra rompida inicial, os Cepstra ilustrados nas figuras 8 e 9 mostram os resultados. Obtem-se figuras semelhantes para os demais sinais e as figuras 10 e 11 ilustram os Cepstra referentes aos sinais do fluxo do extremo do enrolamento.

Visando verificar o efeito que uma barra que apresentasse resistência elevada na junção barra-anel, foi re-projetado e construído um motor com rotor de 51 ranhuras. No rotor construído havia a possibilidade de retirar e re-conectar a barra por meio de conexões a parafusadas com parafusos especiais, contendo este método 8 barras. As demais barras, em número de 43, foram soldadas com solda mole nos

**868**                                      TÉCNICAS DE MANUTENÇÃO PREDITIVA

terminais do anel ou coletor. As resistências foram medidas com um ohmímetro de alta resolução e alta precisão, apto a diferenciar as resistências das uniões soldadas e aparafusadas, tanto no rotor em es tudo quanto num rotor separado. Observou-se que as diferenças se situ avam em valores da ordem de 5 a 6 μΩ e de 21 a 22μΩ respectivamente. O motor com rotor de 51 ranhuras foi operado com seu torque nominal má ximo e a 1430 rpm, sendo um modelo típico de produção industrial seri ada. Os sinais fornecidos pelos transdutores foram analisados no caso de motor com rotor sem barra rompida, observando-se a presença de fai xas laterais nos sinais de vibrações, corrente e fluxos. Tal fato su gere que as juntas apresentando resistência elevada apresentam-se co mo se fossem barras rompidas. A figura 12 ilustra o conteúdo pronunci ado nas faixas laterais. Desconectando-se uma barra do anel/coletor , as alterações nos sinais de corrente e de fluxo são inconclusivas. En tretanto, o conteúdo nas faixas laterais do espectro das vibrações au mentaram, como ilustra a figura 13. Observou-se, ainda, um aumento em tal conteúdo quando existiam duas barras rompidas.


5.0 - CONCLUSÕES.

Foi desenvolvido um estudo experimental sob condições bastante controladas, abrangendo um conjunto de espectra e de Cepstra, visando verificar os efeitos de diferentes anomalias em rotores de mo tores de gaiola. Os resultados observados mostraram que as anomalias das gaiolas podem ser identificadas através de quatro sinais interre-lacionados e que a análise via Cepstrum pode fornecer um valor unívo co para o conteúdo relevante da faixa lateral. As faixas laterais apa recem também no espectra quando o rotor de gaiola apresenta resistên cia elevada entre a barra e o anel/coletor, observando-se ainda que existe alteração significativa somente no sinal de vibrações quando as barras são rompidas subsequentemente. O conceito proposto de basear-se em quatro sinais em oposição ao método de basear-se em somente um ou dois sinais, apresenta a vantagem indiscutível que o usuário de mo tores de indução tipo gaiola no meio industrial exige maior credibili dade que aquela fornecida pelo primeiro método. Este fator é particu-larmente relevante no caso da indústria petrolífera operando em ambi-entes "offshore", quando a perda de produção é excepcionalmente onero sa. Há, no entanto, necessidade de estudos subsequentes visando veri-ficar os efeitos do aumento/diminuição do número de junções com alta resistência comparando os resultados com os efeitos de anomalias no anel/coletor e barras rompidas.

APÊNDICE

6.0 - AGRADECIMENTOS.

Os autores agradecem o apoio do Science and Engineering Research Council Marine Directorate na elaboração do presente traba lho. Apresentam ainda seus agradecimentos ao Sr. A.J. Lowe pelas suas recomendações e assistência no projeto e execução do arranjo experi mental elaborado. Agradecem também ao Sr. M. Davidson e Snrta K. Craighead pela assistência no preparo do presente trabalho.

7.00 - REFERÊNCIAS.

1. - THOMSON, W.T., DEANS. N.D., LEONARD, R.A. and MILNE, A.J.:"Condi tion monitoring of induction motors for availability assess- ment in offshore installations" - 4th EUREDATA Conference - Venice, Italy - March, 1983.

2. - BURNS, R.L. - "Rotor bar failures in large A.C. squirrel cage rotors" - Eletr. Eng. 1977 - 54(10), 11/14.

3. - GAYDON, B.C. and HOPGOOD, D.J.: "Faltering pulse can reveal an ailing motor" - Electrical Review, vol. 205 nº 14 - October 1979 - 37/38.

4. - HARGIS, C., GAYDON, B.C. and KAMASH, K.: "The detection of rotor defects in induction motors" - IEEE International Conference on Electrical Machines" - Design and Applications - 1982 213 - 216/220.

5. - GAYDON, B.C. - "An instrument of detect induction motor rotor circuit defects by speed fluctuation measurements, electric test and measuring instrumentation" - Testemex 79 Conference Papers, 1979 - 5/8.

6. - POZANSKI, A.: "Acoustic measurement of thre-phase asychronous mo tors with a broken bar in the cage rotor" Zesz. Nauk. Poli- tech. Lodzi Elekt., 1977 60 - 121/131.

7. - JONES, C.V.: "Unified theory of electrical machines" - Butter- worth, 1967.

8. - VAS, P.: "Performance of three-phase squirrel-cage induction motors with rotor asymetries" - Period. Polytech. Electr, Eng. 1975 - 19, 309/315.

9. - WILLIAMSON, S. and SMITH, A.C.: "Steady-state analysis of 3-phase cage motors with rotor-bar and end-ring faults". Proc. IEE Vol. 129 PT B nº 3, May 1982 - 93/100.

10. - PENAMN, J., HADWICK, J.G. and STRONACH, A.F.: "Protection strategy against the occurence of faults in electrical machines" IEE Conf. Publ. 185, 1980 - 54/58.

11. - STEELE, M.E., ASHEN, R.A. and KNIGHT, L.G.: "An electrical method for condition monitoring of motors" IEE International Conference on Electrical Machines - Design and Applications - 1982, nº 213 - 231/235.

12. - ALGER, P.L.: "The nature of induction machines" Gordon and Breach Science Publications - 1965.

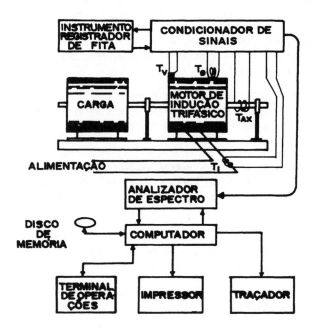

DISPOSITIVO E MONTAGEM DO EQUIPAMENTO E INSTRUMENTAL PARA AQUISIÇÃO DE DADOS, SEU PROCESSAMENTO E REGISTRO.

APÊNDICE 871

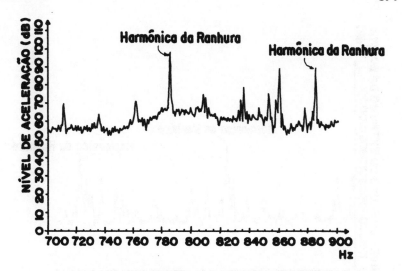

ESPECTRO EM ZOOM DA ACELERAÇÃO - ROTOR NORMAL

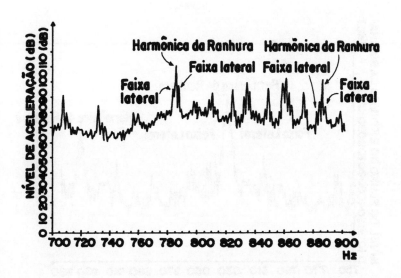

ESPECTRO EM ZOOM DA ACELERAÇÃO - ROTOR COM UMA BARRA ROMPIDA

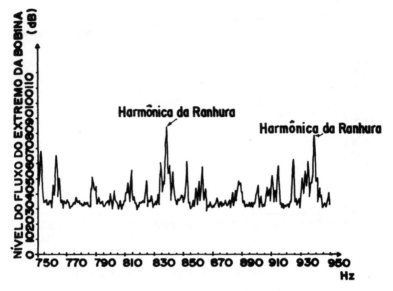

ESPECTRO EM ZOOM DO FLUXO DE FUGA DO EXTREMO DA BOBINA - ROTOR NORMAL

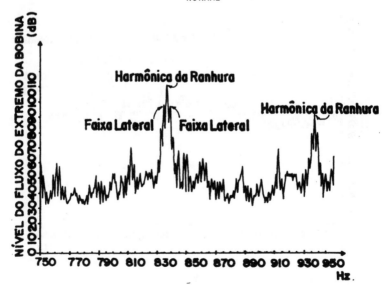

ESPECTRO EM ZOOM DO FLUXO DE FUGA DO EXTREMO DA BOBINA - ROTOR COM UMA BARRA ROMPIDA

# APÊNDICE

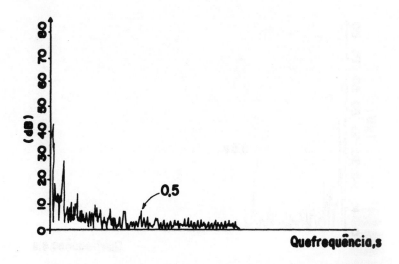

CEPSTRUM EM ZOOM DA ACELERAÇÃO - ROTOR NORMAL

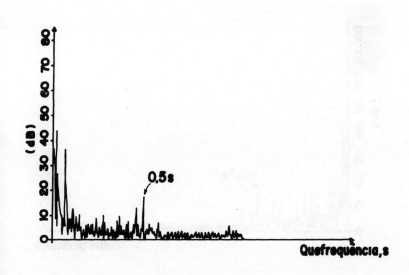

CEPSTRUM EM ZOOM DA ACELERAÇÃO - ROTOR COM UMA BARRA ROMPIDA

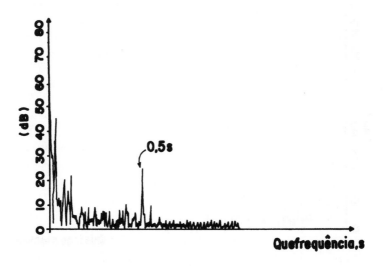

CEPSTRUM EM ZOOM DA ACELERAÇÃO - ROTOR COM DUAS BARRAS ROMPIDAS

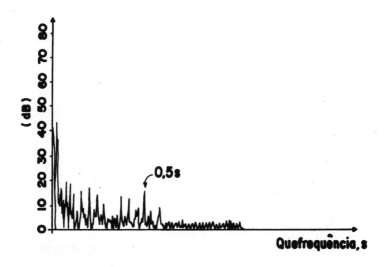

CEPSTRUM EM ZOOM DA ACELERAÇÃO - ROTOR COM TRÊS BARRAS ROMPIDAS

APÊNDICE 875

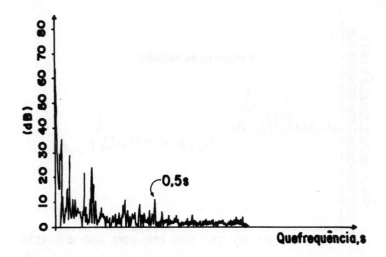

CEPSTRUM EM ZOOM DO FLUXO DE FUGAS NO EXTREMO DA BOBINA - ROTOR NORMAL.

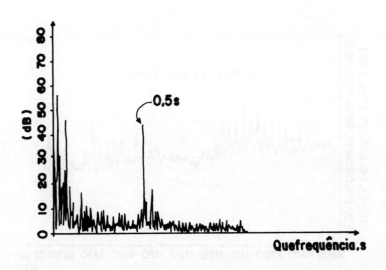

CEPSTRUM EM ZOOM DO FLUXO DE FUGAS NO EXTREMO DA BOBINA - ROTOR COM UMA FAIXA ROMPIDA

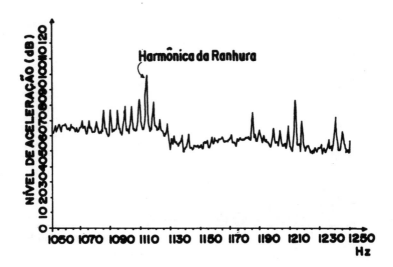

ESPECTRO DA ACELERAÇÃO PARA ROTOR COM 51 RANHURAS - JUNTAS APRESENTAN
DO RESISTÊNCIA ELÉTRICA ELEVADA

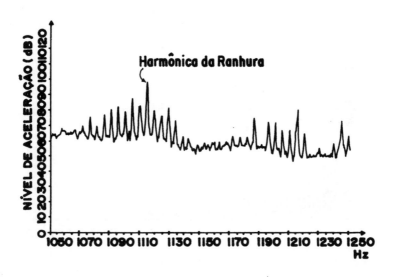

SPECTRO DA ACELERAÇÃO PARA ROTOR COM 51 RANHURAS - ROTOR COM UMA BAR
RA ROMPIDA

# APÊNDICE

**877**

APÊNDICE E

ESTABELECIMENTO DO VALOR LIMITE DO SINTOMA VIBRATÓRIO NA IMPLANTAÇÃO DE PROGRAMAS DE MANUTENÇÃO PREDITIVA[*]

Czeslaw Cempel
Technical University of Poznan
60-695 Poznan, Poland

## 1.0 - INTRODUÇÃO.

É fato amplamente sabido que uma parte vital em qualquer sistema de manutenção é o conhecimento do estado real das máquinas e seus componentes, que permite fazer um diagnóstico confiável. Na elaboração do diagnóstico, o último estágio é a inferência que permite a tomada de decisões, inferência essa baseada na observação dos sintomas vibratórios, ou vetores de sintoma. O sintoma vibratório baseia-se na amplitude da aceleração, velocidade ou deslocamento, em função do problema que se apresenta num dado equipamento.

Dado um equipamento arbitrário, o diagnóstico que será utilizado basear-se-á em técnicas probabilísticas ou determinísticas, sendo então adotadas as várias técnicas e métodos de inferência. Normalmente são utilizadas as técnicas de regressão, também conhecidas como "curva de sobrevivência", reconhecimento do estudo dos componentes, técnicas de relações ou ainda técnicas estatísticas que é a eleita na elaboração do presente trabalho. O livro de Birger[1] apresenta uma descrição bastante detalhada dessas técnicas, que são também encontradas no livro de Cempel [2] e resumidas num artigo de revisão do assunto[3]. Um estudo desses trabalhos permite estabelecer duas técnicas de inferência: técnicas de regressão e decisão estatística, que possibilitam uma inferência sobre o estado do dispositivo, mediante o conhecimento do valor $S_1$ e a regra de inferência, descrita a seguir.

-----------------------------------------------------------------------

[*]Tradução do trabalho: "THE VIBRATION SYMPTON LIMIT VALUE IN CONDITION MONITORING", apresentado no 84 Condition Monitoring, Swansea College, England, com a devida autorização do autor.

# 878 TÉCNICAS DE MANUTENÇÃO PREDITIVA

Caso, para um dado equipamento o sintoma de vibração medido S for:

$S < S_1$ — inferimos CONDIÇÕES SATISFATÓRIAS

$S > S_1$ — inferimos CONDIÇÕES INADEQUADAS, recomendando-se a parada da máquina para o devido reparo.

Observe-se que o valor limite do sintoma deve ser espe cificado sempre, mesmo nos casos de nos basearmos em valores padroni zados do sintoma, padronização essa internacional da ISO ou regional com BS, VDI, ANSI, etc., utilizadas comumente no caso de máquinas ro tativas habituais. Além disso, o estabelecimento indiscriminado de valores padronizados podem conduzir a uma inferência errônea, origi nando uma probabilidade de falhas excepcionalmente elevada ou um al to nível de reparos desnecessários, dependendo do caso. Isto porque existe uma ampla faixa de alterações nas propriedades mecânicas dos componentes do maquinário durante o estágio de produção, variações a preciáveis nas cargas durante a operação e as diversas montagens e suspensões que variam dentro de uma mesma instalação. Existe, por outro lado, diferenças sensíveis na disponibilidade ou confiabilida-de $P_a$ de um tipo dada de máquina operando em instalações diferentes, devido aos padrões de manutenção, além das diferenças de gerenciamen to ou filosofia adotadas nas diversas instalações aparentemente i-guais. Além disso, é necessário que sejam consideradas as componen-tes objetivas e subjetivas, durante o processo de inferência destina do a fixar o valor limite do sintoma que constitui a base da tomada de decisões.

Na maioria dos casos de implantação do processo de diag nóstico por processos vibro-acústicos, em particular quando se trata de máquinas e equipamentos grandes ou onerosos, não existem meios de elaborar um diagnóstico ativo experimentalmente, baseado nas condi ções reais da máquina, que seria o valor $S_1$. Em tais condições, a determinação do valor $S_1$ é possível somente através de experimentos passivos, que tornem o diagnóstico confiável. Através deste método, há necessidade de observar o sintoma S num grupo numeroso de máqui nas operando normalmente, apesar de não sabermos as condições reais de tais máquinas por ocasião da observação.

Este problema foi estudado por Dabrowski[4] na sua tese de doutoramento, apresentando uma solução simples, através da qual o conhecimento da distribuição de amplitudes do sintoma S foi fixado o valor limite. A determinação foi feita de tal maneira que a proba-

# APÊNDICE 879

bilidade residual não excede um dado nível a, de valor pequeno, pela expressão:

$$P.(S > S_1) \leqslant a$$

Um enfoque bem mais sofisticado foi proposto por Birger[1] e que constitue uma possível solução teórica do problema. Segundo Birger, o risco de tomar uma decisão de diagnóstico em termos de probabilidade de condições boas, $P_g$ e de condições insatisfatórias, $P_f$ é definido estatisticamente. Entretanto, como podemos medir os parâmetros de vibrações somente com as máquinas operando, tornou-se um problema inviável obter a densidade probabilística de máquinas nas instalações da Universidade. Por tal motivo, o método de Birger é inaplicável no nosso estudo, que visava calcular o valor limite para diagnóstico vibro-acústico nas condições encontradas na própria Universidade.

Entretanto, caso admitamos que o valor do sintoma S observado em máquinas funcionando representam condições satisfatórias, podemos tomar como base a técnica de Neuman-Pearson[1] visando uma decisão estatística e calcular o valor limite do sintoma, $S_1$, a partir da observação passiva de um grupo de máquinas operando normalmente.

No presente trabalho foi tomado como ponto de partida a desigualdade de Chebyshev considerando variáveis randômicas positivas. Com isso, tem-se a possibilidade de avaliar o valor limite $S_1$ em termos de valor médio do sintoma $\bar{S}$ e o seu desvio standard $\sigma_S$ referente a um dado grupo de máquinas.

## 2.00 - METODOLOGIA PARA A POSSÍVEL FIXAÇÃO DO VALOR LIMITE DAS VIBRAÇÕES VISANDO O DIAGNÓSTICO.

Sabemos que vários fatores tais como fadiga, atrito, lubrificação, etc., determinam a intensidade do desgaste[5] e os mesmos fatores devem, por outro lado, indicar o valor limite do sintoma de vibrações, seja em termos de deslocamento, velocidade ou aceleração. Como já foi dito, a ampla variação das propriedades mecânicas dos componentes, cargas, tensões e montagens, dão como consequência uma distribuição randômica das amplitudes das vibrações observadas num conjunto de máquinas, com todas aparentemente funcionando nas mesmas condições. Tais componentes tornam a fixação do valor limite

# 880 TÉCNICAS DE MANUTENÇÃO PREDITIVA

do sintoma um problema com solução aparentemente inviável.

De um modo geral, existem três maneiras para fixar o valor limite do sintoma $S_1$ para uma dada máquina arbitrária. Em primeiro lugar devemos verificar quais os valores padronizados internacional ou regionalmente e, na sua ausência, verificar quais os valores indicados em livros sobre diagnóstico preditivo ou monografias sobre o assunto[11]. Uma segunda opção consiste em executar um diagnóstico experimental ativo, pelo qual uma dada máquina ou equipamento tem seu sintoma vibro-acústico medido e o valor limite extrapolado em base aos valores observados. Esta segunda opção, principalmente no caso de instalações que operam continuamente, apresenta custos excessivos, não somente em termos de tempo gasto como em perda de produção, o que a tornam raramente usada no estabelecimento de programas de manutenção preditiva. A última possibilidade consiste em executar experimentações passivas. A base de experimento passivo consiste em observar as vibrações num grande número de máquinas $N \gg 1$, operando normalmente, sem conhecer qual o estado real das mesmas, mas admitindo uma distribuição uniforme no estado de todas. Pode ser escolhido como parâmetro vibracional as velocidades vibratórias nos eixos horizontal e vertical, por exemplo. Os resultados de tal experimento passivo podem ser utilizados como dados estatísticos para o grupo de máquinas sob observação, o que faremos, levando tais dados nas técnicas de Neuman-Pearson para uma tomada de posição em base à teoria estatística da decisão, fixando, com isso, um valor para o limite do sintoma vibro-acústico $S_1$. O processo é de inferência estatística efetiva. Resumidamente, utilizamos dados vibracionais observados em máquinas admitidas como em condições satisfatórias, visando obter uma inferência a respeito de seu possível rompimento. Esta inferência e a fixação do valor limite do sintoma vibracional é possível somente através do processamento estatístico dos dados observados.

De um modo geral, o método estatístico fornece duas maneiras de determinar o valor limite superior do sintoma vibratório. O primeiro método é o oferecido por Dabrowski[4] que estabelece o valor limite de $S_1$ como aquele cuja probabilidade de exceder $P.(S > S_1)$ é menor ou igual ao nível baixo $a$, fixado previamente. Pela figura 1 tem-se

$$P(S > S_1) \leqslant a \qquad (1)$$

Um estudo detalhado mostra que essas técnicas minimizam

# APÊNDICE

o nível de reparos desnecessários, representado pela probabilidade mínima (residual) ilustrada na figura 1. Isto significa que o mesmo valor limite $S_1$ será aplicável para uma máquina nova que apresenta e levado padrão de manutenção, na qual a probabilidade residual de falhas, $P_f$, pode ser considerada como um "infinitésimo" menor que 0,05 assim como em outras máquinas. Explicitando, o mesmo valor limite poderá ser aplicado num grupo de máquinas velhas com padrão de manutenção baixo, para o qual a probabilidade será também menor que 0,05 e aplica-se ainda para um outro grupo de máquinas velhas com padrão ainda menor de manutenção, para o qual será $P_f$ entre 0,1 e 0,2. Note-se, no entanto, que esta técnica não pode ser aplicada durante a

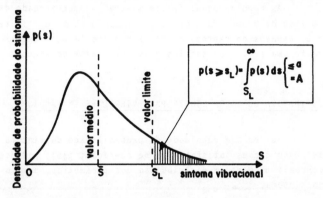

implantação do diagnóstico vibro-acústico. Isto porque o valor limite de $S_1$ deve ser ajustado gradualmente, até obter o valor ideal, ou adequado.

Existe uma outra possibilidade de determinar o valor de $S_1$, a partir de dados experimentais obtidos por métodos passivos. Esta possibilidade baseia-se na teoria da decisão estatística, ou seja, pelo método de Neuman-Pearson[1], que exige tão somente que se conheça a densidade da probabilidade do sintoma vibracional, $p(S)$. Segundo este método, a probabilidade de ruptura, ou interrupção, é minimizada a um nível A, estabelecido a priori, conforme ilustra a figura 1, dispensando reparos e providências desnecessárias.

Baseando-nos na figura 1, e no caso em pauta, podemos escrever a expressão de Neuman-Pearson que estabelece o valor limite do sintoma, $S_1$, sob a forma

$$A = P_g \int_{S_L}^{\infty} p(S) \, dS \tag{2}$$

882 TÉCNICAS DE MANUTENÇÃO PREDITIVA

Observe-se que, segundo Birger[1], a probabilidade de execução de reparo desnecessário depende do nível da falha ou da probabilidade de condições defeituosos para um dado grupo de máquinas,

$$A = k.P_f = k(1 - P_g)$$

onde é k o coeficiente de segurança ou de reserva, que pode ser tomado entre 1 e 3 para falhas comuns e entre 3 e 10 para falhas com con sequências graves.

As considerações feitas mostram a adequacidade da adoção do método de Neuman-Pearson para a fixação do valor limite do sintoma $S_1$ através da expressão '2'. Por outro lado, a mesma expressão permite uma avaliação simples do valor limite do sintoma, $S_1$.

## 3.0 - ESTIMATIVA DO VALOR LIMITE PARA VIBRAÇÕES EM MÁQUINAS.

Se temos a densidade da probabilidade do sintoma S para máquinas em condições satisfatórias de operação, p(S), podemos verificar concomitantemente a distribuição dos parâmetros, como o valor médio do sintoma.

$$\bar{S} = \int S.p(S).dS$$

e seu desvio standard,

$$\sigma_S = \left[ \int (S - \bar{S})^2 \, p(S).dS \right]^{1/2}$$

Quando a distribuição p(S) não é conhecida, podemos calcular seus parâmetros a partir de dados obtidos num grupo qualquer de máquinas ou numa população arbitrária como, por exemplo, através das expressões:

$$S = \frac{1}{N} \sum_{1}^{N} S_n$$

# APÊNDICE

$$\sigma_S = \frac{1}{N} \left[ \sum_1^N (S_n - S)^2 \right]^{1/2}$$

Conhecendo os valores acima é possível avaliar o valor limite do sintoma vibro-acústico $S_1$, devendo ser usados somente os parâmetros que são finitos e representativos da situação real do grupo de máquinas em consideração. Para isto, tomemos a expressão |2| e a re-arranjemos na forma

$$P_g = \int_{S_L}^{\infty} p(S)dS = P_g \cdot p(S \geqslant S_1) = A \tag{3}$$

e tal integral significa a probabilidade do valor de $S_1$ exceder o valor de S. Segundo estudos de Papoulis[6] esta probabilidade residual pode ser calculada perfeitamente pela expressão de Chebyshev ou pela sua generalização abrangendo variáveis estocásticas e positivas. Levando esta última estimativa em consideração, podemos escrever:

$$P(S \geqslant S_1) \leqslant \frac{S}{S_1} \tag{4}$$

e, substituindo-se este valor na expressão |3| obtemos, finalmente, as expressões,

$$\left. \begin{array}{c} \dfrac{S_1}{S} \leqslant \dfrac{P_g}{A} = \dfrac{P_g}{k \cdot P_f} \\[3mm] S \leqslant \dfrac{S \cdot P_g}{A} \end{array} \right\} \tag{5}$$

Note-se que o raciocínio desenvolvido acima informa que o valor limite do sintoma $S_1$ que estimamos, é diretamente proporcional ao valor médio do valor do sintoma observado para um grupo de máquinas em condições satisfatórias $S$, obtendo-se portanto o mesmo nível de desempenho $P_g$. Conclue-se então que, quanto mais elevado o padrão de manutenção tanto mais elevado é escolhido o valor limite $S_1$. Então, sob um dado nível de reparos ou providências desnecessárias, A = Constante, é de se esperar um aumento no nível $P_g$ durante a

# 884 TÉCNICAS DE MANUTENÇÃO PREDITIVA

implantação da técnica de diagnóstico. Com isso, será então possível estabelecer um valor mais elevado do sintoma vibro-acústico $S_1$, à medida que o tempo passa.

Passamos a verificar a expressão de Chebyshev [6] e, considerando que os parâmetros de probabilidade da distribuição não variam quando as variáveis são centradas, que é semelhante a um deslocamento da origem, podemos escrever,

$$P(S \geqslant S_1) = P(S - \bar{S} \geqslant S_1 - \bar{S})$$

$$S - \bar{S} > 0 \tag{6}$$

$$S_1 = \bar{S} > 0$$

Substituindo-se a distância $(S_1 - \bar{S})$ pelo desvio standard $\sigma_S$ e tomando-se um número arbitrário $Z$ achamos, de conformidade com a expressão de Chebyshev,

$$P(S - \bar{S} \geqslant Z \sigma_S) \leqslant \frac{1}{2Z^2} \tag{7}$$

onde é $(S_1 - \bar{S}) = Z.\sigma_S > 0$. Utilizando tal valor na expressão de Neuman-Pearson |2| ou |3!, obtemos

$$\frac{S_1}{\bar{S}} \leqslant 1 + \frac{\sigma_S}{\bar{S}} \sqrt{\frac{P_g}{2A}}$$

ou ainda,

$$\frac{S_1 - \bar{S}}{\sigma_S} \leqslant \sqrt{\frac{P_g}{2A}} \tag{8}$$

Pelo raciocínio exposto, observa-se que conseguimos uma outra maneira de avaliar o valor limite de S de maneira mais exata e mais conveniente, por fornecer valores menores de $S_1$ para uma mesma relação $P_g/A$. A aproximação através deste método fornece para o valor limite $S_1$ do sintoma um número muito mais próximo do valor médio $\bar{S}$ que aquele obtido pela estimativa segundo a expressão |5|. Além do mais esta diferença entre os dois valores, $S_1$ e $\bar{S}$, depende do

# APÊNDICE 885

desvio standard que existir dentro do grupo de máquinas sob observa ção. Como mencionamos no §2, o desvio standard depende de três componentes:

i) Variabilidade das condições reais atuais do maquinário que constitue o grupo sob observação.

ii) Diferenças nas cargas que as várias máquinas sofrem durante a sua operação, e

iii) Interações com o meio ambiente, como suspensão, montagem, etc.

Portanto, caso as duas últimas componentes sejam idênticas para a totalidade do grupo sob observação, é perfeitamente possível associar o desvio standard à probabilidade de falhas, ou seja, $P_f = b.\sigma_S$, onde $\underline{b}$ é uma constante. Entretanto, não utilizaremos esta relação no presente trabalho, devendo a mesma ser pesquisada em outro estudo no futuro.

É interessante notar que há ainda a possibilidade de uma avaliação mais exata do valor limite do sintoma $S_1$. Tal possibilidade existe quando o valor médio $\bar{S}$, o desvio standard $\sigma_S$ e o quarto momento central da população de máquinas, $\mu_4$, puderem ser calculados. Neste caso particular, em lugar da expressão de Chebyshev obtem-se uma avaliação mais exata[11]. Com algumas manipulações obtem-se a expressão

$$\frac{S_1 - \bar{S}}{S} \lessgtr \sqrt{1 + \sqrt{\left[\frac{\mu_4}{\sigma_S^2} - 1\right]\left[\frac{P_g}{2A} - 1\right]}} \tag{9}$$

Comparando-se os resultados obtidos com as expressões |8| e |9| observa-se que a exatidão fornecida pela expressão |9| mui possivelmente não compense o cálculo complexo envolvido. Por tal motivo, não utilizaremos esta expressão no presente trabalho.

As considerações feitas com relação a estimativa do valor limite do sintoma vibracional obtida através das expressões |5| e |8| estão ilustradas na figura 2, sendo que a desigualdade foi substituída pelo sinal de igualdade.

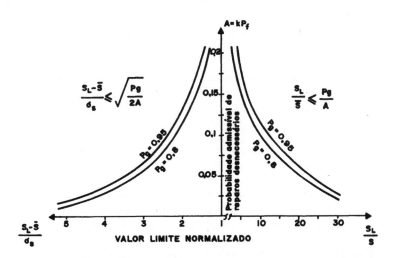

Na região ã direita da figura 2 estão as estimativas do valor de sintoma em valores médios $\bar{S}$, com os valores médios separados por dezenas, ou seja, para valores

$$\frac{5}{\bar{S}} \leq S_1 \leq \frac{30}{\bar{S}}$$

enquanto que, na região esquerda do gráfico, situam-se menos valores de $\bar{S}$, sendo que as maiores quantidades correspondem aos desvios padrão $\sigma_S$ maiores. Conclue-se que a última estimativa, feita pela expressão |8|, mais exata e mais simples, é a que encontra maiores aplicações durante a implantação do diagnóstico vibro-acústico, sendo a recomendada nesta fase.

### 4.0 - EXEMPLOS PRÁTICOS DE IMPLANTAÇÃO DE PADRÕES DE DIAGNÓSTICO POR MEIO DE EXPERIMENTOS PASSIVOS.

i) Exaustores de gases tipo BAB-106

Um dos pontos excepcionalmente nevrálgicos nas usinas geradoras que operam a carvão, assim como em várias instalações mineiro-metalúrgicas, é o constituído pelos exaustores dos gases dos for-

# APÊNDICE 887

nos e outros dispositivos assemelhados.. Normalmente tais exaustores são de grande porte, com rotação da ordem de 800 rpm e acionados por motores de algumas centenas de kVA. A título ilustrativo, vamos considerar exaustores tipo BAB-106, ancorados em fundações de grande porte, pesadas e de concreto. Durante a implantação do diagnóstico vibro-acústico, foram executadas medições dos níveis de vibração no primeiro rolamento dos N=14 exaustores instalados na usina. A medida da velocidade das vibrações forneceu os parâmetros com a seguinte distribuição:

$$S = V_{rms} = 2,59 \text{ mm/s}$$

$$\sigma_S = \sigma_V = 0,93 \text{ mm/s}$$

As especificações ISO-2732 indicam que essas máquinas pertencem ao grupo G, com um valor limite de velocidade fixado em $V_{rms}$ = 11,2 mm/s e a faixa observada de vibrações não excede a 7 mm/s. A observação mostra que, devido as condições de montagem dos exaustores e da carga normal de operação, o limite indicado pelas especificações é por demais elevado; se adotado, introduzirá um alto risco de ruptura que não convém permitir. Vejamos então este problema com algum detalhe, tomando como base as condições analíticas que acabamos de descrever.

Admitamos um nível de desempenho satisfatório dos exaustores como sendo $P_g$ = 0,8 e o seu nível admissível de reparos desnecessários como sendo A = 0,1 de conformidade com a expressão |5|. Ter-se-á

$$S_1 = 8.\bar{S} = 20,7 \text{ mm/s}$$

e então,

$$20 \log \left(\frac{S_1}{S}\right) = 18 \text{ dB}$$

Este valor limite é quase duas vezes maior que o valor especificado na ISO-2732, que já é um valor elevado. Parece, portanto, que a estimativa através da expressão |5| que considera somente o valor médio do sintoma, $\bar{S}$, não é adequada para o caso em pauta, quando se pretende aplicar um diagnóstico vibro-acústico. Vejamos o que será obtido com a utilização da expressão |8|, descrita graficamente à esquerda da figura 2. Elevando o nível do desempenho para

# 888 TÉCNICAS DE MANUTENÇÃO PREDITIVA

$P_g = 0,95$ e mantendo os mesmos valores dos demais dados, obteremos,

$$S_1 = 1,78.\bar{S} = 4,6 \text{ mm/s}$$

ou

$$20 \log \left(\frac{S_1}{S}\right) = 5 \text{ dB}$$

Se baixarmos o nível de reparos desnecessários para A = 0,05, obteremos

$$S_1 = 2,1.\bar{S} = 5,44 \text{ mm/s}$$

ou

$$20 \log \left(\frac{S_1}{S}\right) = 6,4 \text{ dB}$$

Devido ao fator de cresta, ou crista (definido como a relação entre as amplitudes de pico e rms) nessas medições, obtem-se

$$\bar{C} = \frac{\hat{V}}{V_{rms}} = 1,6$$

e o valor limite do pico da velocidade será

$$\hat{V} = 5,44.1,6 = 8,7 \text{ mm/s}$$

Em base aos cálculos feitos, os valores limite de velo cidade podem ser fixados como dentro das faixas

$$S_{1_{rms}} = 6,3 \text{ a } 6,6 \text{ mm/s}$$

$$\hat{S}_1 = 8,7 \text{ a } 10,6 \text{ mm/s}$$

e ter-se-á a certeza de que os valores adotados não são nem muito baixos nem muito elevados, mas sim razoáveis. A análise anterior per mite, então, fixar valores limites perfeitamente aceitáveis e que dão origem a uma operação dentro de margem de segurança satisfatória.

ii) Exaustores de gases tipo WPWD-100/1.8.

No caso atual, os exaustores tipo WPWD-100/1.8 estavam

# APÊNDICE

**889**

ancorados sobre plataformas flexíveis[8] e não em base rígida como no caso anterior. Foram feitas várias medições da velocidade rms no plano horizontal, num total de N = 181 medições. Foi observada a seguinte distribuição dos parâmetros vibracionais:

$$S = V_{rms} = 9,4 \text{ mm/s}$$

$$\Delta S = 1,4 \text{ a } 30 \text{ mm/s}$$

$$\sigma_S = 4,5 \text{ mm/s dentro da faixa de medição.}$$

No estágio inicial da implantação do diagnóstico vibro-acústico, ficou estabelecido que a decisão quanto a necessidade ou não de providências seria baseada nas especificações ISO-2732, grupo G, cujo valor limite é $V_{rms} = 11,2$ mm/s. Entretanto, observou-se que este valor é muito próximo do valor médio S observado durante as medições, tornando o limite muito baixo. Como, no caso atual, as condições operacionais dos exaustores são piores que as do caso anterior, o nível de desempenho satisfatório deve se situar no entorno de $P_g = 0,8$ e que os limites admissíveis para reparos desnecessários devem ser fixados como A = 0,1 e A = 0,05. Com tais dados obtém-se

$$S_1 = 20,1 \text{ a } 24,5 \text{ mm/s} \qquad \text{para} \quad A = 0,05$$

obtendo-se

$$20 \log \left(\frac{S_1}{S}\right) = 6,6 \text{ a } 8,6 \text{ dB}$$

respectivamente. Esses resultados confirmam a suposição inicial que o estabelecimento a priori dos valores limite para a velocidade segundo a ISO-2732 dá origem a um valor limite do sintoma muito baixo, originando um nível elevado de reparos desnecessários.

Visando transformar o valor limite em termos de amplitude de pico da velocidade, que é mais conveniente no caso de rolamentos de esferas ou de roletes, tomemos o fator de crista como da ordem de $C_V = 2,5$ no caso da velocidade[2]. Os dois últimos resultados fornecerão:

$$S_1 = 2,5 \cdot (20 \text{ a } 24) \text{ mm/s} = 50 \text{ a } 60 \text{ mm/s}$$

que coincide com o valor limite estabelecido por Blake[9] que é da

**890**                                          TÉCNICAS DE MANUTENÇÃO PREDITIVA

ordem de $\bar{V}_1$ = 50 mm/s.


iii) Máquinas têxteis com fusos de alta velocidade.

Vejamos um caso de maquinário têxtil, contendo fusos de alta velocidade e em mancais de rolamentos de esferas na barra[10]. Foram executadas medições do valor rms da aceleração, na faixa de frequências entre 10 Hz e 1 kHz, com o acelerômetro apoiado na estrutura extrudada, num total de N = 237 leituras. O posicionamento do acelerômetro foi nas proximidades dos rolamentos dos fusos, observando-se a seguinte distribuição dos parâmetros

$$\bar{S} = \bar{a}_{rms} = 10,7 \ m/s^2$$

$$\sigma_a = 12,8 \ m/s^2$$

Dado o valor bastante elevado do desvio standard (vide § 3), foi assumido um nível aceitável baixo, da ordem de $P_g$ = 0,8 e como nível aceitável de reparos desnecessário A = 0,05. Com tais dados obtem-se

$$S_{1_{rms}} = 47 \ m/s^2$$

$$20 \ log \ (\frac{S_1}{S}) = 12,8 \ dB$$

que, aparentemente, é um limite aceitável para o valor rms da aceleração. Visando uma verificação desses dados, tomemos o valor médio usual do valor de pico (crista) da aceleração dos rolamentos, que é [10]

$$C_a = 10$$

e obtem-se

$$\tilde{S} = 470 \ m/s^2$$

Este último valor é bastante próximo do valor limite para uma faixa total de passagem, como estabelecido por Blake[9] para rolamentos. Podemos, neste caso, aceitar o valor limite de aceleração rms

$$S_{1_{rms}} = 47 \cong 50 \ m/s^2$$

# APÊNDICE

como valor limite satisfatório para estabelecer o diagnóstico vibro-acústico de rolamentos de esferas.

iv) Exaustores de gases tipo BAB-106.

Os exaustores, no caso, estavam instalados numa usina geradora de planta petroquímica operando numa rotação de 800 rpm. Foram tomadas medidas no lado interno dos mancais, vibração no sentido horizontal, num total de N = 102 medições. Admitiu-se $P_a$ = 0,9 e A = 0,1. Assumiu-se que, durante as medições, as condições das máquinas observadas eram diferentes obviamente mas havia uma distribuição uniforme dessas condições. Foram medidos os picos das velocidades vibratórias por ser o pico mais adequado para os propósitos de diagnóstico que os valores rms. O limite padronizado era de 11,2 mm/s segundo ISO-2732 grupo G como valor máximo para diferenciar as condições satisfatórias das inaceitáveis. Foi admitido que a anomalia dominante é o desbalanceamento e, com isso, tem-se uma função senoidal forçando a vibração e a resposta do sistema que apresenta um fator de crista C = $\sqrt{2}$. Recalculando o valor limite da ISO, obtem-se para

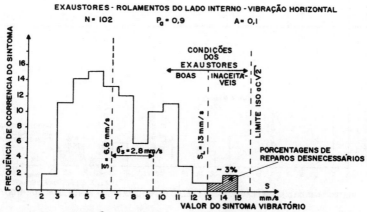

HISTOGRAMA DA DISTRIBUIÇÃO DA VIBRAÇÃO DE PICO EM VELOCIDADE - EXAUSTORES BAB-106

o valor limite do pico de velocidade $\bar{V}_1 = C.V_{rms} = 15,8$ mm/s. A figura 3 ilustra o histograma do caso presente. O histograma mostra que os valores calculados pela expressão |8| são os adequados, fornecendo a especificação ISO valores excessivamente elevados. Pela ISO ter-se-ia cerca de 10% de reparos desnecessários, enquanto que os valores calculados pela expressão 8 dão origem a tão somente 3%. Tais dados são devidos a Krugielke[12]

v) Sopradores tipo WOR-1700/1800.

O mesmo raciocínio foi aplicado neste tipo de soprador, observando-se que os limites ISO dão origem a 10% de reparos desnecessários, enquanto que o valor calculado somente 6%, por ser no caso presente excessivamente baixo o limite da ISO. A figura 4 ilustra o histograma referente a este caso[12].

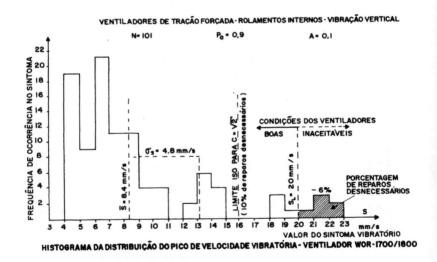

HISTOGRAMA DA DISTRIBUIÇÃO DO PICO DE VELOCIDADE VIBRATÓRIA - VENTILADOR WOR-1700/1800

# APÊNDICE

vi) Bombas de água tipo HDBx150.

O caso de tais bombas apresenta resultados peculiares. O valor padronizado recomendado pela ISO daria origem a cerca de 47% de reparos desnecessários mas, segundo a técnica descrita no presente trabalho, o valor calculado dá origem a tão somente 2% de reparos desnecessários. A figura 6 apresenta o histograma deste caso, onde todos os valores de cálculo estão indicados.

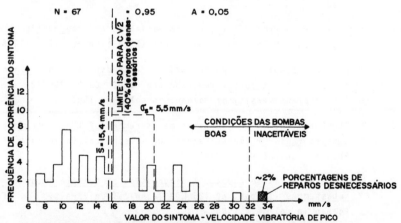

HISTOGRAMA DA DISTRIBUIÇÃO DA VELOCIDADE DE VIBRAÇÃO EM PICO PARA BOMBAS DE ALIMENTAÇÃO DE ÁGUA TIPO HDBX150

**894** TÉCNICAS DE MANUTENÇÃO PREDITIVA

6.0 - REFERÊNCIAS.

1. - BIRGER, I. YA. - Technical diagnostics - Moscow, Machinostroy-enye.in russian, chapter 3 - 1978.

2. - CEMPEL, C. - The fundamentals of vibroacoustical diagnostics - Warsaw, Technology-Scientific Publ., in polish - 1982.

3. - CEMPEL, C. - The vibroacoustical diagnostics of machinery - An outline - LDH Report nQ 114/1983 - Techn. University Poznan.

4. - DABROWSKI, H. - Condition assessment of airborn equipament by means of vibroacoustic technique - Ph.D. Thesis, Warsaw Technical University - 1981.

5. - CEMPEL, C. - The fatique limite for vibration of machines and structural elements - Zagadnienia Eksplotacji Maszyn, Nr. 4 1983.

6. - PAPOULIS, A. - Probability, random variables and stochastic processes - McGraw-Hill Book - Polish Edition pp. 165 - 1965

7. - CEMPEL, C., SORDYL, F. and NOWICKI, R. - Condition monitoring for power plant fans - Progress report nQ LDH-21-205/82 - Technical University of Poznan, in·polish - 1982.

8. - MOJIECHOWSKI, R. - The vibration meassurement of the power plant exhaust fans - Progress report LDH - Technical University of Poznan - in polish - 1982.

9. - NOWICKI, R. - Visbroacoustical diagnostics of textile machinery subassembly - Report nQ 125 LDH Technical University of Poznan in polish - 1983.

10. - EADIE, W.T. et all. - Statistical methods in experimental phy-sics - North-Holland Publish ng Co. Amsterdam, 1971 - Chapter 3.1.2 in russian edition.

11. - BLAKE, M.P. and W.S. MITCHEL - Vibration and acoustic meassure-ments handbook - Spartan Book Inc. - New York, 1972 -·Chapter 33.

12, - KRUGIELKE, C. - Vibration condition monitoring for auxiliary ma-chines of coal power generating plant - Master of Enginee-ring Thesis - Technical University of Poznan, 1983.

# APÊNDICE

**895**

## APÊNDICE F

### LEVANTAMENTO EFICIENTE DAS CONDIÇÕES DE MAQUINÁRIO VISANDO UM DESEMPENHO SATISFATÓRIO EM PRODUÇÃO ININTERRUPTA[*]

John S. Mitchell
Palomar Technology International, Inc.
Carlsbad, CA


Praticamente todos estão familiarizados com os benefícios obtidos com uma técnica de manutenção sistemática: redução de interrupções não programadas, menor número de falhas, extensão do período entre recondicionamentos e menores custos de manutenção, entre outros.

Existem técnicas analíticas sofisticadas, e os entusiastas em tais técnicas para diagnosticar os problemas do maquinário podem eventualmente alegar que há redução dos custos de manutenção e maior disponibilidade do equipamento. Entretanto, vários especialistas que tentaram tal procedimento, descobriram que as técnicas analíticas que são altamente eficientes no diagnóstico de vários problemas podem ser injustificáveis na grande maioria dos casos encontrados habitualmente na prática diária. Tais técnicas apresentam registros amplamente detalhados, com volume excessivamente elevado, altamente cansativos e por demais onerosos face aos resultados obtidos.

Existe, no entanto, soluções bem mais simples e incomparavelmente menos dispendiosas. O primeiro passo constitue o estabelecimento de um método eficiente de levantamento apto a identificar, com precisão, quais os equipamentos e máquinas em condições insatisfatórias ou marginais, dentro de uma população apreciável de equipamentos e máquinas em condições excelentes. O procedimento de levantamento e seleção é implantado com instrumentação em condições de captar e

---------------------------------------------------------------

*Tradução do Trabalho: EFFICIENT MACHINERY SCREENING FOR IMPROVED ON-LINE PERFORMANCE, apresentado na 84 Convention on Advanced Maintenence Technology and Diagnostic Techniques - Institution of Diagnostic Engineers - London september, 1984 com a devida autorização do autor.

**896** TÉCNICAS DE MANUTENÇÃO PREDITIVA

e colecionar um volume apreciável de informações de valor elevado e a um custo mínimo. Para tal, são empregados métodos de eficiêcia com provada ao longo do tempo, que informam quais as exigências de manutenção numa instalação arbitrária. Existe, por outro lado, amplo "know how" concentrado na solução de vários problemas, cuja utilização dá origem a aumento na eficiência da manutenção de maneira espetacular. A obtenção de tal resultado constitue problema bastante simples. Basta a utilização de um microprocessador adequado, de peso reduzido e totalmente portátil, como coletor de dados, figura 1, simplificando enormemente o problema básico da necessidade de coletar informações-O instrumento permite ao operador registrar com precisão os dados representativos a partir de uma variedade de fontes e no tempo mais curto possível, exigindo-se um treinamento mínimo e experiência bastante limitada. Além disso, todos os dados podem ser transferidos a um sistema de gerenciamento através de microcomputador, o que elimine um trabalho demorado e tedioso que é a translação manual dos dados coletados visando fornecer informações adequadas.

Observe-se que o sistema de gerenciamento controla totalmente o programa de manutenção. Como a figura 2 ilustra, as medições inspeções e serviços rotineiros de manutenção são programados em intervalos regulares. Os relatórios da situação alertam quanto a existência de situações anormais, as ordens de serviços são emitidas para as providências de manutenção ou reparos. Quando o trabalho é terminado, o sistema fornece um histórico completo de manutenção realizada, incluindo os custos e tempos dispendidos.

## 1.0 - REDUÇÃO EFETIVA DOS CUSTOS DE MANUTENÇÃO.

A experiência após longos anos e envolvendo uma ampla variedade de equipamentos demonstra, de maneira clara, que uma redução efetiva dos custos de manutenção depende basicamente de uns poucos princípios fundamentais:

a) A maioria dos equipamentos operam adequadamente a maior parte do tempo. As anomalias e problemas em geral constituem exceções, devendo ser tratadas como tais.

b) Para obter a máxima eficiência, a manutenção deve se basear primordialmente no estado e condições atuais e reais do equipamento. A inspeção periódica e a substituição da máquina no término de sua vida útil deve ser a providên-

# APÊNDICE 897

cia adotada, quando a obtenção das condições reais da má
quina é muito difícil ou excessivamente onerosa. Tal subs
tituição é indicada também pelo intervalo necessário en
tre paradas para reformas ou reparos de vulto.

c) A manutenção via estado ou condições reais das máquinas
pode ser melhorada enormemente através de uma seleção que
identifique os equipamentos em condições marginais ou
insatisfatórias, dentro de um grande grupo populacional de
máquinas em condições amplamente satisfatórias.

d) A seleção,para ser realmente efetiva, exige uma quantidade
apreciável de dados que devem ser levantados a partir de
enorme variedade de fontes e origens. O processo de sele
ção deve, portanto, ser rápido tão automatizado quanto
possível e com o mínimo custo, tanto operacional quanto de
investimento.

e) Os trabalhos de arquivamento, seleção e emissão de relató
rios deve ser automatizado para que se obtenha a eficiência máxima.

f) Na realidade, os problemas podem ser resolvidos somente pe
la intuição do operador, sua experiência e capacidade de
julgamento.

g) A manutenção deve ser dirigida às deficiências detetadas
de maneira específica.

h) As falhas e problemas atribuíveis a projetos inadequados
devem ser sanados na fonte, tão cedo quanto possível.

Examinaremos detalhadamente a seguir um sistema que incor
pora todos os princípios mencionados acima. Tal sistema é simples, al
tamente eficiente e efetivo e elimina os problemas associados com o
planejamento e administração da manutenção, incluindo a eliminação da
monotonia peculiar dos sistemas tradicionais. A única falha do sistema é que o mesmo não permite verificar se os serviços de manutenção
foram realmente executados de maneira adequada. Tal problema tem sua
solução nas mãos do supervisor.

O processo descrito a seguir permite aumentar a disponibi
lidade do maquinário existente na instalação, reduz os custos de manu
tenção, admite um número menor de falhas inesperadas e fornece proefi
ciência muito superior a obtida pelos métodos clássicos. Os métodos,

# 898 TÉCNICAS DE MANUTENÇÃO PREDITIVA

processos e instrumentos descritos permitirão a obtenção de tais resultados, além de introduzir uma nova tecnologia na instalação.

## 2.0 - FATORES QUE DETERMINAM A NECESSIDADE DE MANUTENÇÃO.

Manutenção Preventiva: A manutenção preventiva, comumente chamada manutenção periódica, baseia-se exclusivamente no tempo transcorrido. A manutenção, parada total para reforma e muitas vezes substituição de componentes ou peças é realizada em intervalos de tempo fixados de maneira arbitrária, estabelecidos por razões cujas justificativas são bastante discutíveis. Como as falhas e rupturas para serem evitadas exigem um intervalo de tempo conservativo, a manutenção é executada com muito maior frequência que o necessário. Comumente as peças e componentes que são substituídos apresentam ainda uma vida útil residual apreciável. Além do mais, todo trabalho ou serviço con têm um fator de risco, que consiste em cometer enganos na montagem, a justar de maneira inadequada, etc., e a manutenção preventiva aumenta a probabilidade que as condições reais do equipamento entrem em pro cesso de degradação, originado pela atuação visando a sua melhoria. Por outro lado, a manutenção preventiva constitue uma posição altamen te conservativa. Possivelmente esta é a razão principal pela qual os operadores de linhas aéreas a adotam, uma vez que uma falha qualquer pode dar origem a consequências catastróficas.

Manutenção Preditiva ou Monitorada: A manutenção preditiva baseia-se em medições, geralmente vibrações, análise do lubrifican te, ferrografia, etc., que definem as condições reais do equipamento. As medições podem ser executadas de maneira contínua ou levantadas a intervalos periódicos, dependendo da criticalidade do equipamento e da probabilidade e impacto do problema. No caso, quando um problema é detetado, a manutenção é executada, preferivelmente antes que a falha ou ruptura ocorra.

Manutenção Corretiva: A manutenção corretiva constitue o extremo oposto da manutenção preventiva - e ação corretiva é tomada somente após a falha ou ruptura de uma peça ou componente. Uma observação superficial dá a idéia que tal tipo de manutenção é a maneira menos onerosa de proceder. Entretanto, as perdas de produção (lucros cessantes) originada pela falha, a elevada probabilidade de rupturas e avarias secundárias decorrentes, o tempo excessivo demandado para sanar problemas que inevitavelmente ocorrem nos momentos menos adequa

# APÊNDICE

899

dos, contribuem apreciavelmente para aumentar os custos.

Na realidada, todo e qualquer programa eficiente e adequa do de manutenção implica na adoção de elementos de todos os tipos e métodos de manutenção descritos.

A manutenção preventiva é adotada de duas maneiras distin tas. Quando o custo da manutenção ou substituição de peças (ou componentes) é baixo, é muito mais fácil e menos oneroso realizar o trabalho em intervalos periódicos que tentar verificar quais as condições reais. No caso, a lubrificação é um exemplo excelente. A manutenção preventiva pode ainda ser adotada quando as medições aptas a indicar quais as condições da máquina são inviáveis, imprecisas ou inconfiáveis. A corrosão distribuída uniformemente ou erosão em peças rotativas constitue um exemplo de condição potencialmente catastrófica que não pode ser detetada de maneira totalmente confiável através do moni toramento das condições de operação. No caso, a inspeção visual, pos sivelmente com auxílio de boroscópios/fibroscópios, garante um diag-nóstico confiável.

A manutenção corretiva, analogamente, tem lugar de impor-tância. Em muitos casos, uma falha imediata constitue pouco mais que um aborrecimento, e o custo da manutenção monitorada abrangendo um ciclo completo da vida do equipamento possivelmente será superior ao custo do reparo. Um exemplo extremo é aquele constituído por um bebe douro refrigerado, comum nas instalações industriais. O correto será deixá-lo funcionando até que quebre. Caso haja necessidade de algo mais que um simples reparo, é mais econômico substituir a unidade com pleta.

Embora poucos se preocupem com o fato, na realidade o es-tabelecimento da melhor maneira de executar a manutenção de uma peça de equipamento é observar o próprio equipamento. A probabilidade de uma anomalia, os efeitos no sistema operacional e, naturalmente, qual quer risco ao pessoal envolvido, são fatores importantes. Do exame desses fatores, um indivíduo experimentado no assunto tem condições de elaborar procedimento de manutençao altamente eficientes e efetivos.

Deve ser tomada uma precaução com relação a manutenção;os procedimentos de manutençao indicados pelos fabricantes e fornecedo-res são muito consertivos e raramente levam em consideração as exigên cias de operação. Exemplificando, um fabricante pode estabelecer a execução de inspeção visual e o recondicionamento em períodos excessi vamente curtos. No extremo oposto, as exigências de produção preten-

# 900 TÉCNICAS DE MANUTENÇÃO PREDITIVA

dem manter a produção continuamente, com o mínimo de manutenção em períodos tão longos quanto possível. Evidentemente, há necessidade de estabelecer um ponto que satisfaça a ambos os extremos, já que um visa o seu equipamento e o outro a sua produção.

## 3.0 - OBTENÇÃO DA PERSPECTIVA ADEQUADA E CORRETA.

Sem excesso de confiança na manutenção através do monitoramento, dizemos que a grande maioria dos equipamentos existentes são altamente confiáveis. Os mesmos operam satisfatoriamente, toleram abusos ocasionais e podem ainda ser montados de maneira inadequada que mesmo assim operam satisfatoriamente. Os problemas, quando existentes, são poucos e mínimos. As variações das condições são lentas e qualquer pessoa pode avaliar a severidade de um problema genérico mesmo ignorando exatamente a causa ou origem. Além do mais, apesar dos vários argumentos em contrário, e manutenção por monitoramento raramente exige instrumentação e procedimentos dispendiosos e complexos para ser realmente efetiva na maioria dos equipamentos. Na grande maioria dos casos, um enfoque sistemático e simples é bastante eficiente.

Em segundo lugar, não há volume de monitoramento que resolva sempre um problema. Os problemas são resolvidos por pessoas. É bastante comum que equipamentos altamente dispendiosos são adquiridos e implantados procedimentos altamente complexos, na suposição que os problemas desaparecerão de uma forma ou outra. Tal atitude é a mesma que a instalação de gárgulas no teto para afugentar os maus espíritos.

Um instrumento, por mais completo e complexo que seja, fornece tão somente um alerta em tempo hábil. Caso existe uma anomalia qualquer, existem duas soluções: operar cuidadosamente pelo tempo tão longo quanto possível ou parar para uma providência corretiva.

Levando tais princípios em consideração, deve ainda ser enfatizado outro fato. É muito comum que um defeito básico de projeto seja tratado como problema de manutenção. Caso um equipamento qualquer apresente uma história de operação deficiente, é de reparo difícil ou apresente falhas frequentemente, a anomalia se situa realmente no projeto e não na manutenção. No caso, é suficiente que a anomalia de projeto seja corrigida que a confiabilidade aumenta dramaticamente associada a uma redução apreciável nos custos de manutenção.

# APÊNDICE 901

4.0 - FIXAÇÃO DAS VARIÁVEIS QUE DEVEM SER MONITORADAS.

As medições que são executadas devem definir, com precisão, quais as condições reais da máquina ou equipamento. É comum que tais medições fiquem limitadas às vibrações. Embora os dados e valores das vibrações sejam vitais, eles não são, em hipótese alguma, as únicas que devem ser medidas para definir as condições.

A pressão, temperatura, rotação dos eixos, lubrificação, fluxo e outras variáveis são necessárias para que se chegue a uma determinação das condições de maneira precisa e confiável. Além do mais, é necessário que se disponha de meios para correlacionar uma variável com outra ou outras. É comum a variação das vibrações com a temperatura, por exemplo.

As observações gerais como o conteúdo de sujeira ou contaminantes no lubrificante, vasamentos e odores diversos podem ser bastante úteis. Se existirem claramente anomalias desses tipos, as medições usuais pouco ou nenhum significado apresentam. Um sistema realmente efetivo de manutenção deve ser apto a absorver as observações generalizadas, e com capacidade de fazer estimativas da severidade da anomalia e, principalmente, ter certeza de que é dada prioridade adequada para a ação corretiva.

Observe-se que, para as finalidades de manutenção preditiva, o desempenho da monitoração não precisa ser absolutamente preciso. Entretanto, o mesmo deve ser representativo e principalmente consistente, porque o objetivo fundamental é detetar a deterioração pela comparação do desempenho durante certo período de tempo.

Para citar exemplos específicos, tem-se o caso de operadores experimentados que são alertados pelo entupimento das lâminas de turbinas a gás, e sabem que tal entupimento dá origem a um aumento da temperatura de saída ou então a uma velocidade maior do compressor para uma dada carga. Não se trata de nada sofisticado ou complexo mas, por outro lado, indica de maneira altamente eficiente que há necessidade de uma limpeza. Analogamente, a instrumentação de processamento muitas vezes indica o desempenho de uma bomba. Por exemplo, uma variação de temperatura pode se tornar um indicador altamente efetivo de uma variação do fluxo. A medição é simples, bastando saber usá-la adequadamente.

# 902 TÉCNICAS DE MANUTENÇÃO PREDITIVA

## 5.0 - O PROCEDIMENTO LÓGICO DEVE SER MANTIDO SIMPLES.

E sabido que as vibrações possuem duas dimensões. Em adição ao nível global, a dinâmica da máquina dá origem a um espectro complexo de frequências. A introdução da informação referente à frequência pode realmente originar uma visão sobre as condições. Por ou tro lado, um espectro contendo uma faixa muito larga de frequência é tipicamente tão complexo que as informações apresentadas são de inter pretação dificílima. Este fato constitue a grande limitação dos siste mas conhecidos como de diagnóstico . Embora a mente humana possa pensar de maneira intuitiva e considerar inúmeros fatores que não estão siquer presentes nos dados apresentados, tal tipo de raciocínio está muito longe do possível com a tecnologia atual dos computadores.

Entretanto, a manutenção preditiva pode ser implementada efetivamente num nível muito mais simples, utilizando a seleção para se assegurar que as anomalias serão reconhecidas rapidamente e transferidas ao elemento humano que julgará os dados e determinará a solução. Este sistema dual apresenta várias vantagens. O trabalho monóto no de seleção é executado automaticamente e de maneira confiável, a um custo mínimo. Concomitantemente, os recursos humanos, bastante ra ros, podem ser destinados à solução dos problemas.

Um sistema de manutenção preditiva simples e eficiente, a lém de efetivo, funciona da maneira seguinte: As medições globais são utilizadas para a seleção. Os equipamentos em condições questionáveis ou más são identificados de maneira rápida e inexpensiva. Normalmente mais de 90% dos equipamentos serão encontrados em boas condições e precisam tão somente de monitoração continuada.

Quando um problema é detetado, existem disponíveis infor mações detalhadas que permitem uma comparação com as características básicas, estabelecidas quando o equipamento era sabidamente em boas condições.

Os relatórios fornecidos são simples e de fácil compreensão, focalizando a atenção em áreas problemáticas, originando confian ça em que o sistema de manutenção está funcionando. Finalmente, o re latório de procedimentos inclue o preparo de solicitações de serviços necessários à manutenção e reparos, assim como um histórico das condições encontradas e da correção terminada.

# APÊNDICE

## 6.0 - OBTENÇÃO DE DADOS SIGNIFICATIVOS.

Existem vários fatores que devem ser levados em conside ração quando se pretende implantar um sistema que forneça os dados que revelem de maneira confiável o estado ou as condições de uma máquina qualquer. Cada peça do equipamento deve ser examinada individualmente. Quais as medições que definem as suas condições? Quais os problemas que devem ser esperados ou encontrados? Quais as medições que serão responsáveis por cada problema ainda no estado incipiente?

A vibração é um parâmetro vital para definir as condições dinâmicas de máquinas rotativas. A escolha do transdutor, seja sísmi co seja em base ao deslocamento do eixo, localização e posicionamento do transdutor em função específica do equipamento em pauta consti tuem elementos fundamentais. A vibração deverá ser monitorada conti nuamente ou medida periodicamente? A resposta, novamente, depende das circunstâncias. Finalmente, qual o tipo de condicionamento dos si nais fornecerá a resposta mais significativa das condições do equipa mento? Essas questões constituem um assunto que foi explorado e en contra-se publicado extensivamente na literatura especializada.

A temperatura, pressão, velocidade dos eixos, fluxo e ou tras variáveis de operação lidas pelos indicadores locais devem ser incluídas para que se tenha uma visão precisa das condições. Em vá rios casos há necessidade de medir a temperatura diretamente, como por exemplo a temperatura da carcassa de um vaso qualquer.

À medida que se prossegue na seleção das medições necessá rias, observa-se que o número de medições torna-se rapidamente enor me. Tal problema pode, perfeitamente, desafiar o sistema de manuten ção concebido da melhor maneira. A manutenção dos arquivos contendo o registro é trabalho tão tedioso e exige tanto tempo, com os custos correspondentes, que o programa inteiro sucumbe sob seu próprio pe so.

Tomemos uma folha log-log ou log-lin, bastante conhecida e utilizada largamente. Se a mesma existe e foi preenchida, é porque alguém considerou os dados nela contidos como significativos. Caso contrário, porque iria alguém perder tempo em preenchê-la? Mas, esta folha contém, realmente, dados úteis a alguma finalidade? Praticamen te toda pessoa responsável na operação ou na manutenção descobre , subitamente, que está envolvido num problema no momento mais inade quado possível. Num grande número de casos, para grande embaraço do indivíduo, ele verifica que um exame detalhado da famosa folha logarítmica mostra que a anomalia existe há muito tempo e que evoluiu de maneira normal. O indivíduo faz imediatamente a pergunta: Um estudo melhor da folha, no passado, teria auxiliado na solução do problema? A resposta, sem a menor dúvida, é positiva.

Coletor Portátil de dados em campo.

Hoje em dia é possível sobrepujar essas dificuldades através de um sistema de informações controlado por computador. E suficiente estabelecer as regras, as normas e os limites que o computador imediatamente seleciona, identifica e alerta sobre desvios da normalidade, e mesmo reconhece alterações confirmando variações entre variáveis independentes .relacionadas de maneira tênue, dentro de massa considerável de dados. Tal trabalho não é difícil. Na realidade, é idêntico aquele que uma pessoa experimentada usaria, caso houvesse tempo disponível suficiente. Vejamos alguns exemplos.

Existem pelo menos três medições relacionadas com as condições do rolamento de encosto de um compressor centrífugo: posição axial do rotor, temperatura do rolamento de encosto e tambor de equilíbrio $\Delta p$. Todas essas variáveis são independentes, embora definam as condições de um único componente de maneiras ligeiramente diferentes.

# APÊNDICE

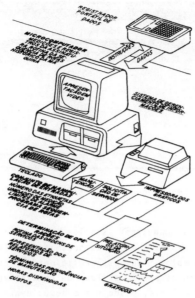

Sistema de gerenciamento da manutenção, que executa todo o trabalho monótono e tedioso das funções clericais.

A vibração, potência necessária e a pressão no cabeçote podem ser utilizadas para a obtenção de eficiência e das folgas internas de uma bomba. Em alguns casos, o aumento da folga dos anéis devido ao desgaste é um exemplo, enquanto que a pressão, o fluxo e a potência dispendida podem ser somente indicadores de uma condição de deterioração. A vibração pode eventualmente permanecer relativamente constante.

Já foi mencionado que a velocidade, potência fornecida, gradiente de temperatura e temperatura dos gases de saída podem ser usadas como uma avaliação do entupimento entre as lâminas ou palhetas de uma turbina. Possivelmente podemos pensar que tudo isso é muito interessante, mas várias de tais medições são inviáveis, impossíveis ou de obtenção difícil. Isto não corresponde à realidade. Por exemplo, a potência fornecida pode ser medida continuamente através de microprocessadores comerciais, como o ilustrado na figura 3. Embora a medição direta e permanente seja justificável somente em máquinas e equipamentos de grande porte e de custo operacional elevado,

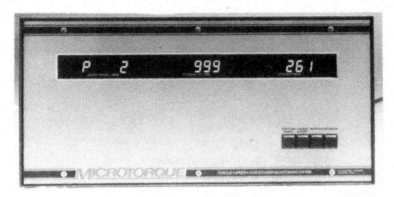

Microprocessador-indicador do torque

existem numerosas maneiras simples de obter o mesmo objetivo em máquinas pequenas. A corrente nos motores elétricos é uma variável de medição simples e que está relacionada proporcionalmente à potência. Numa turbina a gás, o fluxo de combustível é uma estimativa aproximada da potência, desde que o aquecimento do combustível e da turbina não variem. Caso a eficiência apresente variações, como é comum, a estimativa acima combinada com a eficiência calculada em base a rotação do eixo e de temperatura dos gases de saída fornece ainda um acesso satisfatório à informação desejada.

Mediante a realização da função de seleção, o seu término dirigirá o foco para as informações anteriores necessárias, toda vez que um problema é detetado. Neste caso, um histórico das assinaturas vibracionais é de valor inestimável, ou seja, uma assinatura básica define as condições normais, seguida de várias assinaturas destinadas e endossar e tornar válidos os valores globais. Finalmente, há necessidade de relatórios que alertem sobre os problemas e asseguram que o sistema está operando adequadamente. Os relatórios de exceção, que listam somente as medições acima do limite aceitável e informações relacionadas ao fenômeno constituem um meio eficiente de fornecer informações vitais.

Na eventualidade da entrada no sistema constituir um julgamento, o mesmo pode ser utilizado para finalidades administrativas, como por exemplo providenciar a emissão de ordens de serviços e fixação de prioridades. Basta mais um único passo para que a entrada complete a ação, ajustando dessa forma o histórico de manutenção com o sistema de gerenciamento.

APÊNDICE 907

## 7.0 - ELEMENTOS VITAIS DE UM SISTEMA EFETIVO DE GERENCIAMENTO DAS INFORMAÇÕES.

O sistema ilustrado na figura 2 executa eficientemente to das as providências exigidas para uma coletânia efetiva dos dados e seu gerenciamento. Todas as informações, instruções e providências inventariadas e necessárias à operação são programadas pelo microcomputador que gerencia completamente o sistema de informações. O registro das vibrações e das assinaturas vibracionais e o histórico da máquina são construídos a partir de dados transferidos. Um teclado permite comandar a montagem e as ações necessárias. Existe ainda uma apresentação em vídeo e um registrador gráfico que constituem uma janela para o interior do sistema, além de fornecer registros permanentes.

A figura 4 ilustra como as medições, agrupadas por rotas, podem ser apresentadas mediante um comando simples. A tela indica quais as rotas percorridas para a obtenção dos dados segundo uma

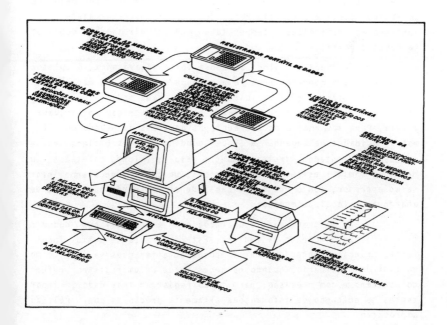

**908** TÉCNICAS DE MANUTENÇÃO PREDITIVA

programação pré-estabelecida. Com o coletor portátil de dados ligado ao sistema ᵤe gerenciamento das informações, um simples comando por meio de uma tecla transfere todas as informações e intruções necessárias para que o roteiro seja cumprido. O coletor é então desligado do sistema e transportado pelo operador que irá realizar as medições em cada ponto determinado previamente.

A tela do coletor de dados apresenta instruções simples e de fácil compreensão, visando orientar o operador durante a sequência de medições. Após o término, o coletor é novamente ligado ao sistema de gerenciamento das informações, que transfere todas as informações com a finalidade de selecionar, registrar e emitir relatórios. O sistema é excepcionalmente eficiente e efetivo e pode, de maneira bem pouco onerosa, acomodar número maior de informações vitais que o possível com um sistema manual.

O coletor portátil de dados, ilustrado na figura 1, apresenta resultados muitos superiores aqueles que podem ser obtidos com processos manuais. O operador simplesmente executa a leitura no instrumento local e introduz tal leitura no coletor por meio de um teclado. As medições podem ser executadas diretamente por meio de um medidor portátil, de peso reduzido, ou através de um sistema de monitoração permanente. A temperatura pode ser diretamente com um termômetro portátil.

De maneira análoga à famosa folha logarítmica, o coletor de dados guia o operador numa rota ou numa sequência de medições. Visando minimizar a possibilidade de erros, cada medição é identificada com uma etiqueta alphanumerada, além de descrição em linguagem direta. Para informação do operador, as unidades de medida em termos de unidades de engenharia (Vide Apêndice A) e os últimos valores são apresentados simultaneamente. Caso os valores coletados superem os limites estabelecidos a priori, um sistema de alarme informa ao operador, com o que a medição pode ser re-verificada antes de abandonar o local de medição.

No sistema, existe um relógio em tempo real que documenta e registra o momento da medição. Esta informação é muito importante, principalmente durante as épocas de alterações rápidas, como partida do maquinário, quando há necessidade de um registro referido ao tempo e com precisão, permitindo registrar tais dados, importantes na obtenção de informações altamente preciosas com relação a produção.

Os dados registrados na memória do coletor são protegi-

# APÊNDICE

dos e não são perdidos se suas baterias perdem a carga antes da transferência aos dados ao sistema de gerenciamento de informações. Há indicação permanente da situação das baterias e da memória, impedindo falhas devido a tal ocorrência.

Observa-se que, durante a coleta de dados, o operador deve receber instruções expressas para observar e registrar qualquer anomalia, como lubrificante sujo, vasamento, odores e barulhos estranhos e limpeza de um modo geral. Estas observações são registradas sob a forma de notas, codificadas ou em linguagem usual. As notas devem ser etiquetadas junto com as medições, tornando-se parte vital do registro do equipamento no sistema de gerenciamento de informações.

E fato sabido que as informações analíticas representam valores inestimáveis nos problemas de diagnóstico. A assinatura vibracional básica assim como as assinaturas subsequentes são registradas no sistema quando o equipamento está operando em condições plenamente satisfatórias, constituindo elemento básico para qualquer diagnóstico que venha a ser necessário no futuro. Recomenda-se a execução de medições e levantamentos repetitivos que permitam uma comparação, principalmente no caso de equipamentos críticos. Tal procedimento aumenta a confiabilidade que as condições permanecem estáveis.

O coletor de dados pode registrar a assinatura a partir de monitores permanentes, transdutores aplicados manualmente ou instalados de maneira permanente. Assim sendo o operador não tem necessidade de decidir quando o registro de uma assinatura é necessário ou não, já que o critério de seleção faz parte do sistema programado no próprio coletor através do sistema de gerenciamento. As vibrações registradas e referentes a máquinas altamente críticas podem incluir sempre a coleta de assinatura, junto com o nível global. No caso de máquinas menos críticas, a proteção é assegurada pela coleta e confirmação da assinatura em intervalos específicos de tempo, ou após um determinado número de medições em nível global. Finalizando, o coletor tem condições de reconhecer um nível global muito acima de seu valor de alarme ou uma variação muito grande em relação a última medição. Em qualquer dos casos, a "inteligência" interna do coletor providenciará a tomada da assinatura automaticamente.

A transformação dos sinais vibratórios em espectro de frequência é executada com maior eficiência pelo coletor de da

# 910 TÉCNICAS DE MANUTENÇÃO PREDITIVA

dos. Como as variações de amplitude das vibrações ocorrerem normalmente, é necessário tomar a média para que se obtenha a precisão necessária tanto para o nível global quanto para a tendência do espectro. O consumo de energia, tamanho, peso e custo são diminuidos enormemente para qualquer precisão estatística quando a média do conjunto de dados é executada pelo próprio coletor.

Como o espectro em frequência é transformado e obtido pelo próprio coletor, o mesmo pode ser apresentado a um custo adicional mínimo.

O coletor portátil de dados torna-se, dessa maneira, um analisador de vibrações altamente eficiente.

A seleção das máquinas dentro de uma população apreciável a partir do nível global combinado com um levantamento detalhado de dados é altamente eficiente quando executado por um coletor portátil. O treinamento do operador é minimizado, obviamente. O volume de dados que deve ser processado é reduzido ao mínimo, embora estejam sempre disponíveis os detalhes que se tornarem necessários. Elimina-se, por outro lado, a necessidade de retornar a um ponto de medições para coletar dados faltantes ou incompletos, Com isso, o tempo e os esforços individuais são utilizados de maneira mais eficaz.

O sistema de gerenciamento de informações possue um microcomputador que transfere as intruções e "inteligência" ao coletor portátil, e também recebe os resultados das medições e outros dados que definem as condições do equipamento observado.

O sistema seleciona e lança os dados em fichas históricas, apresenta o conteúdo de qualquer uma delas em formato de compreensão fácil e simples e dá origem a uma série de relatórios - tudo isso com o mínimo de interação humana. Os relatórios são etiquetados com numeração alfanumérica para relacioná-los a equipamentos especificamente determinados. Com isto, fica dispensada a consulta complicada às tabelas comuns nos sistemas de manutenção.

As medições podem ser apresentadas graficamente, tanto em gráficos simples quanto em grupos de determinadas máquinas ou componentes, como ilustra a figura 5. A apresentação em grupos permite a obtenção de uma ferramenta preciosa na correlação de uma série de medições relacionadas entre si e apresentam alteração de maneira consistente, permitindo conclusões mais rápidas e confiáveis.

As medições relacionadas entre si podem também ser

# APÊNDICE

listada e apresentadas num terminal qualquer. Há necessidade de um único comando para a obtenção de uma família inteira de medições relacionadas. Com o programa implantado mediante planejamento adequado, o sistema de gerenciamento de informações apresenta grande facilidade em seu uso tanto por usuários experimentados quanto por aqueles praticamente sem experiência alguma. Visando minimizar a intervenção humana, o sistema é apto a distinguir situações normais das anormais.

Cada medição tem seus próprios limites, fixados por pessoal experimentado. Tais limites devem ser suficientemente rígidos para assegurar um alarme em tempo hábil, porém suficientemente

TREND REPORT

| | :P105A-DH | :P105A - DV | :P105A - CH | :P105-BH | :P1 1072 | :S1 105A |
|---|---|---|---|---|---|---|
| | :MN FD PMP A | :MN FD PMP A | :MN FD PMP A | :MN FD PMP A | :MN FD PMP A | :MN FD PMP A |
| | :PUMP OUTBD VIB HORIZ | :PUMP OUTBD VIB VERT | :PUMP CPLG VIB HORIZ | :TURB CPLG VIB HORIZ | :FEED PRESSURE | :SHAFT SPEED |
| | :SHAFT DISP MON MILS | :SHAFT DISP MON MILS | :SHAFT DISP MON MILS | :SHAFT DISP MON MILS | :PRESS IND PSI | :SPEED IND RPM |
| | :NOR 0.5-2.0 DGR 3.5 | :NOR 0.5-2.0 DGR 3.5 | :NOR 0.5-2.0 DGR 3.5 | :NOR 0.5-2.0 DGR 3.5 | :NOR 1010-1050 | :NOR 4750-5860 |

Measurements may be displayed in a value versus time format for rapid, easy identification of trends. Multiple measurement points may be displayed simultaneously on the same time axis to check the relationship between variables and confirm changes.

Apresentação gráfica da tendência de um grande número de informações.

frouxo para evitar alarmes falsos. Além do mais, existe possibilidade de ajustar os limites, em base a outras medições, como por exemplo ajustando o nível vibratório permitido em função da velocidade do eixo.

A deteção de tendência constitui uma característica

importantíssima. Para uma informação de alarme no tempo mais adequado, o sistema de informações toma conhecimento da tendência à violação do valor limite dentro de um tempo especificado.

Em adição a execução dessas operações em medições individuais, o sistema de gerenciamento de informações pode utilizar duas ou mais medições para obter valores adicionais. Um exemplo é a eficiência calculada a partir de medições da temperatura, pressão e fluxo. A eficiência pode ser considerada como um valor medido, para a qual são aplicados os limites indicados pela tendência.

Também o histórico de assinatura vibracional permite uma visão no equipamento toda vez que há uma variação.A assinatura básica e as assinaturas subsequentes são armazenadas todas numa mesma ficha. As mesmas podem ser chamadas para um estudo individual ou para uma apresentação tipo cachoeira, como ilustra a figura 6.

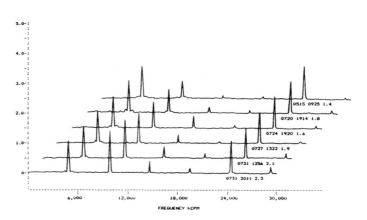

FFT spectrum plots may be displayed individually or arrayed in a time history. 3D. Waterfall type display.

Apresentação das assinaturas na forma de cachoeira.

Além do gerenciamento das informações, o sistema possue inteligência incorporada que determina quando os dados devem ser

# APÊNDICE

levantados. Como a figura 2 ilustra, tanto as medições inventariadas quanto a sequência são armazenadas no computador e então transferi das ao coletor portátil de dados. Um inventário flexível permite que algumas medições sejam executadas cada vez que a rota é percorrida , enquanto que outras podem ser programadas a intervalos menos frequen tes.

O intervalo pode ser ajustado automaticamente, tendo por base os valores medidos ou a variação de tais valores. Por exemplo, à medida que o valor de uma medição se aproxima do valor limite, ou varie num gradiente acelerado, as medições podem ser programadas para serem executadas mais frequentemente, em períodos mais curtos. Com isto as precauções são duplicadas, visando evitar que um operador bastante experimentado tomasse tais precauções para se assegurar que as condições marginais fiquem fora de controle.

Os relatórios completam o trabalho do sistema de gerenciamento de informações. Os relatórios podem ser emitidos sob várias formas, caracterizados individualmente para atender as necessidades do usuário. Vejamos alguns deles.

O relatório de "situações excepcionais" está ilustra do na figura 7, indicando as medições dos limites, com anotações fei

Relatório de casos excepcionais, relatando informações que e xigem providências.

tas pelo coletor de dados. Para maior facilidade de interpretação,as medições são divididas em grupos de confirmação. Quando um valor ultrapassa o limite, há possibilidade de fazer uma escolha: ou reportar todas as medições do grupo ou somente aqueles que ultrapassam o limite. Embora o primeiro caso seja superior para uma análise, o segundo é mais efetivo no alertar sobre uma situação de condições anor

# 914 TÉCNICAS DE MANUTENÇÃO PREDITIVA

mais. O relatório de casos excepcionais apresenta sempre as anota
ções, acompanhadas ou não de valores fora dos limites. Com isso, fi
ca assegurado que as condições anormais e desprovidas de medições
passem desapercebidas, sendo reportadas imediatamente.

O sistema fornece ainda um relatório de final de pe
ríodo, relatório final, que apresenta uma listagem de todas as medi
ções e valores coletados durante um dado período de tempo. Este rela
tório está ilustrado na figura 3, observando-se ser idêntico aquele

Relatório de final de período, análogo a um diagrama logarít
mico.

encontrado na apresentação em papel logarítmico. Como os dados não
são refinados detalhadamente, a sua interpretação exige experiência
e tempo vivido com o problema. Para maior facilidade de revisão, é
bem mais conveniente o uso de um suplemento que sumariza os resulta
dos do relatório de final de período. Tal suplemento contém a média,
valores máximos e mínimos de cada variável durante o período, o que
facilita a sua interpretação. O sumário pode ainda apresentar os va
lores calculados tais como combustível consumido, quantidade de gás
ou líquido bombeado e a eficiência, dependendo da programação que ve
nha a ser estabelecida.

# APÊNDICE

O relatório de medições não executadas, pontos faltantes, está ilustrado na figura 9 e o mesmo descreve as medições não executadas dentro da rota estabelecida. O mesmo corresponde a entradas em branco numa folha logarítmica. Existe um código especial referente à entrada de máquinas e equipamentos que não estão operando, com o que o sistema distingue as medições faltantes daquelas indisponíveis. Outros códigos mostram indicações faltantes ou errôneas, que são apresentadas no relatório de casos excepcionais para chamar a atenção.

Além dos relatórios mencionados, o sistema pode ainda fornecer fichas impressas contendo todas as anotações referentes a medições simples ou múltiplas, no formato de tendência temporal, além de assinaturas vibracionais simples ou múltiplas. O sistema de gerenciamento de informações pode também fornecer impressas listas e ordens de serviços. Por exemplo, os códigos para óleo sujo, vasamentos e instrumentos faltantes ou defeituosos podem ser transferidos diretamente via translação a trabalhos específicos de manutenção. Nos casos de emissão de uma ordem de serviços exigir algum julgamento, o responsável pela revisão dos registros de manutenção deverá introduzir a exigência indicada pelo julgamento.

Observe-se que os relatórios de casos excepcionais indicam o progresso da manutenção. No momento que a ordem de serviço é emitida, a sua prioridade e tempo de seu término permanecem listados no relatório de casos excepcionais. A informação é portanto disponível imediatamente, facilitando a revisão pela gerência e para detetar a situação no momento.

```
                          MISSED POINT REPORT        SECOND SHIFT              PAGE 1
                                                      JULY 31, 1984
TAG NUMBER    DESCRIPTION            :MSMT TYP: UNITS: NOR RANGE :  LAST MSMT  :  CURRENT MSMT  :CHNG :  ALARM
TI 163?                  CFLG BRG TEMP :TEMP IND:DEG F :  100-165  :0731 1305  168  :           :  :  :
      NEEDLE ON INDICATOR PROBE LAYING IN BOTTOM :        :     :           :      :           :  :  :
```

Relatório de pontos faltantes, indicando as medições não executadas.

# 916 TÉCNICAS DE MANUTENÇÃO PREDITIVA

É possível emitir relatórios de manutenção de dois tipos. Um relatório da falha/reparo contém o histórico do caso. listando toda manutenção e reparos exigidos por uma dada peça do equipamento. Os custos e número de homens-hora são introduzidos no sistema quando o trabalho é terminado. Com isso, libera-se o relatório de casos excepcionais e transforma-se num registro permanente para o acompanhamento e análise dos custos de manutenção. Um relatório que indica excesso de manutenção é reconhecido automaticamente e fornece a lista dos equipamentos nos quais as horas ou custos de manutenção excederam um limiar pré-determinado. Os equipamentos que apresentam tais excessos são imediatamente destacados para uma ação corretiva conveniente.

Com a descrição feita, observe-se que existe um sistema de gerenciamento da manutenção utilizando métodos simples e que está operando efetiva e eficientemente há vários anos. Não há nada de exótico ou sofisticado, já que é totalmente desnecessário o uso de tais métodos na grande maioria dos casos. Observe-se que, até o presente, não existe tecnologia apta a substituir a mente humana mesmo quando se trata de decisões simples mas que exijam experiência, lógica e raciocínio intuitivo. O sistema descrito utiliza a tecnologia e a mente humana com eficiência e capacidade, é simples e de compreensão fácil, apresentando instrumentação altamente eficiente que assegure a coletânea precisa dos dados.

Um computador com potência suficiente, embora inexpensivo, seleciona os dados e aplica critérios confiáveis para distinguir entre os vários equipamentos aqueles em boas condições dos em condições marginais ou insatisfatórias. O computador apresenta os dados de modo fácil de entender e executa a maioria dos trabalhos rotineiros de administração. A mente humana pensa, raciocina e julga, coisas que somente os humanos podem fazer. Os princípios expostos são bastante simples mas altamente eficientes na melhoria do desempenho de um programa de manutenção. A única providência necessária é colocar o sistema funcionando.

# APÊNDICE

## APÊNDICE G

RESUMO COMPARATIVO DOS TRANSDUTORES UTILIZADOS COMUMENTE NA MEDIDA E ANÁLISE DE VIBRAÇÕES.*

A seguir estão expostos alguns dados a respeito dos transdutores utilizados normalmente na medida e análise de vibrações, comparando-se as vantagens e desvantagens de cada elemento transdutor.

### 1.0 - TRANSDUTOR MECÂNICO - SENSÍVEL AO DESLOCAMENTO.

O transdutor está ilustrado na figura e o mesmo não é, na realidade, um transdutor, mas sim um dispositivo mecânico que, através de um sistema de alavancas, amplifica o deslocamento da superfície, indicando tal variação numa folha de papel acionada por motor elétrico ou outro dispositivo assemelhado. Este sistema é comum em sismômetros portáteis, para uso em campo.

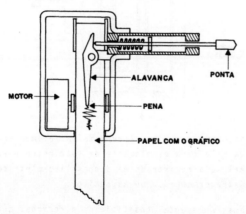

Vantagens: Auto-gerador - Apresenta registro permanente - Sistema pouco dispensioso.

---

*O material constante do presente Apêndice foi retirado das Publicações: Harris, C.H.: - HANDBOOK OF NOISE CONTROL, McGraw-Hill,Co.: Bruel & Kjaer: - SHORT VIBRATION TRANSDUCER COMPARISON: Harris,C. M. and C.E. Crede: - SHOCK AND VIBRATION HANDBOOK, McGraw-Hill Co.

Limitações: Não fornece sinal elétrico de saída - Compatível somente para frequências baixas e de amplitude apreciável - Apresenta desgaste com facilidade - E sensitivo ã orien tação - Carrega a estrutura sendo observada, embora de maneira ligeira.

## 2.0 - ELETRODINÂMICO (BOBINA OU MAGNETO MÓVEL) - SENSÍVEL Ã VELOCIDADE.

Quando o transdutor é sujeito a uma vibração acima de sua frequência de ressonância, o magneto (ou a bobina) permanece pratica mente estacionário enquanto que o restante do dispositivo, incluído a bobina (ou o magneto) apresenta movimento, gerando um sinal elétri co.

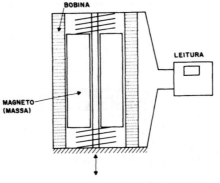

Vantagens: Auto-gerador - Apresenta baixa impedância - Possi bilita a leitura diretamente em voltímetro - Permite que o sinal seja registrado em dispositivo elétrico registrador. (registrador gráfico ou magnético).

Limitações: Apresenta sensitividade direcional que pode dar origem a leituras falhas - Apresenta tamanho apreciável - Como opera acima de sua frequência de ressonância, o corte ãs baixas frequências é muito elevado - Trata-se de dis positivo delicado - Corte ãs altas frequências muito baixo - Sensitivo ã orientação - Apresenta desgaste devido as partes móveis - Sensível aos campos magnéticos.

# APÊNDICE 919

## 3.0 - TRANSDUTOR CAPACITIVO - SENSÍVEL AO DESLOCAMENTO.

E constituído por um eletrodo montado paralelamente à superfície sendo ensaiada e a uma distância adequada. O capacitor, com o ar como dielétrico, é carregado com uma voltagem de polarização. Quando há uma variação na distância entre o eletrodo e a superfície sendo ensaiada, é gerada uma corrente alternada proporcional à variação da separação.

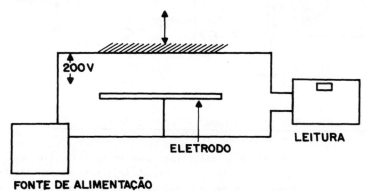

**Vantagens:** Não apresenta contato com a superfície sendo ensaiada - Alta sensitividade - Faixa de frequências bastante ampla - Dimensões reduzidas - Insensível aos campos magnéticos.

**Limitações:** Exige que a superfície sendo ensaiada seja condutora - De calibração difícil - Exige uma fonte de alimentação - Aplicável somente para deslocamento pequenos.

## 4.0 - TRANSDUTOR A RELUTÂNCIA VARIÁVEL - SENSÍVEL AO DESLOCAMENTO.

A vibração que se pretende observar deve ser levada diretamente ao núcleo ferromagnético que, ao mudar de posição faz o percurso de relutância entre o primário e o secundário variar. Obtem-se, com tal variação, um sinal de saída proporcional ao deslocamento. No passado, tal tipo de transdutor era comum em fonocaptores.

**Vantangens:** Fornece resposta em DC - Apresenta baixa impedancia de saída.

Limitações: Exige uma fonte de alimentação - Mede somente deslocamentos relativos - Apresenta limite baixo às altas frequências - Exige circuito eletrônico relativamente complexo.

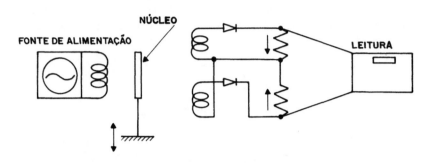

5.0 - TRANSDUTOR A TRANSFORMADOR - SENSÍVEL AO DESLOCAMENTO.

Trata-se de um transformador que tem seu circuito magnético fechado pela superfície sendo observada. Aplicando-se uma frequência elevada no primário, observar-se-á uma modulação da corrente do secundário de conformidade com a vibração. A componente de alta frequência, que no caso é a portadora, deve ser filtrada e demodulada, para que seja obtido o sinal da vibração. Através de um processo adequado de linearização, é possível conseguir uma proporcionalidade entre o deslocamento e o sinal elétrico.

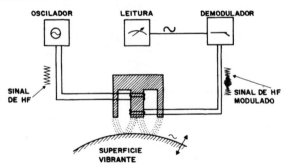

Vantagens: Não apresenta contato com a superfície sendo ensaiada - Opera em frequências baixas, atingindo DC - Não apresenta partes móveis, inexistindo desgaste.

Limitações: A faixa dinâmica é bastante limitada pelas va

# APÊNDICE

riações nas propriedades magnéticas e irregularidades geométricas do eixo ou superfície sendo ensaiada - Há necessidade de calibração no local - A faixa dinâmica sendo baixa, praticamente limita a faixa de frequência, uma vez que os deslocamentos são pequenos às altas frequências. Normalmente apresenta uma faixa entre 0 e 200 Hz.

## 6.0 - TRANSDUTOR OPTICO - SERVO-FOTOTUBO - SENSÍVEL AO DESLOCAMENTO.

A operação é baseada fundamentalmente na projeção da imagem de um objeto vibratório numa célula ou tubo fotoelétrico especial. No tubo, os electrons são liberados e permanecem paralelos em relação ao tubo até atingir um detetor de posição. Caso os electrons que chegam não estejam no eixo, é enviado um sinal a um servo-amplificador que alimenta dois eletrodos defletores. A voltagem necessária para defletir os electrons de volta ao eixo é uma função do deslocamento e a linearização permite executar a leitura deste último.

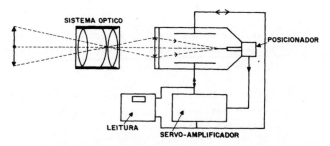

Vantagens: Não apresenta contato com a superfície vibratória - Através de um sistema adequado, é possível obter elevada resolução, a par de faixa ampla de frequências, entre DC a cerca de 20 kHz.

Limitações: Dispositivo bastante complicado - Exige a sua montagem em base sísmica quando se pretende medir deslocamentos absolutos - Dispositivo de preço bastante elevado.

## 7.0 - TRANSDUTOR SERVO-CAPACITIVO - SENSÍVEL Ã ACELERAÇÃO.

A posição de uma determinada massa sísmica em seu suporte é verificada através de um sensor detetor. Quando o suporte é acelerado, o detetor envia um sinal de controle a um servo-amplificador que alimenta um conjunto de eletromagnetos que se encarregam de obrigar a massa a acompanhar o suporte, de maneira a não ocorrer movimentos relativos entre a massa e o suporte. Mede-se a corrente necessária para executar tal trabalho, obtendo-se desta o valor de aceleração.

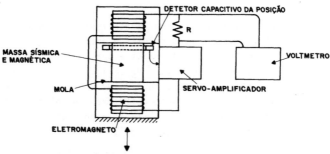

Vantagens: Apresenta precisão excepcionalmente elevada além de linearidade altamente satisfatória - Responde a vibrações DC.

Limitações: O corte em altas frequências é muito baixo-Custo apreciavelmente elevado - Faixa dinâmica limitada - Dispositivo bastante complicado.

## 8.0 - TRANSDUTOR POTENCIOMÉTRICO - SENSÍVEL Ã ACELERAÇÃO.

Quando o transdutor é sujeito a uma vibração qualquer, a massa exercerá uma força variável sobre as molas, que defletir-se-ão, permitindo que a massa se mova em seu suporte, movimento que será proporcional à vibração. Este movimento é transferido diretamente à corrediça de um potenciômetro. Mediante uma fonte de alimentação adequada, obtem-se uma voltagem proporcional à deflexão e, portanto, à aceleração da massa.

Vantagens: Resposta DC - Custo bastante reduzido - Apresen

# APÊNDICE

ta baixa impedância.

Limitações: Opera somente em níveis baixos de aceleração
O corte em altas frequências é baixo - A resolução é
pobre - Apresenta vida útil limitada - Apresenta par
tes móveis, sujeitando-se a desgaste rápido.

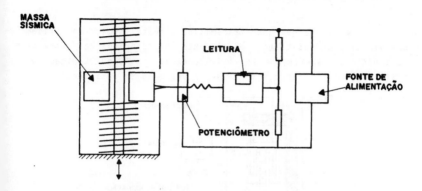

## 9.0 - TRANSDUTOR PIEZORESISTIVO - SENSÍVEL À ACELERAÇÃO.

A força necessária para acelerar a massa sísmica dá origem a uma deformação num dos membros estruturais que, por sua vez, dá origem a uma variação de resistência de um elemento piezoelétrico semi-condutor. Mediante uma excitação AC ou DC obtém-se uma alteração mensurável de voltagem que é proporcional à aceleração.

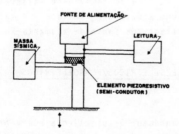

Vantagens: Resposta DC - Sensitividade bastante elevada - Apresenta impedância baixa.

Limitações: Opera somente em temperaturas relativamente

baixas devido ao semi-condutor - Para obter uma sensitividade razoável, a faixa de frequências deve ser limitada - Faixa dinâmica reduzida.

## 10.0 - TRANSDUTOR A STRAIN-GAUGE - SENSÍVEL À ACELERAÇÃO.

Uma força qualquer transmitida à massa sísmica dá origem a uma variação de resistência de elementos posicionados nos braços de uma ponte de Wheatstone. Por meio de excitação AC ou DC obtém-se uma alteração de voltagem oriunda desta variação de resistência.

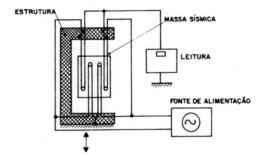

Vantagens: Resposta DC - Impedância bastante reduzida - Possível operar em temperaturas relativamente elevadas.

Limitações: Necessidade de fonte de alimentação precisa e bastante conhecida - Apresenta faixa dinâmica limitada - Caso se pretenda sensitividade satisfatória, a faixa de frequência deve ser limitada - A saída é proporcional à voltagem da fonte de alimentação.

## 11.0 - TRANSDUTORES PIEZOELÉTRICOS/FERROELÉTRICOS - SENSÍVEL À ACELERAÇÃO.

Quando o transdutor é subjetivo a uma vibração arbitrária, a massa exerce uma força variável em discos piezoelétricos/ferroelétricos, proporcional à aceleração. Pelo efeito piezoelétrico/ferroelétrico, aparece uma carga nas faces dos discos, carga essa proporcional à força e, portanto, proporcional à aceleração da massa.

# APÊNDICE

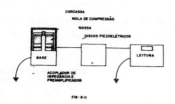

**Vantagens:** Não apresenta partes móveis, inexistindo desgaste - Peça resistente - Faixa ampla de frequência - Estabilidade excepcionalmente elevada - Auto-gerador - Compacto, de peso reduzido - Faixa dinâmica bastante ampla - Pode ser montado com qualquer orientação.

**Limitações:** Apresenta impedância elevada - Não fornece resposta DC aceitável.

## 12.0 - VIBRÔMETROS - MEDIDORES DA FREQUÊNCIA DE VIBRAÇÃO.

Normalmente, no passado, para medir a frequência das vibrações de sistemas mecânicos utilizava-se do fenômeno da ressonância. Normalmente o processo consiste numa lâmina contendo massas adequadas em seus extremos e cujas frequências de ressonância são selecionadas de maneira a cobrir uma determinada faixa de frequências. Tal sistema é utilizado comumente para medir a frequência da corrente de linha fornecida pelas empresas de energia elétrica. No caso de verificações industriais, o instrumento é constituído por uma lâmina cujo comprimento é ajustado mecanicamente, como ilustra a figura. O extremo da lâmina é confinado no interior da caixa-suporte e tem uma extensão que pode ser regulada através de uma fenda, indicando o extremo no interior da caixa-suporte qual a frequência correspondente à vibração sendo medida. Para a medição, aplica-se a ponta do vibrômetro à superfície que se quer verificar e ajusta-se o comprimento da lâmina até obter o máximo de vibração, cuja frequência é indicada na escala.

**Vantagens:** Aparelho de custo reduzido - Permite a leitura com facilidade, dispensando treinamento elevado do operador.

**Limitações:** Faixa de frequências reduzida, limitando-se a poucos Hz. É útil tão somente para verificar a rotação de equipamentos, não permitindo obter informações quanto a forma de onda, tipo de vibrações, etc., indicando tão somente a sua frequência de ressonância que coincida com a rotação.

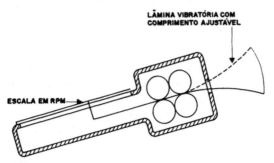

13.0 - MEDIDORES MECÂNIC-OPTICOS - SENSÍVEL AO DESLOCAMENTO.

A figura abaixo ilustra um de tais transdutores (General Eletric Co.). O movimento da peça ou superfície que se pretende ensaiar é transmitido a uma ponta que é apoiada na superfície. Tal ponta aciona um espelho que focaliza a luz oriunda de uma lâmpada a uma escala. O dispositivo normalmente apresenta peso elevado mas permite uma leitura direta das variáveis que se pretende observar.

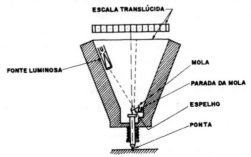

Vantagens: Custo reduzido - Faixa de frequências relativamente ampla no caso de vibrações industriais - Facilidade de manejo, não exigindo preparo especial do operador.

Limitações: Frequência limitada a cerca de 1 kHz - Difícil de manter a ponta em contato com a superfície - Deslocamentos pequenos inobserváveis - Dispositivo massivo, dificultando seu uso como instrumento portátil.

# APÊNDICE

## 14.0 - MEDIÇÕES POR ULTRA-SONS - SENSÍVEL AO DESLOCAMENTO.

A energia total radiada por um transdutor ultra-sônica depende da fase e da energia refletida ao próprio transdutor. No caso da superfície refletora estar vibrando, observar-se-á uma modulação da energia radiada. A corrente do oscilador de RF é modulada pela energia refletida, como vista pelo transdutor. A variação da corrente em função da posição da superfície refletora está ilustrada na figura.

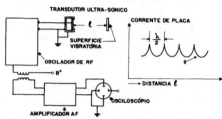

**Vantagens:** Não há contato entre o dispositivo e a superfície sendo observada - A sensitividade e seletividade podem ser aumentadas utilizando-se transdutor ultra-sônico côncavo, que focaliza o feixe na superfície - É possível medir deslocamentos de até 25 μm.

**Limitações:** É possível que a distância do transdutor ultra-sônico à superfície se altere devido a variações de temperatura no ambiente - Exige preparo adequado do operador/observador - Circuito eletrônico relativamente complicado.

## 15.0 - TRANSDUTOR A GUIA DE ONDAS ELETROMAGNÉTICAS - SENSÍVEL AO DESLOCAMENTO.

A figura ilustra o princípio de funcionamento do sistema. Um dispositivo klystron radia ondas eletromagnéticas de alta frequência, que são refletidas numa superfície vibratória. Tal energia que é refletida modula a amplitude da onda estacionária que se estabelece e, dessa maneira, a saída do klystron. Com isso, a variação da eficiência do oscilador dá origem a uma variação na corrente de placa do klystron, como ilustra a figura. Obtem-se, então, uma voltagem que é proporcional à vibração (deslocamento) do objeto ou superfície sendo ensaiada.

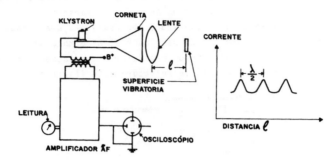

Vantagens: Utilizando um espaçamento da ordem de 3 cm é possível medir amplitudes de deslocamento entre 3,8 mm a cerca de 100 μm dentro de uma faixa de frequência que varia entre 5 Hz e 100 kHz - Não apresenta contato com a superfície sendo ensaiada.

Limitações: Exige operador com algum treinamento - Trata-se de dispositivo dispendioso - Instrumento frágil, sujeito a rupturas - Circuito eletrônico relativamente complicado.

# APÊNDICE

## APÊNDICE H

### TERMOGRAFIA - APLICAÇÕES GERAIS

Attílio Bruno Veratti
Engº de Produtos
AGA S/A - Sistemas Infravermelhos

### TERMOGRAFIA

A técnica que estende a visão humana através do espec tro infravermelho é chamada TERMOGRAFIA. A termografia possibilita a obtenção de imagens térmicas chamadas TERMOGRAMAS, os quais permitem' uma análise quantitativa para determinações precisas de temperaturas, bem como a identificação de níveis isotérmicos.

Por meio desta técnica objetos estacionários ou em mo vimento podem ser observados a distâncias seguras, o que é de grande importância quando altas temperaturas, cargas elétricas, gases vene nosos ou fumos estão presentes.

Os sistemas infravermelhos até a metade da década de 60 necessitavam de tempos próximos a 10 minutos para a formação de uma imagem térmica, o que os limitavam a objetos fixos e distribuições de temperatura mais ou menos estáveis.

Em 1965 foi introduzido no mercado, pela AGA INFRARED SYSTEMS, o primeiro instrumento capaz de formar imagens térmicas em tempo real (instantâneas) tanto de objetos fixos como em movimento. Desde então e principalmente na década de 70 a termografia se firmou como uma técnica de grande valia e confiabilidade em siderurgias, com panhias de energia elétrica, indústrias petroquímicas, etc

### PRINCIPAIS SISTEMAS INFRAVERMELHOS

Os sistemas infravermelhos têm por objetivo transformar

---

*Trabalho elaborado pela AGA S/A, reproduzido com a devida autoriza-ção do autor.

# 930 TÉCNICAS DE MANUTENÇÃO PREDITIVA

a radiação infravermelha captada em informação térmica que, dependendo da finalidade a que se destina, pode ser qualitativa ou quantitativa. Com o propósito de atender às necessidades específicas de cada aplicação, diversos tipos de sistemas foram desenvolvidos, diferindo entre si na forma de realizar a varredura da cena, tipo de detector utilizado e na apresentação da informação. A seguir são apresentados' os principais sistemas infravermelhos atualmente em uso.

## RADIÔMETROS

São os sistemas mais simples, neles a radiação é coletada or um arranjo óptico fixo e dirigida a um detector do tipo termopilha ou piroelétrico, onde é transformada em sinal elétrico. Para a realização de medições, um anteparo (chopper) é alternadamente interposto na trajetória da radiação, servindo como referência. Como não possuem mecanismo de varredura próprio, o deslocamento do campo de visão instantâneo é realizado pela movimentação do instrumento como um todo. Os radiômetros são em geral portáteis, mas podem ser empregados também no controle de processos a partir de montagens mecânicas fixas ou móveis. Graças a utilização de microprocessadores, os resultados das medições podem ser memorizados para o cálculo de temperaturas e seleção de valores. A apresentação dos resultados é normalmente feita através de mostradores analógicos e digitais, podendo ainda ser impressa em papel ou gravada em fita magnética para posterior análise. Alguns radiômetros são diretamente conectados com unidades de controle para a monitorização de processos. A figura A mostra um radiômetro dotado de microprocessador.

## SISTEMAS DE VARREDURA LINEAR (LINE SCANNERS)

São sistemas nos quais um mecanismo de varredura desloca o campo de visão instantâneo do equipamento repetidamente ao longo de uma mesma linha . Em geral esses sistemas apresentam a informação térmica na forma de perfil de temperaturas (figura B), mas podem construir imagens linha por linha, desde que haja deslocamento relativo entre o sistema e o objeto a ser observado. Os sistemas de varredura linear são utilizados principalmente na monitorização de processos contínuos e em equipamentos rotativos. Versões mais sofisticadas, capazes de sensoriar várias faixas espectrais simultaneamente (Multispectral Scanners), são empregadas no mapeamento térmico do solo a partir de aeronaves e satélites.

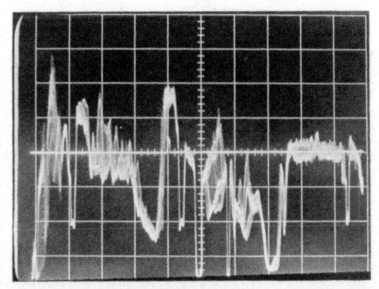

## VISORES TÉRMICOS (THERMAL VIEWERS)

Os visores térmicos são sistemas desenvolvidos a partir de seus equivalentes militares, destinados a localização noturna de tropas e veículos inimigos. Sendo sistemas de excelente portabilidade e robustez, desenvolvidos primordialmente para o imageamento e não para a medição de temperaturas, destinam-se a localização de pontos aquecidos e análises térmicas qualitativas sobretudo em locais de difícil acesso. A geração de imagens nos visores térmicos é realizada a partir de vidicons piroelétricos (PEV) e arranjos de detectores resfriados termeletricamente. Em ambos os casos, a energia necessária para o funcionamento do sistema é fornecida por baterias recarregáveis. A figura C mostra um visor térmico.

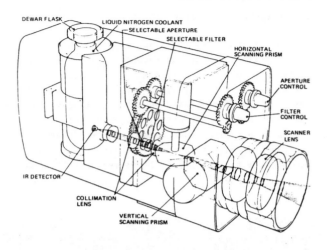

## TERMOVISORES

São sistemas imageadores dotados de recursos para a análise e medição de distribuições térmicas. Os termovisores compõem-se em geral de uma unidade de câmera e de uma unidade de video (display) como exemplificado na figura D. A unidade de câmera mostrada na figura E encerra o receptor óptico, mecanismo de varredura vertical e horizontal, detector e recipiente Dewar para o resfriador do detector, no caso nitrogênio líquido. Tal como nos sistemas fotográficos, os termovisores possuem objetivas intercambiáveis que possibilitam adequar o campo de visão do aparelho às necessidades específicas de cada observação (figura F).

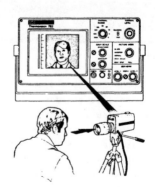

APÊNDICE

A unidade de vídeo contém o processador de sinal, monitor de vídeo e controles. As imagens são comumente apresentadas em branco e preto (figura G), podendo ser convertidas em imagens coloridas pela substituição de escala de cinza por uma escala de cores. O registro das imagens térmicas geradas pode ser analógico, utilizando-se filme, fotografia e videotape, ou digital, através de interfaces ' que permitem o acoplamento dos sistemas com microcomputadores para posterior processamento da informação (figura H).

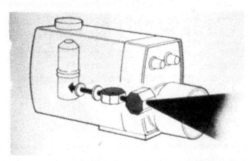

APLICAÇÕES INDUSTRIAIS

As principais aplicações da termografia na indústria in
cluem a área elétrica, onde é importante a localização de componentes
defeituosos sem a necessidade de contato físico, e as áreas  siderur
gicas e petroquímica, onde é grande o número de processos envolvendo'
vastas quantidades de calor, e problemas operacionais podem ser  rela
cionados diretamente com as distribuições externas de temperatura nos
equipamentos. A termografia é utilizada também em fábricas de   papel
e no controle de perdas térmicas, o que é de grande importância     em
vista dos crescentes custos da energia. Tais aplicações são descritas
mais detalhadamente nos itens que se seguem.

INSPEÇÃO TERMOGRÁFICA EM SISTEMAS ELÉTRICOS

Frequentemente falhas na rede de transmissão e distri -
buição causam a interrupção no fornecimento de energia elétrica a  co
munidade. A utilização da termografia na inspeção de sistemas  elétri
cos ajuda a se evitar interrupções, podendo ser realizada em toda  ex
tensão do sistema, incluindo geração, transmissão, subestações e distribuição.

Como os componentes elétricos podem ser corroidos ou so
frer deterioração passa a haver um obstáculo à passagem da corrente .
Nesse caso a energia dissipada na forma de calor provoca uma elevação
de temperatura no mesmo. Assim, a identificação e classificação    do
componente defeituoso é feita pela diferença entre sua temperatura  e
a do meio ambiente. A figura I mostra a entrada de uma cabine de  for
ça observada por termografia. É evidente no termograma a existência '
de um ponto quente na conexão à esquerda.

# APÊNDICE

Geralmente a Inspeção elétrica é levada a efeito nos períodos de pico de demanda ou à noite para se evitar o aquecimento provocado pela radiação solar (em locais especialmente quentes). Os componentes defeituosos são então evidentes como pontos quentes isolados em comparação com o ambiente ou componentes similares como é mostrado no termograma J.

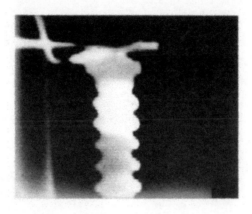

## AVALIAÇÃO DAS MEDIÇÕES

Com a implantação da técnica da inspeção termográfica ' em redes e sistemas elétricos é aconselhável a classificação das medições efetuadas, para tanto tomamos como base o aquecimento máximo admissível ( $\Delta T_m$ ) definido como:

$$\Delta T_m = T_m - T_a$$

onde: $T_m$ = Temperatura máxima admissível para o componente.

$T_a$ = Temperatura ambiente (média local).

A partir desse parâmetro é possível estabelecer-se um conjunto de ações prioritárias a serem tomadas de acordo com os valores obtidos.

# 936 TÉCNICAS DE MANUTENÇÃO PREDITIVA

| AQUECIMENTO CORRIGIDO PARA CARGA DE 100% | CLASSIFICAÇÃO | AÇÃO |
|---|---|---|
| 0,9 $\Delta T_m$ ou mais | severamente aquecido | manutenção imediata |
| 0,6 à 0,9 $\Delta T_m$ | muito aquecido | Componente listado ' para manutenção na primeira oportunidade. |
| 0,3 à 0,6 $\Delta T_m$ | aquecido | componente será mantido em observação. |
| Até 0,3 $\Delta T_m$ | normal | aquecimentos normais em operação. |

## INSPEÇÃO TERMOGRÁFICA APLICADA À SIDERURGIA

Uma importante característica na indústria do ferro e aço é o número de processos envolvendo calor em grande escala. Esses processos são levados a efeito em equipamentos de grande porte com muitos problemas operacionais diretamente relacionados com as distribuições de temperaturas.

A inspeção de refratários e isolamentos térmicos baseia se em que, ocorrendo um processo em regime térmico permanente no interior de um recipiente, haverá em decorrência uma distribuição térmica em sua superfície que é função direta da condutividade térmica ' das paredes do mesmo. Utilizando essa relação e partindo-se da distribuição de calor superficial, a termografia possibilita a identificação de falhas no revestimento em altos-fornos, regeneradores, chaminés e carros-torpedo.

## ALTOS FORNOS E REGENERADORES

A inspeção de alto-fornos e regeneradores é feita com intuito de se verificar o estado geral do revestimento e para a determinar

# APÊNDICE

minação de pontos quentes. Este tipo de inspeção é particularmente importante, pois em tais equipamentos não é possível a verificação direta da formação de cascão ou da ocorrência do desgaste excessivo no refratário.

As regiões mais comumente inspecionadas em alto-fornos' são o topo, cuba (com especial atenção para o sistema do resfriamento) e rampa. A figura K apresenta um termograma do topo de um alto-forno' onde pode ser vista a distribuição de temperaturas.

Uma falha no sistema de resfriamento de cuba é mostrada na figura L. A falta de circulação de água provoca o aquecimento ' localizado na região assinalada, afetando a vida do revestimento.

Em regeneradores, as inspeções são conduzidas durante o período de sopro quando são mais evidentes as descontinuidades no revestimento. Essa inspeção é relativamente simples e rápida, uma vez que é possível fazer-se um mapeamento térmico desses equipamentos a partir de três ou quatro pontos de observação.

A figura M apresenta o termograma de um regenerador mostrando a existência de pontos quentes devido à quebra ou perda do refratário nessas regiões.

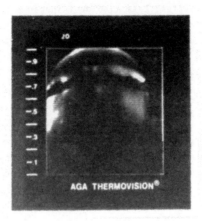

## CARROS TORPEDO

Atualmente quando se deseja verificar o estado do revestimento em carros-torpedo, necessita-se retirá-lo de operação e resfriá-lo para permitir a inspeção visual interna. Tal operação demanda tempo, planejamento e os custos relativos à ausência do carro-torpedo durante a inspeção. Utilizando-se da termografia, tal inspeção pode ser feita em questão de minutos, com elevada confiabilidade e sem a retirado de operação do equipamento.

A figura N mostra o termograma de um carro-torpedo onde foram detectadas regiões aquecidas localizadas na parte inferior.

# APÊNDICE

## INSPEÇÃO TERMOGRÁFICA NA INDUSTRIA PETROQUÍMICA

Em uma planta petroquímica a termografia encontra uma infinidade de aplicações, tanto no controle de equipamentos como na detecção de falhas e conservação de energia.

## INSPEÇÃO DO FLUXO DE PRODUTO

Neste tipo de inspeção, a temperatura, ou mais simplesmente, a distribuição de calor, é utilizada como indicador de uma condição anormal de fluxo de produtos. Vazamento em válvulas de segurança, depósitos de carvão em tubulações e a operação dos purgadores podem ser relacionados com as medições obtidas por termografia e medidas preventivas podem ser adotadas antes que algum problema se torne critico. A seguir são apresentados alguns casos mais comuns.

## VÁLVULAS DE SEGURANÇA

Muitas vezes as válvulas de segurança emperram na posição aberta ou não se fecham corretamente, liberando produtos para a atmosfera. Utilizando-se a termografia, a detecção de vazamento em válvulas de segurança pode ser realizada de maneira rápida e segura.

A inspeção baseia-se no fato de que, quando um produto alcança a sede de uma válvula que não está corretamente selada, o vazamento decorrente irá aquecer ou resfriar a tubulação de saída da mesma. Para que este fenômeno seja detectável, a diferença de temperatura entre o produto e o ambiente deve ser superior a 15ºC (figura 0).

# 940                             TÉCNICAS DE MANUTENÇÃO PREDITIVA

PURGADORES

A função do purgador é permitir a saída do condensado, mantendo vedada a saída ao vapor. Como o condensado está sempre a uma temperatura mais baixa que o vapor e a pressão na saída é menor que na entrada do purgador, deve haver um significativo gradiente de temperatura em um purgador funcionando normalmente. Assim, a não ocorrência desse gradiente indica uma passagem direta de vapor e a necessidade de reparos (figura P).

NÍVEL EM TANQUES

Para a determinação ou verificação de níveis em tanques de armazenagem ou transferência, é suficiente a observação da diferença de temperaturas que se estabelece acima e abaixo do nível do líquido.

O nível será mais distinto se o tanque estiver aquecido pelo sol ou, se armazenar produtos com a temperatura diferente da ambiente. (figura Q)

# APÊNDICE

## INSPEÇÃO DE REFRATÁRIOS E ISOLAMENTOS TÉRMICOS

A inspeção de refratários e isolamentos térmicos baseia-se em que, ocorrendo um processo em regime térmico permanente no interior de um recipiente, haverá, em decorrência, uma distribuição térmica em sua superfície que é função direta da condutibilidade térmica as paredes do mesmo.

Utilizando essa relação e partindo-se da distribuição de calor superficial, a termografia possibilita a identificação de falhas no refratário ou isolamento térmico em vasos de pressão, reatores, chaminés, tanques e condutos isolados.

## FORNOS E REATORES

A inspeção de fornos e reatores é feita geralmente, com o intuito de se verificar o estado geral do refratário e para a determinação de pontos quentes. Os pontos quentes são devidos a menor espessura do refratário ou à falta de um isolamento térmico adequado.

Para um mapeamento térmico completo e detalhado de um determinado equipamento, costuma-se montar um mosaico de fotos ( figura R ).

## CHAMINÉS E DUTOS DE GÁS

Em chaminés e dutos de condução de gases de combustão ocorre o desgaste do refratário de proteção pela ação combinada da temperatura e de agentes químicos como por exemplo, o ácido sulfúrico condensado a partir do dióxido de enxofre e do vapor d'água contidos nos gases. A inspeção termográfica nessas seções é normalmente efetuada para a verificação do estado do refratário e da ocorrência de perdas no mesmo (fig. 5).

## TANQUES E DUTOS ISOLADOS

Em tanques, dutos isolados e linhas de vapor, onde são armazenados ou transportados produtos que devam ser mantidos em temperaturas acima ou abaixo da ambiente, a termografia possibilita a localização de pontos de troca de calor e a verificação das condições gerais do isolamento, o que se reflete diretamente na eficiência do processo. (figura T).

# APÊNDICE 943

INSPEÇÃO DE FORNOS

Em fornos são realizadas dois tipos de inspeções: a in_
terna e a externa. A inspeção externa segue os mesmos princípios dis_
cutidos no item "Refratários e Isolamentos Térmicos". A inspeção  in_
terna é usualmente levada a efeito para a verificação da tubulação por
onde circulam os produtos a serem aquecidos. As medições são realizadas através das portas de observação.

Quando os metais empregados no interior dos fornos  fo_
rem ligas tratadas, a temperatura absoluta passa a ser importante  pa_
ra a avaliação das condições de resistência mecânica e a corrosão.Nes_
te caso utiliza-se um termopar como referência para as medições,   o
qual é colocado dentro de uma câmara do forno por uma das portas de observação, enquanto que a inspeção é realizada através de outra porta.

Os pontos superaquecidos na tubulação aparecem no   ter_
mograma como áreas claras, indicando uma elevação de temperatura  que
pode ser provocada por depósitos de carbono no interior dos tubos   ou
a formação de camadas de óxido muito espessas na superfície dos   mes_
mos. (figura U).

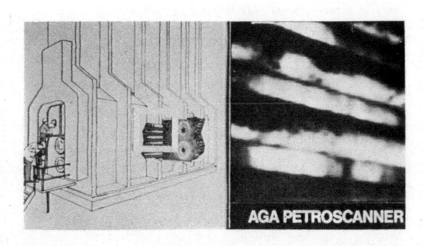

# 944 TÉCNICAS DE MANUTENÇÃO PREDITIVA

BIBLIOGRAFIA

- Inspeção termográfica em Sistemas Elétricos

  Infrared Inspection of Electrical Utilities: AGA IRS
  Electricite de France: Thermovision
  Application of thermography for fault detection in power distribu-
  tion.
  The use of AGA Thermovision in Preventive Maintenance.
  J.S. Haigh-British Electricity International

- Inspeção Termográfica aplicada à Siderurgia

  Utilization of thermal for steel plant maintenance.J.G.
  Pagath Jr., Advanced Research, Research and Technology,
  Armasco Steel Corporation.
  Thermal Imaging techniques applied to solve steel plant problems.
  Samuel B. Prellwitz, Research Laboratory, United States
  Steel Corporation .
  A simplified approach to quantitative estimation of refractory
  lining thickness on certain vessels. Rutger Johansson, Market
  Project Manager, Steel, AGA Infrared Systems AB.
  "Heat Pictures" tell the story, Leonard M. Royers, Project
  Development Manager, British Steel Corporation.

- Inspeção Termográfica na indústria Petroquímica

  Manual de Operação. AGA Petroscanner
  Energy Conservation Guidebook, AGA IRS - Cliff Warren e
  Gunnar Blockmar.
  Infrared System Engineerin - RD Hudson
  Thermal Imaging System - JM Lloyd.
  Proceedings of the Second Biennial Infrared Information
  Exchange 1974.
  Proceedings of the Third Bienniel Infrared Information
  Exchange 1976.
  Proceedings of the Fourth Biennial Infrared Information
  Exchange 1978.

# APÊNDICE

**945**

15.00 - BIBLIOGRAFIA - LEITURA RECOMENDADA

As referencias a seguir não constituem uma lista exaustiva nem completa. Entretanto, considerando o grande volume de publicações que aparecem continuamente na literatura internacional, os interessados poderao ficar a par dos desenvolvimentos na área, através da assinatura das revistas indicadas.

API - Non-Contacting Vibration and Axial Position Monitoring Systems - American Petroleum Institute Publication API-670 - June, 1976

ASTM - Annual Handbook of Standards - Published Annually - 52 Parts

ASME - Boiler and Pressure Vessel Code - XII Section Published each three years

AGMA - AGMA Handbook, published by the American Gear Manufacturing Association - Published Annually

ANSI - Balance Quality of Rotating Rigid Bodies - American National Standards Institute - Specifications ANSI S2.19

ANSI - Recommendations for Specifying the Performance of Vibrating Machines - American National Standards Institute Specifications ANS1 S2.5

A & S - Implantaçao de Programa de Manutenção Preditiva pela Análise das Vibrações - Relatório da Acustica e & Sonica S/C/L para a Eletrocloro/Eletroteno - 1969/1970

A & S - Estabelecimento de Programa de Manutençao Preditiva pelo Espectro das Vibraçoes- Relatório da Acustica e Sonica S/C/L para a SOEICOM - 1978

A & S - Crack Monitoring in Spar Joint of Aircraft - Relatório da Acustica e Sonica S/C/L para a PLUNA com acompanhamento da British Aerospace Corporation - 1977/1979

Babkin, A.S. and J.J. Anderson - Mechanical Signature Analysis of Ball Bearings by Real Time Spectrum Analysis - 18th Meeting od the Institute of Environmental Sciences - New York, 1972

B & K - Notes on the Use of Vibration Measurements for Machinery Condition Monitoring - Bruel & Kjaer Technical Application Note 14-227

Bergland, G.D. - A Guided Tour of the Fast Fourier Transform - IEE Spectrum, July, 1969

Bentley-Nevada Corporation - Minden, Nevada USA - Catálogos, Especificaçoes e Manuais

Broch, J.T., Editor - Mechanical Vibration and Shock Measurements - Bruel & Kjaer Special Publication - 1980

Bruel & Kjaer - Naerum, Denmark - Catálogos, Especificaçoes, Manuais e Publicações Especiais

# 946 TÉCNICAS DE MANUTENÇÃO PREDITIVA

Bradshaw, P. and R. B. Randall - Early Detection and Diagnosis of Machine Faults on the Transalaska Pipeline - 9th Biennial Conference on Mechanical Vibration and Noise - TECHNION, Israel Institute of Technology Conference in Dearborn, Michigan September 11/14 - 1983

BSI - Recommendations for a Basis for Comparative Evaluation of Vibrating Machines - Specifications BS-4675

BSI - Mechanical Performance: Vibrations - Specifications BS-4999 Part 50

Balderston, H.L. - The Detection of Incipient Failure in Bearings - Materials Evaluation 121/128 - June, 1969

Bendat, J.S. and A.G. Piersol - Random Data Analysis and Measurement Procedures - John Wiley & Sons - New York, 1971

Berger, H., Editor - Nondestructive Testing Standards - A Review - ASTM Special Publication STP-624 - 1977

Conan Inspection Division/Nuclear Energy Services - Nondestructive Testing Guide 1982

Clapis, A. et al - An Instrument for the Measurement of Long-Term Variation of Vertical Bearings Alignments in Turbogenerators - Centro d'Informazioni Studi, Sperienze - CISE Document 1578 - September, 1980

Curry, G.E. and J.J. Anderson - Quality Evaluation of Automotive DC Motors using Real Time Spectrum Analysis - 14th Meeting of the Mechanical Failure Prevention Group - Los Angeles, CA - 1971

Clapis, A., Editor - Conference on Vibration in Rotating Machinery - Cambridge England, 1980

Cooley, J.W. and J.W. Tukey - An Algorithm for the Machine Calculation of Complex Fourier Series - Mathematics and Computers 19, 297/301 - April, 1965

Cempel, C. - Determination of Vibration Sympton Limit Value in Diagnotics of Machinery - Maintenance Management International - 1984

Cole, P.T. - Stress Wave Emission Monitoring Techniques - Case Studies - 84 Advanced Maintenance Technology and Diagnostic Techniques Convention - London September 04/07, 1984

Coudray, P et M. Guesdon - Surveillance des Machines - Étude 15-J-041 Section 471 Rapport partiel nº 9 - CETIM, 1982

Collacott, R.A. - Fundamentals of Fault Diagnosis & Condition Monitoring - 84th Advanced Maintenance Technology and Diagnostic Techniques Convention - London September 04/07, 1984

Coudray P. et M. Guesdon - Surveillance des Machines - Étude 15-J-041 Section 471 Rapport partiel nº 07 - CETIM, 1983

Churchley, A.R. - Safety Availability and Reliability Assessment - 84th Advanced Maintenance Technology and Diagnotic Techniques - London September 04/07 1984

# APÊNDICE 947

Cempel, C. - Amplitude and Spectral Discriminants of Vibroacoustical Processes for Diagnostic Purposes - XIIth Conference on Machine Mechanics, Vysoké April 1979 - Published in Strojnícky Casopis 32, 171/1/9 - 1981

Coudray, P. et M. Guesdon - Surveillance des Machines - Étude 15-J-041, Section 471 Rapport partiel nº 10 - CETIM 1983

Collacott, R.A. - Mechanical Fault Diagnosis and Condition Monitoring - Chapman & Hall, London - 1977

Dowham E. and R. Woods - The Rationale of Monitoring Vibration on Rotating Machinery in Continuously Operating Process Plants - ASME Paper 71-Vibr-96 - Jour. Engrg. for Industry, 1979

Derman, C., G.J. Lieberman and S.M. Ross - On the Use of Replacements to Extend System Life - Operations Research Center, Univ. California/Berkeley - Report ORV 83-3 - June, 1983

Deville, J.P. and J. C. Lecoufle - Surveillance des Machines- Synthese sur les Methods Classiques - Étude 15-J-041, Section 4/1 - Rapport Partiel nº 1 CETIM , 1981

Ercoli, L. and S. La Malfa - Theoretical and Experimental Analysis of the Single Plane Balancing Technique - Mechanical System Group de la Universidsd Tecnológica Nacional en Bahía Blanca - 1984

Ellis, T. M and O. I. Semenkov, Editors - Advances in CAD/CAM - Proc. 5th International IFIP/IFAC Conference on Programming Research and Operations Logistics in Advanced Manufacturing Technology - Leningrad 16/18 May, 1982

Fearon, J.W. and E. E. Stanford - Progress in Nondestructive Testing - Heywood & Company - London, 1968/1984

Florio, U.G. - The Life Cycle Cost of Integrated Logistic Support - Rivista Selenia nº 8 1/5, 1981

Florio, U.G. - Il Costo Marginale del Tempo Passivo in un Supporto Logistico Ottimizzato - Memorandum Naval nº NAV/IA1, 1982

Floyd, M.D. - Engine/Airframe Health and Usage of Monitoring - An Alternate Approach via Advanced Vibration Monitoring Systems - 84 Advanced Maintenance Technology and Diagnostic Techniques - London september 04/07, 1984

General Dynamics/Convair Division - Training Handbooks on Nondestructive Testing- CT-6-1 up to CT-16-7

Gaillochet, M. - Surveillance des Machines - Étude j5-J-041 - Rapport Partiel nº 02 Section 471 - CETIM 1980

Graaf, E.A.B.de - Aspect of Non-Destructive Inspection in Relation to Service Failure Analysis - Aeron.Journ.Royal Aeron.Sic. - 122/133 march 1975

Ganier, M., N. Ollier and A. Ridard - Surveillance des Machines - Cas de Réducteurs à Engrenages - Méthode d'Analyse de la Contamination des Lubrifiants

**948**                                                                        TÉCNICAS DE MANUTENÇÃO PREDITIVA

triels - Étude 15-J-04.1 - Section 535 Rapport Partiel nº 06 - CETIM
1981

Howard, H.D. - Fault Finding on Submarine Cables - 84 Advanced Maintenance
Technology and Diagnostic Techniques - London september 04/07, 1984

Harris, C.M. and C.R. Crede - Shock and Vibration Handbook - McGraw-Hill Co.
New York, 1976

Hewlett-Packard - Palo Alto, CA, USA - Catálogos, Especificações, Publicações
Especiais

ISO- Preferred Frequencies for the Measurement of Sound and Vibration - Document ISO R-266

ISO - Mechanical Vibration of Machines with Operating Speeds Between 10 to 200
rev/s - Basis for Specifying Evaluation Standards - ISO R-2372

ISO - Mechanical Vibration of Certain Electrical Machinery with Shaft Heights
Between 80 and 400 mm - Measurements and Evaluation of Vibration Severity - ISO R-2373

ISO - Mechanical Vibration of Large Rotating Machines with Speeds from 10 to
200 rev/s - ISO R-3945

ISO - Balance Quality of Rotating Rigid Bodies - ISO R-1940

ISO - Rotating Machines ISO Specifications 50(411)-1973

ISO- Mechanical Vibration of Rotating and Reciprocating Machinery - Requirements for Instruments for Measuring Vibration Severity - ISO R-2954

ISO - Vibration and Shock - Isolators - Specifying Characteristics for Mechanical
Isolations - ISO R-2017

IRD - Mechanalysis - Catálogos, Especificações, Manuais de Instruções, Publicações
Especiais

ISAV - Workshop in On-Condition Monitoring Maintenance - Seminar at the Institute
of Sound and Vibration Research - Southampton University - 1979

Jeffries, R.A. et al - Quiet Bearing Surface Characterization - Naval Research
Laboratory Report NRL Memorandum Report 4625 - september, 1981

Krautkraemer, J. u. H. - Werkstoffpruefung mit Ultraschall - Springer Verlag. Berlin, 1974

Kent, L.D. and E. J. Cross - The Philosophy of Maintenance - 18-IATA-PPC Subcommittee Meeting - Copenhagen, 1973

Knowles, P. - Spectrometric Oil Analysis and Oil Condition Monitoring - 84 Advanced
Maintenance Technology and Diagnostic Convention - London september 04/07
1984

Kacena, W.J.and J. E. Doherty - Editors - Seminar on Nondestructive Testing - Quality Assurance Group Systems - Southwest Research Institute, 1982

Lautzenheiser, C.E. and J.E. Doherty - Seminar on Nondestructive Testing - Quality

# APÊNDICE 949

Assurance Group - Southwest Research Institute, 1982

McMaster R, C, - Nondestructive Testing Handbook - 2 vols. - Ronald Press, New York, 1959

McGonnagle, W.J. - Nondestructiv Testing - Gordon and Breach Editors, New York, 1969

McNulty, P.J. - Pump and Turbomachine Noise - 84 Advanced Maintenance and Diagnostic Technics Convention - London september 04/07, 1984

Metrix Instruments Co. Houston, Texas, USA - Catálogos, Especificações, Publicações Especiais -

McLain, D.A. and D. L.Hartman - New Instrumentation Techniques Accurately Predicts Bearing Life - Pulp and Paper 19/26, february, 1981

Moore, H.D. and D. R. Kibbey - Manufacturing: Materials and Processes - Grid Incorporated - Columbus, Ohio 1975.

Meier,H.E. - Objektive akustische Guetepruefung durch Mustererkennung und Signalanalyse - Entwurf eines Pruefsystems und Anwendung fuer eines Elektromotor - Bundesministerium fuer Forschung und Technologie von Frauhofer Institut fuer Informations- und Datenverarbeitung (IITB) Karlsruhe, 1983

Nippon Steel Technical Report - Technical Planing & Development- Coordination Department - Administration Bureau Report nº19, 1982

Nicolet Scientific Corporation - Northvale, New Jersey USA - Catálogos, Especificações, Manuais e Publicações Especiais - Esta empresa foi incorporada pela Wavetech, Inc., não mais existindo tal razão social

Maciejewski, A.S. and J.W. Rosenlieb - Wear Debris Analysis of Grease Lubricated Ball Bearings - Naval Air Engineering Center Report NAEC-92-152 - april, 1982

Neale, N.J. and B.J. Woodley - Condition Monitoring Methods and Economics - Symposium of the Society of Environmental Engineers - Imperial College, London, 1975

Nishion, K. et alii - An Investigation of the Early Detection of Defects in Ball Bearings by the Vibration Monitoring - Report TR-601 and TR-675 of the National Aerospace Laboratory of Japan - 1981

Nepomuceno, L.X. and L.F. Delbuono - Técnicas de Manutenção Preventiva pelo Espectri das Vibraçoes - Engenharia nº 316 - 10/15, outubro 1969

Nepomuceno, L. X. - Tecnologia Ultra -Sônica - Editora Edgard Bluecher, São Paulo 1980

Nepomuceno, L.X. and H. Onusic - Acoustic Emission in Nondestructive Testing - Document NASA-TT-F-13643 - june, 1971

Nepomuceno, L.X. - Técnicas de Manutenção Preditiva Industrial e Diagnóstico de Falhas - 3º Congresso Ibero-Americano de Manutencao promovido pelo IBP - Rio de Janeiro 06/11 novembro, 1983

# 950 TÉCNICAS DE MANUTENÇÃO PREDITIVA

Jones, M. H. - Editor - Condition Monitoring, 1984 - Proc. of the Conference
International Condition Monitoring - Swansea College, 10/13 April, 1984

Ousset, Y. - Methode de Calcul pour Synthese Experimentale de Structures - Étude
11-E-261, Section 445 - Raport Final - CETIM, 1980

Ousset, Y. - Comparision de Methodes de Sous-Structuration Dynamique - Rapport
Final - CETIM 1980

Peel, C.J. and P.J.E. Forsyth - The Quantitative Analysis of Fatigue under Program-
med Loading - Royal Aircraft Establishments Report RAE-TR-80073 - 1980

Patsora, A.V. et alii - Diagnostics Techniques for Slip Ring Failure Detection -
Sound and Vibration 36/39 - november, 1975

Randall, R.B. - Frequency Analysis - Bruel & Kjaer Especial Publication - September, 1977

Rigaux, J. - Le Controle des Moteurs Diesels par la Spectrographie des Huiles de
Graissage - Brussels, 1961

Rémondière, A., Editor - Fiabilité & Maintenabilité/Reliability & Maintenability -
3rd International Colloque - Agence Spatiale Européenne - Toulouse (France)
Octobre 18/21, 1982

Ranky, M.F. - Diagnostics of Gear Assembly - A New Approach Using Impact Analysis -
Institute of Sound and Vibration Research Report   ISVR nº 100 - 1978

Robson, A.  -  Dynamic Signal Analysers Applied to Rotating Machinery Vibration Analysis - 84 Advanced Maintenance Techniques and Diagnostic Technology - London 04/07 september, 1984

Schofield, J.R. - Altering the Application of the Traditional Systems Lifecycle -
84 Advanced Maintenance Techniques and Diagnostic Technology Convention -
London 04/07 SEPTEMBER; 1984

Strahle, W.C. - Acoustic Signature from Flames as a Combustion Diagnostic Tool -
Georgia Institute of Technology Final Report  DAAG-29-79-C-0087 - November,
1984

Slud, E. and J. Winnicki - Some Generalizations of the Renewal Process - Report on
Contract MD82-76-SW/TR82--65

Shives, T.R. and W. A. Willard - Editors - Detection, Diagnosis and Prognosis -
Proc. 22nd Meeting Mechanical Failure Group - Anaheim, CA april 23/25 -
1975 - NASA Document PB-248-254

Sharpe, R.S. , Editor - Research Techniques in Nondestructive Techniques - Published yearly from 1976 - Academic Press, New York - 1976/85

Slud, E.V. - Generalization of the Basic Renewal Theorem for Dependet Variables -
Operations Research and Industrial Engineering- College of Engineering -
Cornell University, New York - Report 621 - February, 1984

# APÊNDICE

**951**

Spanner, J.C. - Acoustic Emission - Techniques and Applications - **Intex** Publishing Co. - Evanston, 1974

Schula, W. F. - Cures given for Reciprocating Compressor Pulsations- Oil & Gas Journal 68/76 April, 1980

Scientific Atlanta/Dymac Division-San Diego, California USA - Catalogos, Manuais. Publicações Especiais

Shiva, T. R. and w. A. Willard - Mechanical Failure: Definition of the Problem - Proc. 20th Meeting of the Mechanical Failure Prevention Group - National Bureau of Standards - 1974

Szilard, J., Editor - Ultrasonic Testing - Nonconventional Testing Techniques - John Wiley & Sons - New York, 1982

Thomson, W.T. and R. A. Leonard - Vibration and Stray Flux Monitoring for Electrical Diagnosis in Industrial Motors - IDE-84 Institute of Diagnostic Engineers Conference, september, 1984

Thrane, N. - The Discrete Fourier Transform and FFT Analysis - Bruel & Kjaer Technical Review nº 2 - 1980

US Department of Transportation - Ultrasonic Inspection of Butt-Weld in Highway Bridges - Report DT-1493/1968

VDI - Beuerteilungsmasstabe fuer mechanischer Schingungen von Maschinen - VDI-12056

VDI - Wellenschwingungen von Turbosetzen - VDI Entwurf 2059

DIN - Schwingungstaerke von rotierenden elektrischen Maschinen der Baugroessen 80 bis 315 Messverfahren und Grenzwerte - DIN-45665

VDI - Beurteilungsmasstaebe fuer den Auswuchtzuztand rotierender starrer Koerper- VDI-2059 Entwurf

Wasserman, D. et alii - Industrial Vibrations-An Overview - National Institute for Occupational Safety and Health Conference - Cincinnatti, May, 1973

Wilson, N.G. and C.E. Winkelman - An Analytical Method for Mass-Spectrometer Leak Detection - Los Alamos Scientific Laboratory Special Publication LA-3955 - 1969

Welding Handbook - American Welding Society, Edited Annually

Wu, D.J. - Detection of Simulated Journal Bearing Wear Using Vibration Analysis- US Department of Defense Document USAMEC-ITC-02-08-73-003 - May, 1974

White, M.F. - The Modelling of Structural Systems and Signals for Machinery Condition Monitoring Studies - Institute of Sound and Vibration Research Report ISAVR nº 97 - december, 1977

# 952        TÉCNICAS DE MANUTENÇÃO PREDITIVA

Revistas e Periódicos Referentes à Manutenção

Materials Evaluation - Mensal, American Society for Nondestructive Testing - Columbus, Ohio - USA

ASME Transactions - Engineering for Industry - American Society of Mechanical Engineers - New York, USA

Journal of Condition Monitoring and Fault Diagnosis - Trimestral - Institution of Diagnostic Engineers - Leicester, England

ASME Transactions - Journal of Acoustics, Vibration, Stress and Reliability in Design - American Society of Mechanical Engineers - New York, USA

Bruel & Kjaer Technical Review - Trimestral - Publicaçao da Bruel & Kjaer, Naerum Denmark

ASME Transactions - Journal of Engineering Materials and Technology - American Society of Mechanical Engineers - New York, USA

Nondestructive Testing - Mensal - Butteworth Industrial Publications, London - England

STAR - Scientific and Technical Aerospace Reports - Publicação bi-mensal da National Aeronautics and Space Administration - NASA - Washington, DC - USA

ASTM - Journal and Testing and Evaluation - Bi-mensal, publicado pela American Society for Testing and Materials - Philadelphia - USA